Konfliktfelder und aktuelle Entwicklungen
bei städtebaulichen Planungen

BERLINER SCHRIFTEN
ZUR STADT- UND REGIONALPLANUNG

Herausgegeben von Stephan Mitschang

Band 24

Stephan Mitschang (Hrsg.):

Konfliktfelder und aktuelle Entwicklungen bei städtebaulichen Planungen

Bibliografische Information der Deutschen Nationalbibliothek
Die Deutsche Nationalbibliothek verzeichnet diese Publikation
in der Deutschen Nationalbibliografie; detaillierte bibliografische
Daten sind im Internet über http://dnb.d-nb.de abrufbar.

ISSN 1861-762X
ISBN 978-3-631-65465-1 (Print)
E-ISBN 978-3-653-04695-3 (E-Book)
DOI 10.3726/978-3-653-04695-3

© Peter Lang GmbH
Internationaler Verlag der Wissenschaften
Frankfurt am Main 2014
Alle Rechte vorbehalten.
PL Academic Research ist ein Imprint der Peter Lang GmbH.

Peter Lang – Frankfurt am Main · Bern · Bruxelles · New York ·
Oxford · Warszawa · Wien

Das Werk einschließlich aller seiner Teile ist urheberrechtlich
geschützt. Jede Verwertung außerhalb der engen Grenzen des
Urheberrechtsgesetzes ist ohne Zustimmung des Verlages
unzulässig und strafbar. Das gilt insbesondere für
Vervielfältigungen, Übersetzungen, Mikroverfilmungen und die
Einspeicherung und Verarbeitung in elektronischen Systemen.

Diese Publikation wurde begutachtet.

www.peterlang.com

Vorwort

„Konflikte und aktuelle Entwicklungen bei städtebaulichen Planungen" ist der Titel des neuen Bandes der „Berliner Schriften zur Stadt- und Regionalplanung", in der die schriftlichen Fassungen der Redebeiträge, die im Rahmen der gleichnamigen wissenschaftlichen Tagungsveranstaltung am 16. und 17. September 2013 an der Technischen Universität gehalten wurden, niedergelegt sind. Konfliktfelder sind gegenwärtig in unterschiedlichen Rechtsgebieten der städtebaulichen Planung erkennbar. Von besonderem Interesse sind hier aus dem Recht der Umweltprüfung die Konsequenzen, die sich im Hinblick auf eine Ausweitung des Anwendungsbereiches der Umweltprüfung im Rahmen von bislang nach deutschem Recht nicht UP-pflichtiger städtebaulicher Planungen aus einer neueren Rechtsprechung des EuGH (Urt. v. 22.03.2012) ergeben können. Weitere Konfliktfelder bestehen aber auch in/auf dem Gebiet der Bebauungsplanung, einerseits in dem zunehmend Bedeutung erlangenden Aspekt der Verschattung, andererseits in Bezug auf Festsetzungen zum „Baurecht auf Zeit" nach § 9 Abs. 2 BauGB sowie in Bezug auf die Haftung bei Veränderungssperren und der Zurückstellung von Baugesuchen.

Neben den Konfliktfeldern stehen die aktuellen Entwicklungen, die auch vor städtebaulichen Planungen nicht halt machen, und insoweit ihre Berücksichtigung bei städtebaulichen Planungen und bei der Vorhabenzulassung verlangen. Hervorzuheben sind hier der Vorschlag der Europäischen Kommission für eine Änderung der UVP-Richtlinie, die Auswirkungen des geänderten Abstandsflächenrechts auf der Grundlage der Musterbauordnung 2012 (MBO), der Umgang mit zentralen Versorgungsbereichen in der Flächennutzungsplanung, die Aufhebung der Heilungsvorschrift in § 214 Abs. 2a Nr. 1 BauGB durch den EuGH sowie die gegebenenfalls wieder an Bedeutung gewinnende städtebauliche Entwicklungsmaßnahme zur Bewältigung der Wohnungsnot in den Ballungsräumen.

Alles in allem machen die einzelnen Beiträge deutlich, dass die Stadt- und Regionalplanung angesichts der dargestellten Konflikt- und

Handlungsfelder immer wieder vor neuen Herausforderungen steht, deren Bewältigung durch die Planungspraxis zu gewährleisten ist. Der vorliegende Tagungsband soll dabei helfen.

Berlin, im Juli 2014
Universitätsprofessor Dr.-Ing. habil. Stephan Mitschang

am Institut für Stadt- und Regionalplanung der TU Berlin
Fachgebiet Städtebau- und Siedlungswesen
 – Orts-, Regional- und Landesplanung –
Hardenbergstraße 40 a
10 623 Berlin

Inhaltsverzeichnis

Prof. Dr. Stephan Mitschang, Technische Universität Berlin
Anmerkungen zum Instrument der städtebaulichen
Entwicklungsmaßnahme 1

*Dr. Christof Sangenstedt, Ministerialrat im Bundesumweltministerium,
Bonn*
Vorschlag der Europäischen Kommission für eine Änderung
der UVP-Richtlinie – Beratungsstand und Perspektive 51

Dr. Tim Schwarz, Technische Universität Berlin
Der Belang der „Verschattung" – Ermittlungs- und
Bewertungsgrundlagen 83

Prof. Dr. Christian-W. Otto, Technische Universität Berlin
Geändertes Abstandsflächenrecht der Musterbauordnung
2012 (MBO) – droht das Abstandsflächenrecht
im Chaos zu versinken? 103

Dr. Boas Kümper, Zentralinstitut für Raumplanung, Münster
Zum Anwendungsbereich der Strategischen Umweltprüfung
nach dem Urteil des EuGH in der Rechtssache
Inter-Environnement Bruxelles 125

Dr. Wolfgang Schrödter, Rechtsanwalt, Wedemark
Haftung bei Veränderungssperren und der
Zurückstellung von Baugesuchen 147

*Prof. Dr. Michael Krautzberger, Ministerialdirektor a. D.,
Berlin/Bonn*
Aktuelle Rechtsprechung zu § 13a BauGB 167

Prof. Dr. Wilhelm Söfker, Ministerialdirigent a. D., Bonn
Ist die Darstellung zentraler Versorgungsbereiche
im Flächennutzungsplan sinnvoll? 185

Michael Isselmann, Leiter des Stadtplanungsamts, Bonn
Was macht die Planungspraxis: Zentrale Versorgungsbereiche
auch im Flächennutzungsplan der Stadt Bonn? 199

Prof. Dr. Olaf Reidt, Rechtsanwälte Redeker Sellner Dahs, Berlin
Die Festsetzung bedingter und befristeter Baurechte gemäß
§ 9 Abs. 2 BauGB..213

Helmut Petz, Richter am Bundesverwaltungsgericht, Leipzig
Die Entscheidung des BVerwG zur Seveso-II-Richtlinie und
ihre Folgen für Genehmigungs- und Planungsverfahren......................225

Stefan Lütkes, Ministerialrat im Bundesumweltministerium, Bonn
Was bringt die neue Kompensationsverordnung? 231

Stephan Mitschang
Anmerkungen zum Instrument der städtebaulichen Entwicklungsmaßnahme

Abstract

Die Bereitstellung von Bauland für den Wohnungsneubedarf wirft vielerorts Probleme auf, denn die erforderlichen Flächen sind nur noch in wenigen Fällen für die Kommunen verfügbar. Besondere Bedeutung im Zusammenhang mit der Baulandmobilisierung kommt daher auch der städtebaulichen Entwicklungsmaßnahme nach den §§ 165 ff. BauGB zu.

Providing building land for housing demand raises problems in many ways. Required areas are only available for municipalities in few cases. Hence, in the context of land mobilisation, the urban development measure according to Par. 165 pp. of the Federal Building Code is of particular importance.

A. Zum Problem

Ob und inwieweit in Deutschland eine Wohnungsnot besteht, wird gegenwärtig unterschiedlich beurteilt. Während einerseits davon die Rede ist, dass 250.000 Mietwohnungen[1] fehlen, sehen weitergehende Schätzungen bis zum Jahr 2017 sogar einen Fehlbedarf von 825.000 Mietwohnungen[2]. Das BBSR[3] sieht einen Wohnungsneubedarf von mittelfristig jährlich 193.000 Wohnungen für den Zeitraum von 2010 bis 2015, langfristig dann von nur noch 183.000 Wohnungen für den

---

1 Vgl. Norddeutscher Rundfunk (Hrsg.), In Deutschland fehlen laut Mieterbund 250.000 Wohnungen, im Internet unter: http://www.tagesschau.de/inland/mieterbund100.html, Zugriff am 23.07.2013.
2 Vgl. Focus Online (Hrsg.), Deutschland droht Wohnungsnot, im Internet unter: http://www.focus.de/immobilien/mieten/immobilienexperten/-schlagen-alarm-deutschland-droht-wohnungsnot_aid_719488.html: Zugriff am 23.07.2013.
3 Vgl. BMVBS (Hrsg.), Wohnen in Deutschland, im Internet unter: http://www.bmvbs.de/SharedDocs/DE/Artikel/SW/wohnen-in-deutschland.html, Zugriff am 23.07.2013.

Zeitraum bis zum Jahr 2025. Andererseits wird davon ausgegangen, dass ausreichend Wohnraum vorhanden ist.[4] So sollen auch in diesem Jahr mehr als 200.000 neue Wohnungen hergestellt werden. Allerdings beziehen sich diese vor allem das Luxussegment[5]. Vor diesem Hintergrund besteht weitgehend Einigkeit darin, dass in den großen Städten zu wenig bezahlbarer Wohnraum für einkommensschwache Bevölkerungsschichten vorhanden ist.

Aktuell kann unter der Überschrift „Stadtentwicklungspolitik: Politik für Stadt und Land"[6] seit 24. Juli 2013 auf den zweiten Stadtentwicklungsbericht zurückgegriffen werden.[7] Mit ihm kommt die Bundesregierung einer Aufforderung des Deutschen Bundestages aus dem Jahr 2005 nach, alle vier Jahre über die Stadtentwicklung in Deutschland zu berichten. Sie stellt darin fest, dass große Städte vor dem Hintergrund zunehmender Attraktivität[8] seit etwa einem Jahrzehnt trotz insgesamt negativem Geburtensaldo, steigende Einwohnerzahlen zu verzeichnen haben. Die Ursache hierfür kann daher ausschließlich in Wanderungsgewinnen liegen. Auf den Wohnungsmärkten führt dies zu Engpässen und folglich auch zu steigenden Mieten[9]. Verlierer sind die

---

4 Vgl. Freund/Hackhausen, „Mieten müssen steigen" – „Millionen werden abgehängt!", im Internet unter: http://www.handelsblatt.com/politik/deutschland/streitgespraech-wohnungsnot-mieten-muessen-steigen-millionen-werden-abgehaengt/8441954-all.html, Zugriff am 26.07.2013.
5 Vgl. Spiegel Online (Hrsg.), Immobilien: Mieterbund warnt vor dramatischer Wohnungsnot, im Internet unter: http://www.spiegel.de/wirtschaft/service/immobilien-mieterbund-warnt-vor-dramatischer-wohnungsnot-a-839565.html, Zugriff am 23.07.2013.
6 BT-Drs. 17/14450 v. 22.07.2013.
7 Der erste Stadtentwicklungsbericht stammt aus dem Jahr 2008 und trägt den Titel: „Neue urbane Lebens- und Handlungsräume". im Internet unter: www.bmvbs.de/cae/servlet/contentblob/20500/publicationFile/, Zugriff am 25.07.2013.
8 Insbesondere auf Grund des dort vorhandenen Arbeitsplatz- und Ausbildungsangebots.
9 Seit 2005 stiegen die Mieten in Berlin um 35 %, in Hamburg um 28 %. Vgl. Welt am Sonntag (Hrsg.), Deutschland droht eine Wohnungsnot, im Internet unter: http://www.welt.de/print/wams/article108123340/Deutschland-droht-eine-Wohnungsnot.html, Zugriff am 23.07.2013.

einkommensschwachen, auf billigen Wohnraum[10] angewiesenen Bevölkerungsschichten.[11]

Gefragt nach den ausschlaggebenden Gründen, muss zunächst einmal festgestellt werden, dass in vielen großen Städten wie Berlin, Hamburg, Frankfurt oder München, das Wohnungsangebot nicht in gleichem Maße anwächst wie die durch Wanderungsgewinne ansteigende Bevölkerungszahl. Daneben ist zu berücksichtigen, dass zunehmend mehr Menschen Einzelhaushalte bevorzugen. Schließlich spielen auch die steigenden Grundstückspreise, insbesondere in den Agglomerationsräumen sowie nicht zuletzt die ebenfalls ansteigenden Baukosten eine Rolle. Seit Jahren wirken die Städte dem entgegen: Angefangen bei sog. „Einheimischenmodellen", dem Auflegen von Förderprogrammen, der Unterstützung von Nachverdichtungsmaßnahmen bis hin zu Darlehensangeboten für Investoren. Trotz allem bleibt es dabei, dass es zu wenige bezahlbare Wohnungen für die einkommensschwachen Bevölkerungsschichten gibt.

Nach den Angaben der Bundesregierung sind die Mieten in deutschen Metropolen seit 2008 um mehr als 10 % gestiegen und belaufen sich derzeit im Durchschnitt bei 7,37 Euro kalt je Quadratmeter[12]. Sie liegen in den kreisfreien Großstädten über 100.000 Einwohnern um 42 % höher als in dünn besiedelten ländlichen Kreisen.[13] Eine dauerhafte Bewältigung der Problematik kann nur gelingen, wenn die Städte zügig Bauland, und zwar vorrangig auf innerstädtischen Brachflächen ausweisen, um vor allem die Errichtung von mehr Mehrfamilienhäusern möglich zu machen.

Nun sind hohe Bedarfe an Bauland nicht selten. Sie zur Befriedigung der Baulandmärkte bereitzustellen, wirft dennoch vielerorts Probleme auf,

---

10 Nach Angaben des Mieterbundes entfällt rund ein Drittel der Ausgaben eines Haushalts auf die Wohnung und die hierfür erforderlichen Betriebskosten, bei einkommensschwachen Haushalten sogar schon über 45 %. Vgl. Norddeutscher Rundfunk (Hrsg.), a. a. O. (Fn. 1).
11 Vgl. Bundesregierung (Hrsg.), Politik für Stadt und Land, im Internet unter: www.bundesregierung.de/Content/DE/Artikel/2013/07/2013-07-17-stadtentwicklungsbericht-2012.html, Zugriff am 25.07.2013.
12 Mitteldeutsche Zeitung (Hrsg.), Großstadt-Mieten um zehn Prozent seit 2008 gestiegen, im Internet unter: http://www.mz-web.de/politik/stadtentwicklungsbericht-2012-grossstadt-mieten-um-zehn-prozent-seit-2008-gestiegen,20642162,23741354.html, Zugriff am 25.07.2013.
13 Ebenda.

denn die erforderlichen Flächen sind nur noch in wenigen Fällen für die Kommunen verfügbar. Besondere Bedeutung im Zusammenhang mit der Baulandmobilisierung kommt der städtebaulichen Entwicklungsmaßnahme nach den §§ 165 ff. BauGB[14] zu. Mit ihr kann Bauland, auch in größerem Umfang, mobilisiert werden, um den städtebaulichen Entwicklungsabsichten der Gemeinden[15] Rechnung tragen zu können. Sie gilt aufgrund ihrer besonders weitreichenden Eingriffs- und Gestaltungsbefugnisse bodenrechtlich als das „schärfste Schwert"[16]. Denn erst allein der Grunderwerb durch die Gemeinde bereitet die Grundlage für eine koordinierte Bodenordnung. Angesichts dessen stellt sich zunächst die diesen Beitrag rechtfertigende Frage, inwieweit auch städtebauliche Entwicklungsmaßnahmen durch die Schaffung und Bereitstellung von Bauland einen wirklichen bodenrechtlichen Ansatz zur dauerhaften Linderung der gegenwärtigen Wohnungsnot darstellen können.

Dazu soll das Entwicklungsrecht, das der Durchführung von städtebaulichen Entwicklungsmaßnahmen in den Grundstrukturen (Kapitel B. 1 und 2) näher untersucht werden. Außerdem wird im Hinblick ihre Auswirkungen auf den Anwendungsbereich der städtebaulichen Entwicklungsmaßnahme auch die wechselvolle Entwicklungsgeschichte näher in den Blick genommen (Kapitel B. 3). Zur Beantwortung der vorangehend aufgeworfenen Fragen müssen zunächst die Anwendungsvoraussetzungen und Anwendungsbereiche der städtebaulichen Entwicklungsmaßnahme ins Zentrum der Betrachtungen gerückt werden (Kapitel B. 4 und 5). Sollte hiernach im Ergebnis die städtebauliche Entwicklungsmaßnahme als kommunales Instrument zur dauerhaften Linderung der Wohnungsnot eingesetzt werden können (Kapitel C), so ist schließlich weiter danach zu fragen, welchen Beitrag durch die Heranziehung der städtebaulichen Entwicklungsmaßnahme für die Baulandmobilisierung zu einer am

---

14 Baugesetzbuch i. d. F. der Bek. vom 23.09.2004, BGBl. I S. 2414, zuletzt geändert durch Gesetz vom 11.06.2013, BGBl. I S. 1548.
15 Zu den Aufgaben der Gemeinde bei der Durchführung einer städtebaulichen Entwicklungsmaßnahme, vgl. ausführlich: Stich, Die Aufgaben der Gemeinden zur Durchführung förmlicher städtebaulicher Entwicklungsmaßnahmen, in: WiVerw 1993, S. 105 ff.
16 Runkel, Städtebauliche Entwicklungsmaßnahmen nach dem Maßnahmengesetz zum Baugesetzbuch, in: ZfBR 1991, S. 91 (93).

Leitbild der Innenentwicklung (Kapitel D) ausgerichteten städtebaulichen Entwicklung geleistet werden kann und inwieweit gegebenenfalls auch eine Weiterentwicklung des Planungsinstruments vorgenommen werden sollte (Kapitel E).

B. Die förmliche städtebauliche Entwicklungsmaßnahme

1. Allgemeines

Förmliche städtebauliche Entwicklungsmaßnahmen sind Bestandteil des Besonderen Städtebaurechts und finden ihre Normierung in den §§ 165 bis 171 BauGB. Sie stellen ein wichtiges baulandpolitisches Instrument der Gemeinden dar.[17] Nach § 165 Abs. 3 Satz 1 BauGB kann die Gemeinde einen Bereich, in dem eine städtebauliche Entwicklungsmaßnahme durchgeführt werden soll, durch Beschluss förmlich als städtebaulichen Entwicklungsbereich festlegen. Damit hat sie das Recht (grundsätzlich) alle Grundstücke in diesem Gebiet zu erwerben, soweit dies nicht möglich ist, auch zu ihren Gunsten enteignen zu lassen. Für den Entwicklungsbereich hat sie dann unverzüglich Bebauungspläne aufzustellen und mittels der Festsetzungen der Bebauungspläne die Grundstücksverhältnisse neu zu ordnen und die erforderlichen Erschließungsanlagen herzustellen. Die „entwickelten" Baugrundstücke sind dann an Bauwillige zu veräußern, die sich vertraglich verpflichten, innerhalb angemessener Frist die Grundstücke entsprechend den Festsetzungen des Bebauungsplans und den Erfordernissen der Entwicklungsmaßnahme zu bebauen.

Aus dem Dargelegten ergibt sich, dass die Heranziehung städtebaulicher Entwicklungsmaßnahmen mit erheblichen Einschränkungen für die Rechte der Grundstückseigentümer verbunden ist. Deshalb bestimmt § 165 Abs. 1 BauGB, dass derlei Maßnahmen im öffentlichen Interesse liegen und zügig durchgeführt werden müssen. Mit städtebaulichen Entwicklungsmaßnahmen sollen nach § 165 Abs. 2 BauGB Ortsteile und andere Teile des Gemeindegebiets entsprechend ihrer besonderen Bedeutung für die städtebauliche Entwicklung und Ordnung der Gemeinde oder

---

[17] Hierzu genauer: Krautzberger, Die städtebauliche Entwicklungsmaßnahme – ein wichtiges baulandpolitisches Instrument der Gemeinden, in: LKV 1992, S. 84 ff.

entsprechend der angestrebten Entwicklung des Landesgebiets oder der Region erstmalig entwickelt werden oder im Rahmen einer städtebaulichen Neuordnung einer neuen Entwicklung zugeführt werden.

2. Besondere Merkmale und Verfahrensüberblick

2.1 Merkmale der städtebaulichen Entwicklungsmaßnahme

Zentrale Merkmale der städtebaulichen Entwicklungsmaßnahme sind die Erwerbs- und Reprivatisierungspflicht, die Besonderheiten der Finanzierung der Gesamtmaßnahme und die Genehmigungsvorbehalte zur Sicherstellung der Durchführung. Dies bedeutet zunächst, dass die Gemeinde grundsätzlich alle Grundstücke im durch Entwicklungssatzung festgelegten Entwicklungsbereich zu erwerben hat. Eine Umlegung ist außer in Anpassungsgebieten ausgeschlossen (vgl. § 170 Satz 4 BauGB). Soweit ein Grundstückserwerb durch die Gemeinde nicht zustande kommt, kann auch – ohne dass ein Bebauungsplan – besteht, allein auf der Grundlage der Entwicklungssatzung enteignet werden. Der vollständige Grunderwerb trägt zur Beschleunigung der Entwicklungsmaßnahme bei, da die erforderlichen Planungsleistungen in der Form der Aufstellung von Bebauungsplänen sowie der Bau der Erschließungs- und Infrastruktureinrichtungen unverzüglich vorgenommen werden können. Nach der Neuordnung der Grundstücke sind diese zunächst an die früheren Eigentümer im Weiteren dann auch an sonstige Bauwillige zu veräußern. Im Rahmen des Grundstücksverkaufs sind Fristen für die Bebauung festzulegen, um gewährleisten zu können, dass das baureife Grundstück auch tatsächlich bebaut wird und damit den Zielsetzungen der städtebaulichen Entwicklungsmaßnahme auch Rechnung getragen wird.[18] Den Gemeinden obliegt es außerdem, in die zivilrechtlichen Grundstückskaufverträge Regelungen zu den Zielen und Zwecken der Entwicklungsmaßnahme aufzunehmen.[19] Der Ankauf der Grundstücke

---

18 Auf die ergänzend heranziehbaren zivilrechtlichen Möglichkeiten von Vertragsstrafen, Rückfallklauseln sowie Rückkaufrechten sowie die Sicherung der vertraglichen Vereinbarungen durch dingliche Rechte ist lediglich hinzuweisen.
19 Z. B. über soziale Aspekte (zugunsten spezifischer Personengruppen) sowie über Ausstattungsmerkmale im Zusammenhang mit der Bereitstellung von Wohnraum.

erfolgt zum entwicklungsunbeeinflussten Grundstückswert, auch bei freihändigem Erwerb. Nur soweit der Betroffene Werterhöhungen durch eigene Aufwendungen zulässigerweise herbeigeführt hat, werden diese berücksichtigt. Demgegenüber bleiben Werterhöhungen, die lediglich durch die Aussicht auf Entwicklung sowie durch ihre Vorbereitung und Durchführung der Entwicklungsmaßnahme entstanden sind, unberücksichtigt. Daher ist es von Seiten der Gemeinde sinnvoll, schon frühzeitig auf die beabsichtigte Durchführung einer Entwicklungsmaßnahme hinzuweisen, um Spekulationen weitgehend zu verhindern. Die Finanzierung städtebaulicher Entwicklungsmaßnahmen erfolgt über die Abschöpfung der Bodenwertsteigerungen, die sich zwischen Kauf und Verkauf der Grundstücke im Entwicklungsbereich ergeben. Wird auf den Grundstückserwerb in Ausnahmefällen des § 166 Abs. 3 BauGB verzichtet, muss der Eigentümer, für die durch die Entwicklungsmaßnahme bedingte Bodenwerterhöhung einen entsprechend hohen Ausgleichsbetrag an die Gemeinde zahlen. Dadurch verbleiben alle durch die planungsrechtliche Aufwertung des Entwicklungsbereichs veranlassten Bodenwertsteigerungen bei der Gemeinde. Zur Sicherung der Durchführung der Entwicklungsmaßnahme unterliegen alle baulichen Vorhaben, Erwerbsvorgänge sowie alle wesentlichen Änderungen im Entwicklungsbereich der Genehmigung. Dies gewährleistet die entsprechende Anwendung der sanierungsrechtlichen Bestimmungen nach den §§ 144 und 145 BauGB im städtebaulichen Entwicklungsbereich (vgl. § 169 Abs. 1 Nr. 2 BauGB).

2.2 Überblick zu den wesentlichen Verfahrensschritten

Wie bei jeder städtebaulichen Planung stehen auch am Anfang von städtebaulichen Entwicklungsmaßnahmen grundlegende Bestandsaufnahmen und -analysen. Diese Aufgabe übernehmen – wie im Sanierungsrecht – die sog. „vorbereitenden Untersuchungen". Diese sind notwendig, um Beurteilungsgrundlagen dafür zu gewinnen, ob die Voraussetzungen für die förmliche Festlegung eines städtebaulichen Entwicklungsbereichs vorliegen. Nach § 164 Abs. 4 Satz 2 BauGB sind dabei die sanierungsrechtlichen Bestimmungen der §§ 137 bis 141 BauGB entsprechend anzuwenden. Von wichtiger Bedeutung dabei ist, dass

- der Beschluss über die vorbereitenden Untersuchungen ortsüblich bekannt zu machen ist (§ 165 Abs. 4 Satz 2 BauGB i. V. m. § 141 Abs. 3 Satz 2 BauGB),
- die Vorschriften über die Auskunftspflicht der Betroffenen anwendbar sind (§ 165 Abs. 4 Satz 2 BauGB i. V. m. § 138 BauGB),
- von den vorbereitenden Untersuchungen auch abgesehen werden kann, wenn hinreichende Beurteilungsunterlagen bereits vorhanden sind (§ 165 Abs. 4 Satz 2 BauGB i. V. m. § 141 Abs. 2 BauGB).

Soweit sich aus den vorbereitenden Untersuchungen im Ergebnis herausstellt, dass die Voraussetzungen für die Durchführung einer städtebaulichen Entwicklungsmaßnahme anzunehmen sind, beschließt die Gemeinde die förmliche Festlegung des städtebaulichen Entwicklungsbereichs nach § 165 Abs. 6 Satz 1 BauGB als Satzung und bezeichnet darin den städtebaulichen Entwicklungsbereich (vgl. § 165 Abs. 6 Satz 2 BauGB). Der Entwicklungssatzung ist eine Begründung – vergleichbar derjenigen zum Bebauungsplan – beizufügen. In ihr sind die rechtfertigenden Gründe für die förmliche Festlegung des Entwicklungsbereichs darzulegen (§ 165 Abs. 7 BauGB). Der Beschluss der Entwicklungssatzung ist ortsüblich bekannt zu machen (vgl. § 165 Abs. 8 Satz 1 BauGB) und es sind die Bestimmungen in § 10 Abs. 3 Satz 2 bis 5 BauGB entsprechend anzuwenden (vgl. § 165 Abs. 8 Satz 2 BauGB). In der ortsüblichen Bekanntmachung ist auf die aus dem Sanierungsrecht schon bekannten Genehmigungspflichten nach den §§ 144, 145 und 153 Abs. 2 BauGB hinzuweisen (vgl. § 165 Abs. 8 Satz 3 BauGB). Schließlich regelt § 165 Abs. 8 Satz 4 BauGB noch, dass mit der Bekanntmachung die Entwicklungssatzung rechtsverbindlich wird. Seit 2004[20] ist die Entwicklungssatzung bundesrechtlich nicht mehr genehmigungspflichtig.

Die Gemeinde hat nach § 165 Abs. 9 Satz 1 BauGB die rechtsverbindliche Entwicklungssatzung mit dem darin bezeichneten städtebaulichen Entwicklungsbereich dem Grundbuchamt mitzuteilen und dabei die von der Entwicklungssatzung betroffenen Grundstücke gemäß § 165 Abs. 9 Satz 2 BauGB einzeln aufzuführen. Sodann hat das Grundbuchamt in die Grundbücher dieser Grundstücke den sog. „Entwicklungsvermerk"

---

20 Vgl. unten B. 3.1.f.

einzutragen, dass nämlich das Grundstück innerhalb eines Entwicklungsbereichs gelegen ist (vgl. § 165 Abs. 9 Satz 3 BauGB). Der Entwicklungsvermerk wird den eingetragenen Eigentümern durch das Grundbuchamt bekannt gemacht (vgl. § 55 Abs. 1 GBO[21]). Außerdem hat das Grundbuchamt die Gemeinde von allen Eintragungen zu benachrichtigen, die nach dem Zeitpunkt der Einleitung der städtebaulichen Entwicklungsmaßnahme im Grundbuch der betroffenen Grundstücke vorgenommen sind oder vorgenommen werden. Dies gebietet § 165 Abs. 9 Satz 4 BauGB, der die umlegungsrechtlichen Bestimmungen in § 54 Abs. 2 Satz 1 und Abs. 3 BauGB für entsprechend anwendbar erklärt. Mit dem Inkrafttreten der Entwicklungssatzung hat die Gemeinde die Befugnis, alle Grundstücke im Entwicklungsbereich zu erwerben.[22] § 169 BauGB enthält spezifische Sondervorschriften, die im städtebaulichen Entwicklungsbereich zur Sicherstellung der Durchführung der Entwicklungsmaßnahme zur Anwendung kommen.

Von erheblicher Bedeutung ist die an die Gemeinde gerichtete Anforderung, für den städtebaulichen Entwicklungsbereich ohne Verzug Bebauungspläne aufzustellen. Sie hat außerdem alle erforderlichen Maßnahmen zu ergreifen, um die vorgesehene Entwicklung im städtebaulichen Entwicklungsbereich zu verwirklichen (vgl. § 166 Abs. 1 Satz 2 BauGB). Auf der Grundlage der Festsetzungen der Bebauungspläne hat sie die Neuordnung der Grundstücksverhältnisse vorzunehmen und die notwendigen Erschließungsanlagen herzustellen. Alle nicht für öffentliche Zwecke[23] benötigten Grundstücke hat sie nach ihrer Neuordnung und Erschließung unter Berücksichtigung weiter Kreise der Bevölkerung und unter Beachtung der Ziele und Zwecke der städtebaulichen Entwicklungsmaßnahme an Bauwillige zu veräußern, die sich verpflichten, die Grundstücke innerhalb angemessener Frist entsprechend den

---

21 Grundbuchordnung i. d. F. der Bek. vom 26.05.1994, BGBl. I S. 1114, zuletzt geändert durch Gesetz vom 26.06.2013, BGBl. I S. 1800.
22 Zu den Möglichkeiten von Abwendungsvereinbarungen sowie der letztlichen Enteignung, vgl. § 166 Abs. 3 sowie § 169 Abs. 3 BauGB.
23 Darunter fallen Flächen, die als Baugrundstücke für den Gemeinbedarf oder als Verkehrs-, Versorgungs- oder Grünflächen in einem Bebauungsplan festgesetzt sind oder als Austauschland oder zur Entschädigung in Land benötigt werden. Vgl. § 169 Abs. 5 BauGB.

Festsetzungen des Bebauungsplans und den Erfordernissen der Entwicklungsmaßnahme zu bebauen.[24]

Nach § 169 Abs. 1 Nr. 8 BauGB gelten die sanierungsrechtlichen Bestimmungen in den §§ 162 bis 164 BauGB für den Abschluss[25] der Entwicklungsmaßnahme. Hiernach ist die Entwicklungssatzung aufzuheben, wenn die Entwicklungsmaßnahme durchgeführt ist oder sich die städtebauliche Entwicklung als undurchführbar erweist oder wenn die Entwicklungsabsicht aus anderen Gründen aufgeben wird.[26] Dabei ist der Gemeinde ein erheblicher Beurteilungsspielraum eingeräumt, in dessen Grenzen sie selbst bestimmen kann, wann das Entwicklungsziel erreicht und die städtebauliche Entwicklungssatzung aufzuheben ist.[27] Auch die privaten Belange der Betroffenen im Plangebiet sind zu berücksichtigen.[28] Soweit diese Voraussetzungen nur für einen Teil des förmlich festgelegten Entwicklungsbereichs vorliegen, ist die Entwicklungssatzung nur für diesen Teil aufzuheben.[29] Der Beschluss der Gemeinde über die vollständige oder teilweise Aufhebung der Entwicklungssatzung ergeht als Satzung.[30] Die Gemeinde ersucht schließlich das Grundbuchamt, die Entwicklungsvermerke im Grundbuch der Eigentümer zu löschen. Die Satzung zur Aufhebung der Entwicklungssatzung

---

24 Zu Einzelheiten, vgl. § 169 Abs. 5 bis 8 i. V. m. § 89 Abs. 4 BauGB.
25 Vgl. zu den Anforderungen: BVerwG, Beschl. v. 12.04.2011 – 4 B 52/10 – ZfBR 2011, 477 sowie die andere Auffassung des OVG Münster, Urt. v. 30.04.2013 – 14 A 207/11 – DVBl. 2013, 987. Zu den Rechtsfolgen nichtiger Entwicklungssatzungen, vgl. Wimmer, Rechtsfolgen nichtiger Entwicklungssatzungen, in: DVBl. 1998, S. 253 ff.
26 Zu Rückübertragungsansprüchen, vgl. § 164 BauGB.
27 OVG Berlin-Brandenburg, Urt. v. 14.06.2012 – OVG 10 A 7/09 – BeckRS 2012, 53772 Rn. 43.
28 Zu Ansprüchen Privater ausführlich: Watzke/Otto, Die Stellung der Eigentümer bei Aufhebung einer Entwicklungssatzung gem. § 162 BauGB, in: ZfBR 2002, S. 117 ff.
29 OVG Berlin-Brandenburg, Urt. v. 14.06.2012 – OVG 10 A 7/09 – BeckRS 2012, 53772 Rn. 59.
30 Zum bestehenden Anspruch auf Erklärung des vorzeitigen Abschlusses einer städtebaulichen Entwicklungsmaßnahme, wenn das Grundstück entsprechend den Zielen und Zwecken der städtebaulichen Entwicklungsmaßnahme bebaut und genutzt wird, vgl. VGH Kassel, Urt. v. 17.09.1999 – 4 UE 952/99 – ZfBR 2000, 282.

ist seit dem BauROG 1998 der höheren Verwaltungsbehörde nicht mehr anzuzeigen.[31]

Aufgrund der Rechtsprechung des EuGH[32] wird die Frage nach der Pflicht zur Durchführung einer Umweltprüfung im Rahmen der Aufstellung der Entwicklungssatzung neu aufgeworfen. Denn nach dieser Entscheidung sind im Sinne und zur Anwendung der Plan-UP-RL[33] als Pläne und Programme „die erstellt werden müssen" und deren Umweltauswirkungen somit unter den in der Richtlinie festgelegten Voraussetzungen einer Prüfung zu unterziehen sind, jene Pläne und Programme anzusehen, deren Erlass in nationalen Rechts- und Verwaltungsvorschriften geregelt ist, die die insoweit zuständigen Behörden und das Ausarbeitungsverfahren festlegen.[34] Bislang ist für die Entwicklungssatzung nicht vorgesehen, eine Umweltprüfung durchzuführen.[35] Ob diese Auffassung auch künftig noch aufrecht erhalten werden kann, ist angesichts der Entscheidung des EuGH in Bezug auf die enteignungsrechtliche Vorwirkung der Entwicklungssatzung allerdings fraglich.

3. Entwicklungsphasen und aktuelle Situation

Die städtebauliche Entwicklungsmaßnahme hat seit ihrer Schaffung im Jahr 1971 verschiedene Entwicklungsphasen sowohl in formeller als auch in materieller Hinsicht durchlebt. Im Rahmen des EAG Bau 2004 sind letztmals Änderungen vorgenommen worden. Die jeweiligen Entwicklungsphasen sind nicht nur für die heutige Bedeutung des Planungsinstruments maßstabsbildend, sondern spiegeln auch die städtebaulichen Wertvorstellungen des jeweiligen Zeitsegments wider.

---

31 Vgl. unten B. 3.1.e.
32 EuGH, Urt. v. 22.03.2012 – C 567/1 – BeckRS 2012, 80629.
33 Richtlinie 2001/42/EG des Europäischen Parlaments und des Rates vom 27.06.2001 über die Prüfung der Umweltauswirkungen bestimmter Pläne und Programme, ABl. Nr. L 197 S. 30.
34 EuGH, Urt. v. 22.03.2012 – C 567/1 – BeckRS 2012, 80629 Rn. 31.
35 Zur Sanierungssatzung verneinend: BVerwG, Beschl. v. 24.03.2010 – 4 BN 60/09 – NVwZ 2010, 1490 Rn. 14; zur Entwicklungssatzung verneinend: Runkel, in: Ernst/Zinkahn/Bielenberg/Krautzberger (Hrsg.), BauGB-Kommentar, Loseblattsammlung, Februar 2008, München, § 165 Rn. 94; offen lassend: BVerwG, Beschl. v. 13.01.2013 – 4 BN 4/12 – ZfBR 2013, 365.

3.1 Entwicklungsphasen von 1971 bis 2013

a. Einführung durch das StBauFG-1971

Die städtebauliche Entwicklungsmaßnahme geht zurück auf das Städtebauförderungsgesetz[36] von 1971. Dieses Gesetz gestaltete ein Sonderrecht für städtebauliche Entwicklungs- und Sanierungsmaßnahmen aus und fand neben den Vorschriften des damaligen Bundesbaugesetzes Anwendung. Nach § 1 Abs. 3 StBauGB-1971 handelte es sich bei städtebaulichen Entwicklungsmaßnahmen um „Maßnahmen, durch die entsprechend den Zielen der Raumordnung und Landesplanung

1. neue Orte geschaffen oder
2. vorhandene Orte zu neuen Siedlungseinheiten entwickelt oder
3. vorhandene Orte um neue Ortsteile erweitert werden.

Die Maßnahmen müssen die Strukturverbesserung in den Verdichtungsräumen, die Verdichtung von Wohn- und Arbeitsstätten im Zuge von Entwicklungsachsen oder den Ausbau von Entwicklungsschwerpunkten außerhalb der Verdichtungsräume, insbesondere in den hinter der allgemeinen Entwicklung zurückbleibenden Gebieten, zum Gegenstand haben."

Hiernach handelte es sich bei der städtebaulichen Entwicklungsmaßnahme primär um ein Instrument zur Durchführung raumordnerischer Anliegen mittels städtebaulicher Maßnahmen, denn sie mussten zur Verbesserung der Struktur in den Verdichtungsräumen, zur Verdichtung von Wohn- und Arbeitsstätten an Entwicklungsachsen oder dem Ausbau von Entwicklungsschwerpunkten außerhalb der Entwicklungsachsen beitragen. Konsequente Folge war dann auch, dass die förmliche Festlegung des städtebaulichen Entwicklungsbereichs durch Rechtsverordnung der Landesregierung erfolgte und insoweit auch ein städtebauliches Sonderrecht ausgestaltet wurde, wenngleich die Planung und Durchführung der Entwicklungsmaßnahme in den Aufgabenbereich der Gemeinden fiel. Von Anfang an war dieses städtebauliche Sonderrecht durch spezifische Planungs-, Durchführungs- und Finanzierungselemente charakterisiert.[37]

---

36 Gesetz über städtebauliche Sanierungs- und Entwicklungsmaßnahmen in den Gemeinden (Städtebauförderungsgesetz – StBauFG) vom 27.07.1971, BGBl. I S. 1125.
37 Vgl. Runkel, a. a. O. (Fn. 35), Vorb. §§ 165–171 Rn. 7.

Es verlangte außerdem auch den Zugriff auf privates Eigentum im Sinne von § 14 Abs. 3 S. 1 GG[38]. Daraus folgten besondere Anforderungen, wie sie auch heute noch weitgehend ihre Gültigkeit besitzen. Sie betreffen:
- die kommunale Planungspflicht,
- die kommunale Erwerbspflicht der Grundstücke zum entwicklungsunbeeinflussten Wert (Anfangswert), auch unter Heranziehung der Enteignung, und zwar ohne einen Bebauungsplan,
- die Verpflichtung zur zügigen Durchführung der Entwicklungsmaßnahme,
- eine Veräußerungspflicht der für Bauzwecke entwickelten Grundstücke an Bauwillige zum Neuordnungswert sowie
- den Einsatz der Differenz, der sich aus Anfangswert zu den Neuordnungswerten bei der Grundstücksveräußerung (Endwert) zweckgebunden zur Finanzierung der Maßnahme ergibt.[39]

Die von diesen Anforderungen ausgehende Stringenz macht zugleich deutlich, dass das Recht der städtebaulichen Entwicklungsmaßnahme nur dann zur Anwendung gebracht werden kann, wenn die in der Vorschrift beschriebenen Aufgaben mit den Instrumenten des allgemeinen Städtebaurechts sowie unter Mitwirkungsbereitschaft der davon betroffenen Grundstückseigentümer nicht bewältigt werden können.

Im Übrigen hat der städtebauliche Entwicklungsbereich in erster Linie unbebaute Flächen erfasst, denn nur auf noch unbebauten Flächen können „neue Orte" (§ 1 Abs. 3 Satz 1 Nr. 1 StBauFG-1971) oder „neue Ortsteile" (§ 1 Abs. 3 Satz 1 Nr. 3 StBauFG-1971) entwickelt werden. Demgegenüber können bebaute Gebiete nur als sog. „Anpassungsgebiete" zur Gestaltung des Überganges sowie zur Ausgestaltung der Erschließung zwischen dem alten und dem neuen Ortsteil in den Entwicklungsbereich einbezogen werden.[40]

b. Auslaufen der Entwicklungsmaßnahme nach dem BauGB-1987
Nach den großen Stadterweiterungen sowohl zugunsten der wohnbaulichen als auch der gewerblich-industriellen Nutzung in den siebziger

---
38 Grundgesetz für die Bundesrepublik Deutschland vom 23.05.1949, BGBl. I S. 1, zuletzt geändert durch Gesetz vom 11.7.2012, BGBl. I S. 1478.
39 Zu den besonderen Merkmalen, vgl. schon oben B. 2.1.
40 Vgl. Runkel, a. a. O. (Fn. 35), Vorb. §§ 165–171 Rn. 9.

Jahren stand die behutsame Stadterneuerung, auch unter Berücksichtigung ökologischer Anforderungen, in den achtziger Jahren im Vordergrund stadtentwicklungspolitischer Anstrengungen. Städtebaulichen Entwicklungsmaßnahmen, die primär die Schaffung neuer Stadtteile auf noch unbebauten Flächen zum Gegenstand hatten, wurde diesbezüglich keine große Bedeutung mehr beigemessen. Folge dieser Entwicklung war, dass das im Jahr 1987 in Kraft getretene BauGB-1987[41] städtebauliche Entwicklungsmaßnahmen nur noch als Auslaufmaßnahmen vorsah.[42] Bereits förmlich festgelegte städtebauliche Entwicklungsmaßnahmen sollten nach den §§ 165 ff. BauGB weiter durchgeführt und abgeschlossen werden.[43]

c. Neuausgestaltung und zeitliche Befristung der städtebaulichen Entwicklungsmaßnahme durch das BauGB-MaßnahmenG-1990

Nur wenige Jahre später schuf dann der Bundesgesetzgeber durch die §§ 6 und 7 BauGB-MaßnahmenG (Art. 2 des Investitionserleichterungs- und Wohnbaulandgesetzes – WoBauErlG-1990[44]) einen neuen Typ[45] städtebaulicher Entwicklungsmaßnahmen.[46] Art. 1 WoBauErlG schränkte allerdings den zeitlichen Anwendungsbereich des BauGB-MaßnahmenG-1990 ein. Die Vorschriften sollten für fünf Jahre anstelle der Regelungen des BauGB treten oder ergänzend zu diesen gelten, so dass die städtebaulichen Entwicklungsmaßnahmen innerhalb der fünf Jahre zwar förmlich festgelegt, aber zeitlich unbeschränkt durchgeführt werden konnten. § 15 BauGB-MaßnahmenG bestimmte im Weiteren das Verhältnis der Vorschriften in den alten §§ 165 ff. BauGB-1987 zu den

---

41 Baugesetzbuch i. d. F. der Bek. vom 8.12.1986, BGBl. I S. 2253.
42 Siehe Krautzberger/Löhr, Das neue Baugesetzbuch – Entstehung und Grundzüge der Neuregelung, in: NVwZ 1987, S. 177 (182).
43 Allerdings war auch die Erweiterung laufender Maßnahmen noch zulässig. Vgl. § 245 Abs. 9 BauGB i. V. m. §§ 53 ff. StBauFG-1971.
44 Gesetz zur Erleichterung von Investitionen und der Ausweisung und Bereitstellung von Wohnbauland (Investitionserleichterungs- und Wohnbaulandgesetz – WoBauErlG) vom 17.5.1990, BGBl. I S. 926.
45 Vgl. Runkel, a. a. O. (Fn. 35), Vorb. §§ 165–171 Rn. 7.
46 Art. 2 des Gesetzes zur Erleichterung des Wohnungsbaus im Planungs- und Baurecht sowie zur Änderung mietrechtlicher Vorschriften vom 17.05.1990, BGBl. I S. 132.

neuen §§ 6 und 7 BauGB-MaßnahmenG. Hiernach waren die bereits förmlich festgelegten und vor dem BauGB-1987 in Kraft getretenen städtebaulichen Entwicklungsmaßnahmen ausschließlich nach dem BauGB durchzuführen und abzuschließen. Demgegenüber hatten sich die an den §§ 6 und 7 ausgerichteten städtebaulichen Entwicklungsmaßnahmen ausschließlich nach den Vorschriften des BauGB-MaßnahmenG-1990 zu richten.

Bemerkenswert sind insbesondere die nunmehr anderen inhaltlichen Ausprägungen der städtebaulichen Entwicklungsmaßnahme.[47] Wenngleich es sich nach wie vor um eine städtebauliche Gesamtmaßnahme[48] handelte, durch die ein bestimmtes Gebiet koordiniert entwickelt werden soll, konnten die Maßnahmen nicht mehr so großflächig sein wie zuvor. Aus diesem Grund knüpfte die Neuregelung im BauGB-MaßnahmenG-1990 zwar am Begriff des „Ortsteils" an, nahm neu aber auch „andere Teile des Gemeindegebiets" in Bezug und stellte damit anders als bisher eher die Kleinräumigkeit solcher Maßnahmen in den Vordergrund. Diesbezüglich[49] ist im Übrigen zu erklären, dass der städtebauliche Entwicklungsbereich nicht mehr durch Rechtsverordnung der Landesregierung festgelegt wird, sondern durch Erlass einer durch die höhere Verwaltungsbehörde zu genehmigenden[50] (vgl. § 6 Abs. 7 Hs. 1 BauGB-MaßnahmenG-1990) kommunalen Satzung (sog. „Entwicklungssatzung").[51] Nicht mehr möglich waren daher städtebauliche Entwicklungsmaßnahmen zur Schaffung neuer Orte und die Entwicklung vorhandener Orte zu neuen Siedlungseinheiten. Schließlich wurde neben der besonderen Bedeutung der städtebaulichen Entwicklungsmaßnahme für die angestrebte Entwicklung des

---

47 Im Einzelnen: vgl. Runkel, a. a. O. (Fn. 16), S. 91 ff.; vgl. Gaentzsch, Städtebauliche Entwicklungsmaßnahmen nach dem Baugesetzbuch-Maßnahmengesetz, in: NVwZ 1991, S. 921 ff.
48 Eine Gesamtmaßnahme ist darauf angelegt, für einen bestimmten Bereich ein Geflecht mehrerer Einzelmaßnahmen über einen längeren Zeitraum koordiniert und aufeinander abgestimmt vorzubereiten und durchzuführen. Vgl. BVerwG, Urt. v. 3.07.1998 – 4 CN 2/97 – NVwZ 1998, 1297, 1298.
49 Siehe hierzu genauer: BT-Drs. 11/6636, S. 27.
50 Demgegenüber war die Aufhebungssatzung nur anzeigepflichtig, vgl. § 7 Abs. 1 Nr. 10 BauGB-MaßnahmenG-1990 i. V. m. § 162 Abs. 2 Satz 2 BauGB-1987.
51 Vgl. § 6 Abs. 3 i. V. m. § 6 Abs. 5 BauGB-MaßnahmenG-1990.

Landesgebiets und der Region gleichberechtigt deren besondere Bedeutung für die städtebauliche Entwicklung und Ordnung der Gemeinde gestellt.

Ebenfalls neu und für die hier vorliegende Fragestellung von maßgeblicher Bedeutung ist weiterhin, dass die städtebauliche Entwicklungsmaßnahme auch in ihrem Anwendungsbereich verändert wird. Einsatzfelder für die städtebauliche Entwicklungsmaßnahme bestehen danach etwa, wenn ein erhöhter Bedarf an Wohn- und Arbeitsstätten vorhanden ist oder es um die Wiedernutzung von brachliegenden Flächen geht.[52] Ergänzend bestimmt dann § 6 Abs. 4 Satz 3 BauGB-MaßnahmenG-1990, dass auch im Zusammenhang bebaute Gebiete in den städtebaulichen Entwicklungsbereich einbezogen[53] werden können, wenn die Flächen vorhandener Gebäude oder sonstiger baulicher Anlagen nicht entsprechend der beabsichtigten städtebaulichen Entwicklung und Ordnung genutzt werden. Städtebauliche Entwicklungsmaßnahmen können also nicht mehr nur für die erstmalige Entwicklung eines Gebietes, sondern als Beitrag zur städtebaulichen Neuordnung auch für die Zuführung eines Gebiets zu einer neuen Entwicklung herangezogen werden. So bestimmt nunmehr § 6 Abs. 2 BauGB-MaßnahmenG-1990, dass mit städtebaulichen Entwicklungsmaßnahmen Ortsteile und andere Teile des Gemeindegebiets entsprechend ihrer besonderen Bedeutung für die städtebauliche Entwicklung und Ordnung der Gemeinde oder entsprechend der angestrebten Entwicklung des Landesgebiets oder der Region entwickelt oder im Rahmen einer städtebaulichen Neuordnung einer neuen Entwicklung zugeführt werden sollen (vgl. § 6 Abs. 2 Satz 1 BauGB-MaßnahmenG-1990). Damit geht der Gesetzgeber über die bisherigen Anpassungsgebiete hinaus und erstreckt die städtebauliche Entwicklungsmaßnahme angesichts der bestehenden städtebaulichen Fragestellungen auch auf die Wiedernutzung großer brachliegender oder mindergenutzter innerstädtischer Gebiete.[54] In diesem Sinne kann eine Gemeinde einen städtebaulichen Entwicklungsbereich u. a. festlegen,

---

52 Hierzu im Einzelnen unten B. 5.
53 Ausführlich dazu: Schmidt-Eichstaedt, Die Voraussetzungen für die Einbeziehung von im Zusammenhang bebauten Gebieten in einen Entwicklungsbereich, in: BauR 1993, S. 38 (39 f.).
54 Vgl. Runkel, a. a. O. (Fn. 35), Vorb §§ 165–171 Rn. 10.

wenn „das Wohl der Allgemeinheit die Durchführung der Maßnahme nach diesem Gesetz erfordert, insbesondere zur Deckung eines erhöhten Bedarfs an Wohn- und Arbeitsstätten oder zur Wiedernutzung brachliegender Flächen" (§ 6 Abs. 3 Nr. 2 BauGB-MaßnahmenG-1990).

§ 7 BauGB-MaßnahmenG-1990 enthielt unter der Überschrift „Besondere Vorschriften für städtebauliche Entwicklungsmaßnahmen" eine Auflistung all jener Vorschriften des BauGB-1987, die auf die nach BauGB-MaßnahmenG-1990 neu ausgestaltete Entwicklungsmaßnahme anwendbar waren. Insoweit hervorzuheben ist eine die Erwerbspflicht der Gemeinde in § 166 Abs. 3 BauGB-1987 auflockernde Vorschrift in § 7 Abs. 1 Nr. 12 BauGB-MaßnahmenG-1990. Hiernach soll vom Erwerb dann abgesehen werden, wenn der Eigentümer unter der Voraussetzung, dass die Verwendung des Grundstücks nach den Zielen und Zwecken der Entwicklungsmaßnahme bestimmt oder mit ausreichender Sicherheit bestimmbar ist, in der Lage ist, das Grundstück binnen angemessener Frist dementsprechend zu nutzen und sich hierzu gegenüber der Gemeinde verpflichtet, ein Abgeltungsrecht geltend macht. Eine Enteignung ist dann nicht mehr erforderlich und durch Zahlung eines Ausgleichsbetrages ist der Eigentümer an der Finanzierung der Entwicklungsmaßnahme zu beteiligen.

d. Überführung der Vorschriften über die städtebauliche Entwicklungsmaßnahme in das Städtebaudauerrecht

Mit dem Investitionserleichterungs- und Wohnbaulandgesetz (WoBaulG[55]) wurde die städtebauliche Entwicklungsmaßnahme in der Fassung der §§ 6 und 7 BauGB-MaßnahmenG-1990 – im Wesentlichen[56] – wieder in das

---

55 Gesetz zur Erleichterung von Investitionen und der Ausweisung und Bereitstellung von Wohnbauland (WoBaulG) vom 22.04.1993, BGBl. I S. 466.
56 Durch kleinere Ergänzungen sollen vor allem das Finanzierungssystem sowie die Wertermittlungsanforderungen verdeutlicht werden; vgl. § 169 Abs. 4 und 8 Satz 1 sowie § 171 BauGB; vgl. Krautzberger, Das Investitionserleichterungs- und Wohnbaulandgesetz, in: NVwZ 1993, S. 520 (522).

Städtebaudauerrecht übernommen.[57] Nach § 245a Abs. 2 BauGB-1993[58] waren die nach § 53 Abs. 1 StBauFG-1971 förmlich festgelegten und nach den §§ 165 ff. BauGB-1987 fortgeführten Entwicklungsmaßnahmen auch weiterhin nach diesen Vorschriften fortzuführen, ohne dass diese auf das neue Entwicklungsmaßnahmenrecht überführt worden sind. Demgegenüber wurden die auf den §§ 6 und 7 BauGB-MaßnahmenG-1990 beruhenden Entwicklungsmaßnahmen in vollem Umfang auf das neue Recht übergeleitet (vgl. § 245 Abs. 3 BauGB-1993).

e. Weitere Änderungen durch das Bau- und Raumordnungsgesetz 1998

Erneut in Bezug genommen wurden die Bestimmungen über die städtebauliche Entwicklungsmaßnahme durch die Neuregelungen und Regelungsänderungen des Bau- und Raumordnungsgesetzes (BauROG 1998[59]).[60] Ein besonderes Interesse galt dabei der begrifflichen sowie verfahrensrechtlichen Anpassung der Bestimmungen der städtebaulichen Entwicklungsmaßnahme an die Vorschriften der Sanierung:

– Anstelle von „Voruntersuchungen" werden künftig „vorbereitende Untersuchungen" durchgeführt (vgl. die Neufassung des § 164 Abs. 4 BauGB-1998[61]).

---

57 Ausführlich: Krautzberger, Ziele und Voraussetzungen städtebaulicher Entwicklungsmaßnahmen, in: WiVerw 1993, S. 85 ff.; Degenhart, Möglichkeiten und Grenzen der städtebaulichen Entwicklungsmaßnahme neuen Rechts, in: DVBl. 1994, S. 1041 ff.
58 Baugesetzbuch i. d. F. vom 8.12.1987, BGBl. I S. 2253, zuletzt geändert durch Gesetz vom 22.04.1993, BGBl. I S. 466.
59 Gesetz zur Änderung des Baugesetzbuchs und zur Neuregelung des Rechts der Raumordnung (Bau- und Raumordnungsgesetz 1998 – BauROG) vom 18.08.1997, BGBl. I S. 2081. Zu den Rahmenbedingungen für das Entwicklungsrecht: Krautzberger, Notwendigkeit der städtebaulichen Wiedernutzung von Baubrachen und die dafür gegebenen Planungs- und Entwicklungsinstrumente, in: WiVerw 1997, S. 1 f.
60 Ausführlich: Krautzberger, Schwerpunkte der Städtebaurechtsnovelle 1998, in: NVwZ 1996, S. 1047 ff.; Gerstinger, Fortentwickelte Rechtsgrundlagen für städtebauliche Sanierungs- und Entwicklungsmaßnahmen (BauGB '98), in: ZfBR 1998, S. 65 ff.
61 Baugesetzbuch i. d. F. der Bek. vom 8.12.1987, BGBl. I S. 2253, zuletzt geändert durch Gesetz vom 18.08.1997, BGBl. I S. 2081.

– Anders als bei der Sanierungssatzung blieb bei der Entwicklungssatzung aber weiterhin eine Genehmigung[62] erforderlich. Demgegenüber bedarf die Aufhebung der Entwicklungssatzung weder der Anzeige noch der Genehmigung.
– Neben der ortsüblichen Bekanntmachung kann die Entwicklungssatzung auch im Wege der Ersatzbekanntmachung in Kraft gesetzt werden (vgl. § 165 Abs. 7 Satz 2 und 3 BauGB-1998).
– Im Entwicklungsträgerrecht wurde der „einfache Beauftragte" eingeführt (vgl. § 167 Abs. 1 BauGB-1998).
– § 169 Abs. 1 BauGB-1998 wird hinsichtlich der Anwendung der Beteiligungs- und Mitwirkungsvorschriften nach den §§ 137 bis 139 BauGB, der Regelung über Ersatz- und Ergänzungsgebiete in § 142 Abs. 2 BauGB, die entsprechende Anwendung der Vorschriften über Ordnungs- und Baumaßnahmen nach den §§ 146 bis 148 BauGB[63] an das Sanierungsrecht angeglichen.
– Die §§ 164a und 164b BauGB sowie die Überschussverteilung nach § 156a BauGB finden ebenfalls Anwendung.[64]
– § 150 BauGB über den Ersatz und die Änderung von Einrichtungen, die der öffentlichen Versorgung dienen, sind anwendbar.

Erneut wurde die beispielhafte Auflistung, wann das Wohl der Allgemeinheit die Durchführung einer städtebaulichen Entwicklungsmaßnahme erfordert, ergänzt. So wird in inhaltlicher Hinsicht nunmehr erweitert, dass durch städtebauliche Entwicklungsmaßnahmen auch die Errichtung von Gemeinbedarfs- und Folgeeinrichtungen vorgesehen werden kann (vgl. § 165 Abs. 3 Satz 1 Nr. 2 BauGB-1998). Außerdem wird mit dieser neuen Anwendungsvoraussetzung verdeutlicht, dass vor der Festlegung des Entwicklungsbereichs zunächst zu prüfen ist, inwieweit das besondere

---

62 Aufgrund der Wirkung im Vorfeld der Enteignung. Vgl. § 165 Abs. 3 Satz 1 Nr. 2, § 166 Abs. 3 sowie § 169 Abs. 3 BauGB.
63 Für den Ausgleich von Eingriffen in Natur und Landschaft gelten damit im städtebaulichen Entwicklungsbereich die gleichen Anforderungen, die auch für Sanierungsgebiete Geltung beanspruchen; vgl. §§ 147, 148 sowie ergänzend § 154 BauGB.
64 Damit wurde der Verweis in § 245 Abs. 11 BauGB-1987 auf § 58 StBauFG-1971 obsolet.

entwicklungsrechtliche Instrumentarium in Bezug auf einerseits städtebauliche Verträge sowie andererseits auf den freihändigen Grundstückserwerb erforderlich ist. Dementsprechend formuliert § 165 Abs. 3 Satz 1 Nr. 3 BauGB, dass die Gemeinde einen städtebaulichen Entwicklungsbereich auch festlegen kann, wenn die mit der städtebaulichen Entwicklungsmaßnahme verfolgten Ziele und Zwecke durch städtebauliche Verträge nicht erreicht werden können oder Eigentümer der von der Maßnahme betroffenen Grundstücke nicht bereit sind, ihre Grundstücke zum entwicklungsunbeeinflussten Wert zu veräußern. Dies galt auch schon vorher.[65]

f. Nochmalige Deregulierung durch das EAG Bau 2004
Mit dem EAG Bau 2004[66] hat sich erneut eine Änderung im Bereich der städtebaulichen Entwicklungsmaßnahme ergeben. Diese bestand darin, dass die städtebauliche Entwicklungssatzung fortan nicht mehr genehmigungspflichtig durch die höhere Verwaltungsbehörde ist und insoweit eine Angleichung an die sonstigen gemeindlichen Satzungen stattgefunden hat. Dies galt allerdings nur soweit, wie die Länder von der in § 246 Abs. 1a BauGB enthaltenen Möglichkeit, ein Anzeigeverfahren einzuführen, Gebrauch gemacht haben.

3.2 Aktuelle Situation

Anders als bei Sanierungsmaßnahmen wurde von städtebaulichen Entwicklungsmaßnahmen nach ihrer gesetzlichen Ausgestaltung im Jahr 1971 zunächst nur zurückhaltend Gebrauch gemacht. Maßgeblich dafür, dass es im gesamten Bundesgebiet unter der Geltung dieser Bestimmungen, nur zu lediglich 48 städtebaulichen Entwicklungsbereichen kam, waren zwei Gründe[67]:

---

65 BVerwG, Beschl. v. 27.09.2012 – 4 BN 20/12, ZfBR 2013, 51; auch Busch, Probleme der städtebaulichen Entwicklungsmaßnahme, in: Erbguth/Oebbecke/Regengeling/Schulte (Hrsg.), Planung – Festschrift für Werner Hoppe zum 70. Geburtstag, München 2000, S. 405 (422).
66 Gesetz zur Anpassung des Baugesetzbuchs an EU-Richtlinien (Europarechtsanpassungsgesetz Bau – EAG Bau) vom 24.06.2004, BGBl. I S. 1359.
67 Vgl. Stich, Förmliche städtebauliche Entwicklungsmaßnahmen, in: GewArch 2001, S. 137 (138).

– Erforderlich für ihre Festlegung war die Rechtsverordnung[68] der Landesregierung, mit der die Zusage von Fördermitteln verbunden war.
– Ziele der Raumordnung und Landesplanung standen im Vordergrund; die Verwirklichung der städtebaulichen Entwicklungsmaßnahmen oblag aber den Gemeinden.

Mit dem BauGB-MaßnahmenG-1990 und der insoweit neu gestalteten Wiedereinsetzung der städtebaulichen Entwicklungsmaßnahme in das Städtebaurecht hat das Entwicklungsrecht dann inhaltlich – auch für die neuen Bundesländer – eine entscheidende Veränderung genommen. Nicht mehr die Ziele der Raumordnung und Landesplanung standen im Vordergrund, sondern die Entwicklung und Neuordnung von Ortsteilen und anderen Teilen des Gemeindegebiets. In der Gesetzesbegründung zum WoBauErlG-1990 werden die Gründe für die Neuausgestaltung der städtebaulichen Entwicklungsmaßnahme auch genauer dargelegt: „Diese Annahme hat sich hinsichtlich neuer Trabantenstädte als zutreffend erwiesen. Hinsichtlich der Erforderlichkeit eines besonderen Instrumentariums, um in Gemeinden mit einem erhöhten Bedarf an Wohn-und Arbeitsstätten städtebaulich integrierte Gesamtmaßnahmen entwickeln zu können oder größere innerstädtische Brachflächen einer Nutzung für Wohn- und Arbeitsstätten wieder zuführen zu können, erscheint die seinerzeitige Annahme aus heutiger Sicht den neuen städtebaulichen Aufgabenstellungen nicht mehr gerecht zu werden."[69]

Mit der Übernahme der Regelungen in das Städtebaudauerrecht im Jahr 1993 durch das WoBaulG und nochmalige Regelungsergänzungen und -änderungen durch das BauROG 1998 hat sich die städtebauliche Entwicklungsmaßnahme als gemeindliches Planungsinstrument etabliert. Nach einer Umfrage der Bundesanstalt für Landeskunde und Raumordnung (BfLR) im Auftrag des damaligen Bundesministeriums für Raumordnung, Bauwesen und Städtebau haben im Jahr 1997, also sieben Jahre nach der Ausgestaltung des neuen Typs städtebaulicher Entwicklungsmaßnahmen durch die §§ 6 und 7 BauGB-MaßnahmenG-1990 insgesamt 84 Gemeinden 100 Entwicklungsbereiche förmlich festgelegt

---

68 Vgl. oben B. 3.1.a.
69 BT-Drs. 11/6508, S. 12.

und für weitere 17 Maßnahmen stand der Satzungsbeschluss unmittelbar bevor.[70] Seit dem EAG Bau 2004 blieben die Vorschriften über die städtebauliche Entwicklungsmaßnahme unverändert. Aktuelle Angaben, wie viele förmliche städtebauliche Entwicklungsmaßnahmen in den letzten Jahren neu angegangen oder abgeschlossen worden sind, liegen nicht vor. Zurückgegriffen werden kann auf das Bund-Länder-Programm „Städtebauliche Sanierungs- und Entwicklungsmaßnahmen", das von 1971 bis 2012 lief, in dessen Rahmen der Bund ca. 8 Mrd. Euro bereitgestellt hat. Im Jahr 2012 sind Sanierungs- und Entwicklungsmaßnahmen in 167 Gemeinden der neuen und 128 Gemeinden der alten Bundesländer gefördert worden. Darin enthalten sind zwei Entwicklungsmaßnahmen, eine davon in Bayern und eine in Nordrhein-Westfalen. Für das Jahr 2012 stellte der Bund 20,3 Mio. Euro für die neuen und 22,2 Mio. Euro für die alten Länder bereit. Das Programm „Sanierungs- und Entwicklungsmaßnahmen" wird nicht mehr weiter geführt; die Förderung von städtebaulichen Entwicklungsmaßnahmen erfolgt ab 2013 im Rahmen der durch die VV-Städtebauförderung 2013[71] unterstützten Programme.

4. Anwendungsvoraussetzungen

Die Voraussetzungen, unter denen eine städtebauliche Entwicklungsmaßnahme festgelegt werden kann, enthält § 165 Abs. 3 BauGB. Dort werden insgesamt vier Voraussetzungen angeführt:

– Die vorgesehene Maßnahme muss den Zielen und Zwecken des § 165 Abs. 2 BauGB entsprechen.
– Die Maßnahme muss zum Wohl der Allgemeinheit erforderlich sein, mithin den eigentumsrechtlichen Anforderungen in Art. 14 Abs. 3 GG gerecht werden.
– Die mit der Maßnahme angestrebten Ziele und Zwecke dürfen nicht mittels anderer, weniger eingreifender Instrumente erreichbar sein.

---

70 Vgl. Krautzberger, LEG-Mitteilungen 1997, S. 1 (3).
71 Verwaltungsvereinbarung Städtebauförderung 2013 über die Gewährung von Finanzhilfen des Bundes an die Länder nach Art. 104b des Grundgesetzes zur Förderung städtebaulicher Maßnahmen vom 21.12.2012/21.03.2013,

– Die Durchführung der Maßnahme muss innerhalb eines absehbaren Zeitraums gesichert sein.

Die Auflistung ist nicht abschließend, berücksichtigt aber die wohl wichtigsten Anwendungsvoraussetzungen. Daneben spielen auch andere Voraussetzungen noch eine Rolle, insbesondere darf die städtebauliche Entwicklungsmaßnahme nicht mit qualifizierten städtebaulichen Zielsetzungen wie sie im Flächennutzungsplan[72] enthalten sind; gleiches gilt für Ziele der Raumordnung.[73] Schließlich normiert § 165 Abs. 3 Satz 2 BauGB das Abwägungsgebot[74], wie es auch für die Bauleitplanung in § 1 Abs. 6 BauGB geregelt ist.

4.1 Erforderlichkeit zum Wohl der Allgemeinheit

Die wichtigste Anwendungsvoraussetzung besteht darin, dass die städtebauliche Entwicklungsmaßnahme nur durchgeführt werden darf, wenn das Wohl der Allgemeinheit sie erfordert.[75] Soweit die städtebauliche Entwicklungsmaßnahme nicht mit den Zielen und Grundsätzen der Raumordnung und Landesplanung einschließlich der Regionalplanung vereinbar ist, steht sie jedenfalls nicht im Einklang mit dem Wohl der Allgemeinheit.[76] Die Gemeinde beschließt die förmliche Festlegung des städtebaulichen Entwicklungsbereichs als Satzung (vgl. § 165 Abs. 6 BauGB). Von der förmlichen Festlegung des städtebaulichen Entwicklungsbereichs in einer solchen Entwicklungssatzung gehen für die Grundstückseigentümer im Entwicklungsbereich belastende Wirkungen aus, denn die Gemeinde soll nach § 166 Abs. 3 Satz 1 BauGB grundsätzlich alle Grundstücke im städtebaulichen Entwicklungsbereich erwerben. Dazu kann sie zur Erfüllung ihrer

---

72 Für die unverzügliche Aufstellung von Bebauungsplänen im städtebaulichen Entwicklungsbereich hat das Entwicklungsgebot aus dem Flächennutzungsplan Bedeutung. Auch für die Frage der Rechtfertigung des erhöhten Bedarfs spielen die Darstellungen des Flächennutzungsplans eine wichtige Rolle. Insoweit ist darauf zu achten, dass der Flächennutzungsplan sinnvollerweise die Flächen, die für den Entwicklungsbereich vorgesehen sind, bereits als Baufläche oder Baugebiet darstellt.
73 Vgl. oben B. 1.
74 Dazu unten B. 6.
75 Zum Anwendungsbereich unten B. 5.
76 BVerwG, Urt. v. 12.12.2002 – 4 CN 7/01 – NVwZ 2003, 746, 747.

Aufgaben die Grundstückseigentümer zu ihren Gunsten oder zu Gunsten eines Entwicklungsträgers (§ 167 BauGB) letztlich sogar enteignen, und zwar ohne dass sie zuvor einen Bebauungsplan aufgestellt hat (vgl. § 169 Abs. 3 Satz 1 BauGB). Darin liegt ein wesentlicher Unterschied zur Bebauungsplanung. Dort kann eine Enteignung nur auf der Grundlage der Festsetzungen eines Bebauungsplans vorgenommen werden, wenn die Enteignungsvoraussetzungen nach den §§ 85 bis 92 BauGB gegeben sind und der Enteignungszweck auf andere zumutbare Weise nicht erreicht werden kann (vgl. § 87 Abs. 1 BauGB). Damit trägt der Bundesgesetzgeber Art. 14 Abs. 3 Satz 1 GG Rechnung, denn danach ist eine Enteignung nur zulässig, wenn das Wohl der Allgemeinheit sie erfordert. Gleichwohl besteht auch für städtebauliche Entwicklungsmaßnahmen nach § 169 Abs. 3 Satz 2 BauGB die Voraussetzung, dass der Antragsteller sich ernsthaft um den freihändigen Erwerb des Grundstücks zu angemessenen Bedingungen bemüht hat. Dennoch ist die Enteignung deutlich leichter zulässig, denn nach § 169 Abs. 3 Satz 3 BauGB sind die Vorschriften über den Enteignungszweck nach § 85 BauGB, die Voraussetzungen über die Zulässigkeit der Enteignung nach § 87 BauGB, die Enteignung aus zwingenden städtebaulichen Gründen nach § 88 BauGB und die Bestimmungen über die Veräußerungspflicht nach § 89 Abs. 2 und 3 BauGB im städtebaulichen Entwicklungsbereich nicht anzuwenden. Das bedeutet, dass nicht verkaufsbereite oder für eine Abwendungsvereinbarung nicht offene Grundstückseigentümer damit rechnen müssen, dass sie zum Wohl der Allgemeinheit im Zuge der Durchführung einer städtebaulichen Entwicklungsmaßnahme – auch im Sinne einer Durchgangsenteignung[77] – enteignet werden können.[78] Folglich muss schon bei der Festlegung des Entwicklungsbereichs durch die Entwicklungssatzung – gewissermaßen vorverlagert – geprüft werden, ob die Enteignungsvoraussetzungen vorliegen und insoweit das Wohl der Allgemeinheit die Entwicklungsmaßnahme erfordert.[79] Bei der

---

77 BVerwG, Urt. v. 27.05.2004 – 4 BN 7/04 – ZfBR 2004, 579, 580; auch Stich, a. a. O. (Fn. 67), S. 137 (140).
78 Ausführlich zur verfassungsrechtlichen Unbedenklichkeit: BVerwG, Beschl. v. 27.05.2004 – 4 BN 7/04 – ZfBR 2004, 579; dass., Urt. v. 3.07.1998 – 4 CN 2.97 – NVwZ 1297, 1298.
79 BVerwG, Urt. v. 15.01.1982 – 4 C 94/79 – NJW 1982, 2787, 2788.

vorzunehmenden Prüfung handelt es sich um eine pauschale Prüfung, denn bei Erlass der Entwicklungssatzung liegt in der Regel noch keine ins Einzelne gehende Planungskonzeption vor, so dass zu diesem Zeitpunkt die Enteignungsvoraussetzungen nicht schon für jedes einzelne unbebaute Grundstück abschließend geprüft werden können.[80] Allerdings ist zu diesem Zeitpunkt schon die „eigentumsverteilende Wirkung" der Erschließungssatzung zu beachten, so dass das Wohl der Allgemeinheit generell die geplante städtebauliche Entwicklung einschließlich der gebotenen Enteignungen rechtfertigen muss.

4.2 Ziele und Zwecke im Sinne von § 165 Abs. 2 BauGB

Eine weitere Voraussetzung besteht darin, dass die städtebauliche Maßnahme den Zielen und Zwecken des § 165 Abs. 2 BauGB entsprechen muss. Die von der Gemeinde vorgesehene städtebauliche Maßnahme muss insoweit zulässiger Gegenstand[81] einer städtebaulichen Entwicklungsmaßnahme sein. Denn nach § 165 Abs. 2 BauGB sollen durch städtebauliche Entwicklungsmaßnahmen Ortsteile und andere Teile des Gemeindegebiets entsprechend ihrer besonderen Bedeutung für die städtebauliche Entwicklung und Ordnung der Gemeinde oder entsprechend der angestrebten Entwicklung des Landesgebiets oder der Region erstmalig oder im Rahmen einer städtebaulichen Neuordnung einer neuen Entwicklung zugeführt werden. Mit städtebaulichen Entwicklungsmaßnahmen werden hiernach einerseits unmittelbar städtebauliche Zielsetzungen verfolgt. Gleichwohl kann die Entwicklung und Neuordnung der Gemeindegebiete andererseits auch aus Gründen der überörtlichen Planung veranlasst sein.[82] Räumliche Gegenstände der Entwicklung oder Neuordnung können Ortsteile sowie andere Teile des Gemeindegebiets sein.[83] Entscheidend ist die „besondere Bedeutung" eines Teils des Gemeindegebiets für die städtebauliche Entwicklung und Ordnung der Gemeinde, des Landesgebiets oder

---

80 BVerwG, Beschl. v. 27.05.2004 – 4 BN 7/04 – ZfBR 2004, 579, 580.
81 Vgl. Mitschang, in: Battis/Krautzberger/Löhr, BauGB, 12. Aufl., München 2013, § 165 Rn. 16.
82 Zur Entwicklung oben B. 3.1.a.
83 Zu den Begriffen „Ortsteil" und „sonstige Teile des Gemeindegebiets", vgl. Mitschang, a. a. O. (Fn. 81), § 165 Rn. 8 f.

der Region, und zwar in der konkreten Situation[84] und nicht abstrakt. Damit kommt nicht jedwede Neuentwicklung auch für die Durchführung einer städtebaulichen Entwicklungsmaßnahme in Betracht. Abgestellt wird bei städtebaulichen Entwicklungsmaßnahmen auf Maßnahmen von einigem Gewicht und Umfang, wobei nur die räumliche Komponente für die Prüfung von § 165 Abs. 3 Satz 1 Nr. 1 BauGB maßgeblich ist, während die inhaltliche Komponente erst bei der Prüfung des Erfordernisses des Wohls der Allgemeinheit von Bedeutung ist.[85] Dies ist nach Abschluss der vorbereitenden Untersuchungen einzustellen und danach zu fragen, ob der festzulegende Entwicklungsbereich auch noch den Vorstellungen der Gemeinde entspricht. Dabei sind Veränderungen, die zwischenzeitlich eingetreten sind, zu berücksichtigen, insbesondere soweit diese Einfluss auf die vorzunehmende Beurteilung haben.[86]

Außer auf die Entwicklung und Neuordnung von Ortsteilen, kann die Entwicklungsmaßnahme auch auf „andere Teile des Gemeindegebiets" bezogen werden, so dass auch kleinteiligere Maßnahmen durchgeführt werden können.

Nach § 165 Abs. 2 BauGB ist zwischen zwei Gebietskulissen[87] zu differenzieren. Es handelt sich dabei um:

- Die erstmalige Entwicklung eines Ortsteils oder eines Teils des Gemeindegebiets.
- Die städtebauliche Neuordnung eines Ortsteils oder eines Teils des Gemeindegebiets.

Auch Mischformen sind dadurch aber nicht ausgeschlossen.[88] Für die Schaffung von insbesondere Wohnstätten kommen beide Gebietskulissen in Betracht. Soweit es sich um die erstmalige Entwicklung handelt, geht es in erster Linie um die Inanspruchnahme bislang land- oder forstwirtschaftlich genutzter Flächen sowie von Ödland im Rahmen der klassischen Stadterweiterung, die zu Siedlungsflächen entwickelt

---

84 Gemeint ist die jeweilige stadtentwicklungspolitische oder landes- bzw. regionalpolitische Bedeutung der Maßnahme.
85 Vgl. Runkel, a. a. O. (Fn. 35), § 165 Rn. 45.
86 OVG Koblenz, Urt. v. 6.12.2001 – 1 C 10195/00 – NVwZ-RR 2002, 816, 818.
87 Vgl. Mitschang, a. a. O. (Fn. 81), § 165 Rn. 10 f.
88 Vgl. Runkel, a. a. O. (Fn. 16), S. 91 (93).

werden sollen. Meistens wird es sich dabei um nicht qualifiziert beplante Flächen am Stadtrand handeln. Im Falle der städtebaulichen Neuordnung geht es demgegenüber um die Neuentwicklung und Neuordnung von Ortsteilen oder anderen Teilen des Gemeindegebiets. Insoweit angesprochen sind vor allem die Fälle der städtebaulichen Wiedernutzung von brachliegenden oder mindergenutzten Bereichen[89], denen infolge des wirtschaftlichen Strukturwandels eine neue Entwicklung oder insgesamt eine neue städtebauliche Funktion nach den kommunalen Entwicklungsvorstellungen zugeordnet werden soll. Insoweit können auch bereits bebaute Bereiche erfasst werden, insbesondere wenn die vorhandene Bebauung beseitigt und das Gebiet grundlegend neu entwickelt werden soll.[90] Im Rahmen der Durchführung der städtebaulichen Entwicklungsmaßnahme kann die vorhandene Bebauung dann ganz oder teilweise beseitigt werden und der Bereich einer grundlegend neuen Entwicklung zugeführt werden.[91]

4.3 Vorrang weniger eingreifender Instrumente

Die mit der städtebaulichen Entwicklungsmaßnahme angestrebten Ziele und Zwecke[92] kennzeichnen umgekehrt die besondere Bedeutung und Stellung dieses Planungsinstruments innerhalb des Städtebaurechts. Es muss ein qualifizierter städtebaulicher Handlungsbedarf vorliegen, der ein planmäßiges und aufeinander abgestimmtes Vorgehen erfordert[93], denn es handelt sich um eine städtebauliche Gesamtmaßnahme, die wegen ihrer Art, ihres Umfangs und aufgrund ihrer zeitlichen Erfordernisse nicht mit den Mitteln des allgemeinen Städtebaurechts durchzuführen wäre.[94] Vor diesem Hintergrund enthält § 165 Abs. 3 Satz 1 Nr. 3 BauGB eine dritte wichtige Voraussetzung, die Anforderungen in

---

89 Siehe hierzu auch unten: B. 5.3.
90 BVerwG, Beschl. v. 2.11.2000 – 4 BN 51/00 – LKV 2001, 126; BVerwG, Beschl. v. 8.07.1998 – 4 BN 22/98 – NVwZ 1998, 1298.
91 BVerwG, Beschl. v. 8.07.1998 – 4 BN 22/98 – NVwZ 1998, 1298.
92 Vgl. oben B. 1.
93 BVerwG, Urt. v. 3.07.1998 – 4 CN 2.97 – NVwZ 1297, 1298.
94 BVerwG, Beschl. v. 27.09.2012 – 4 BN 20/12 – ZfBR 2013, 51 Rn. 13. Zu den anderen städtebaulichen Instrumenten ausführlich: Busch, a. a. O. (Fn. 65), S. 405 (414 ff.).

dreierlei Hinsicht bereit hält und dadurch das Allgemeinwohlerfordernis nach § 165 Abs. 3 Satz 1 Nr. 2 BauGB präzisiert.[95] Danach dürfen die angestrebten Ziele und Zwecke der städtebaulichen Entwicklungsmaßnahme zunächst nicht durch den Abschluss städtebaulicher Verträge[96] zwischen der Gemeinde und den Grundstückseigentümern im Entwicklungsgebiet realisiert werden können.[97] Außerdem dürfen die Grundstückseigentümer nicht mit dem Verkauf ihrer Grundstücke einverstanden sein, wobei insoweit eine Bindung an den entwicklungsunbeeinflussten Anfangswert des Grundstücks im Sinne von § 169 Abs. 1 Nr. 7 i. V. m. § 153 Abs. 3 BauGB besteht.[98] Und schließlich ist zu berücksichtigen, dass ein städtebaulicher Entwicklungsbereich nur festgelegt werden kann, wenn die mit der Maßnahme angestrebten Ziele und Zwecke und deren zügige Durchführung den Einsatz dieses Instrumentariums überhaupt erfordern und nicht vergleichbar wirkungsvoll auch mit den Instrumenten[99] des allgemeinen Städtebaurechts und

---

95 VGH Mannheim, Urt. v. 12.09.1994 – 8 S3002/93 – BauR 1996, 523 sowie neuerdings auch OVG Münster, Urt. v. 18.05.2010 – 10 D 42/06.NE – BauR 2010, 1890.
96 Speziell zur Anwendung von Zielbindungsverträge im Sinne von § 11 Abs. 1 Nr. 2 BauGB: Reicherzer, Zielsicherung bei der Konversion von Bahn- und Militärflächen, in: KommJur 2007, S. 161 ff. Grundsätzlich zur Anwendung städtebaulicher Verträge im Rahmen von städtebaulichen Entwicklungsmaßnahmen: Stich, Die Rechtsentwicklung von der imperativen zur kooperativen Städtebaupolitik, in: ZfBR 1999, S. 304 (308 ff.).
97 Die Frage, wann die Gemeinde mit Verhandlungen zum Verkauf der Grundstücke mit den Grundstückseigentümern aufhören kann, liegt innerhalb einer Grauzone, die jedenfalls dann ihre Grenze finden, wenn die Gemeinde erfolgversprechende Verhandlungen erst gar nicht aufnimmt oder aber vorzeitig abbricht. Dies bedarf aber der Beurteilung im Einzelfall.
98 Die Gemeinde ist zunächst dazu verpflichtet, etwaige Vertragsangebote ernsthaft zu prüfen. Allerdings kann sie auch bei Verkaufsbereitschaft einzelner sowie mehrerer Grundstückseigentümer Vertragsabschlüsse über dem entwicklungsunbeeinflussten Anfangswert ablehnen. Kommt es jedenfalls zur Festlegung eines Entwicklungsbereichs muss die Gemeinde auf den entwicklungsunbeeinflussten Anfangswert abstellen. Dies kann die Verkaufsbereitschaft bei Grundstückseigentümern fördern, so dass es gegebenenfalls erst gar nicht zum Erlass einer Entwicklungssatzung kommt.
99 Z. B. durch Aufstellung eines Bebauungsplans, Durchführung einer Sanierungsmaßnahme oder Abschluss von städtebaulichen Verträgen.

mit geringeren Eingriffen für die Grundstückseigentümer verwirklichen lassen.[100] Damit wird das Ziel verfolgt, einerseits den Grundsatz der Verhältnismäßigkeit zu verdeutlichen und andererseits auch klarzustellen, dass die Durchführung einer städtebaulichen Entwicklungsmaßnahme auch dann gerechtfertigt ist, wenn eine fehlende Mitwirkungsbereitschaft der Eigentümer an städtebaulichen Entwicklungsvorhaben festzustellen ist.[101] Hierzu hat das BVerwG[102] schon für eine § 165 Abs. 3 Satz 1 Nr. 3 BauGB vorausgegangen Gesetzesfassung ausgeführt, dass das Instrumentarium des sonstigen Städtebaurechts nur von vornherein begrenzt tauglich ist, wenn es sich um Gesamtmaßnahmen mit einer Vielzahl von Betroffenen handelt. Denn je größer die Zahl der Eigentümer ist, die mitwirken müssten, um das beabsichtigte Planergebnis herbeizuführen, desto geringer ist die Chance, dass sich die Maßnahme ohne Anwendung des Entwicklungsrechts unter angemessenem Zeit- und Kostenaufwand „zügig" verwirklichen lässt. Wäre daher die Gemeinde verpflichtet, mit jedem einzelnen Eigentümer Vertragsverhandlungen zu führen, so würde das Entwicklungsrecht weitgehend leer laufen. Ob sich Verhandlungen aufdrängen, hängt von den Umständen ab. Jedenfalls muss sich eine einvernehmliche Regelung als realistische Perspektive abzeichnen. Wenn eine Mehrzahl von Eigentümern nicht bereit ist, ihre Grundstücke für die in Aussicht genommene Nutzung zur Verfügung zu stellen, oder zwar Verkaufsinteresse bekundet, jedoch erkennbar auf einem Kaufpreis beharrt, der über den entwicklungsunbeeinflussten Anfangswert (§ 169 Abs. 1 Nr. 6 i. V. m. § 153 Abs. 3 BauGB) hinausgeht, ist dies nicht der Fall. Im Rahmen der vorbereitenden Untersuchungen nach § 165 Abs. 4 BauGB sind diese Überlegungen anzustellen, und zwar bevor die Entwicklungssatzung beschlossen wird. Dem entspricht im Übrigen auch die Anwendung der sanierungsrechtlichen Vorschriften nach den §§ 137 ff. BauGB, durch die eine möglichst frühzeitige Erörterung mit

---

100 Siehe hierzu: Gaentzsch, a. a. O. (Fn. 47), S. 921 (922); Kleiber, Das Bewertungsprivileg für land- oder forstwirtschaftlich genutzte Grundstücke in städtebaulichen Entwicklungsbereichen (§ 169 Abs. 4 BauGB), in: DVBl. 1994, S. 726 (727); Gerstinger, a. a. O. (Fn. 60), S. 65 (70).
101 Vgl. Battis/Krautzberger/Löhr, Die Neuregelungen des Baugesetzbuches zum 01.01.1998, in: NVwZ 1997, S. 1145 (1163).
102 Vgl. BVerwG, Urt. v. 3.07.2998 – 4 CN 5/97 – NVwZ 1998, 407, 411.

den Grundstückseigentümern sowie deren Mitwirkung bei der Durchführung der städtebaulichen Entwicklungsmaßnahme sichergestellt werden soll.

4.4 Sicherstellung einer zügigen Durchführung

Als letzte wichtige Voraussetzung muss nach § 165 Abs. 3 Satz 1 Nr. 4 BauGB gewährleistet sein, dass die städtebauliche Entwicklungsmaßnahme zügig innerhalb eines absehbaren Zeitraums durchgeführt werden kann.[103] Maßgeblich ist der Zeitpunkt der Beschlussfassung über die Entwicklungssatzung.[104] Durch nachträgliche Entwicklungen können die seinerzeit getroffenen Planungsentscheidungen nicht in Frage gestellt werden. Die von der Entwicklungsmaßnahme Betroffenen erleiden dadurch auch keine unzumutbare Rechtseinbuße, weil kein irreversibler Zustand eintritt.[105] § 165 Abs. 3 Satz 1 Nr. 4 BauGB richtet sich nicht nur an die Gemeinde, sondern sie verdeutlicht ihr auch, dass mit der Durchführung einer städtebaulichen Entwicklungsmaßnahme eine höhere Verantwortung[106] verbunden ist, als bei der Heranziehung anderer städtebaulicher Instrumente. Sie muss auf der Grundlage der vorbereitenden Untersuchungen ihre städtebaulichen Zielsetzungen sobald als möglich endgültig bestimmen und festschreiben, die Entwicklungssatzung erlassen und dann ohne Verzug Bebauungspläne aufstellen (vgl. § 166 Abs. 1 Satz 2 BauGB).

§ 165 Abs. 3 Satz 1 Nr. 4 BauGB verlangt, dass die Durchführung der städtebaulichen Entwicklungsmaßnahme in einem absehbaren Zeitraum möglich ist. Welcher Zeitraum noch „absehbar" ist, lässt sich nicht abstrakt festlegen.[107] Er wird weder durch die Vorschrift selbst vorgegeben, noch lässt er sich überhaupt festlegen. Entscheidend sind die besonderen Umstände im Einzelfall, insbesondere der Umfang der Entwicklungsmaßnahme.[108] In dem insoweit angesprochenen Fall hatte sich der Zweckverband der Gemeinden

---

103 Diese Anforderung besteht auch für Stadtumbaumaßnahmen nach § 171 Abs. 2 Satz 1 BauGB sowie für städtebauliche Sanierungsmaßnahmen nach § 149 Abs. 4 S. 2 BauGB.
104 Vgl. Runkel, a. a. O. (Fn. 35), § 165 Rn. 88.
105 BVerwG, Urt. v. 3.07.1998 – 4 CN 5/97 – NVwZ 1999, 407, 412.
106 VGH München, Urt. v. 23.10.1995 – 15 N 94/1693 – BRS 57 Nr. 286.
107 BVerwG, Urt. v. 27.05.2004 – 4 BN 7/04 – ZfBR 2004, 579, 582.
108 BVerwG, Urt. v. 3.07.1998 – 4 CN 5/97 – NVwZ 1999, 407, 412.

Nürnberg, Fürth und Erlangen beim Erlass der Entwicklungssatzung einen elfjährigen Zeitraum vorbehalten, um die Entwicklungsmaßnahme durchzuführen. Das BVerwG[109] hat dies als zulässig angesehen, weil es sich um ein komplexes Entwicklungsvorhaben handeln sollte, für das die Schaffung umfangreicher Folge- und Infrastruktureinrichtungen sowie die Durchführung von umfänglichen Kompensationsmaßnahmen vorgesehen war. Überhaupt hat die Rechtsprechung[110] bislang Zeiträume von 9 bis 17 Jahren als zulässig angesehen.[111] Die Festlegung einer Frist für die Durchführung der Entwicklungsmaßnahme ist anders als im Sanierungsrecht für städtebauliche Sanierungsmaßnahmen im Entwicklungsrecht nicht vorgesehen. Während die Sanierungsmaßnahme nach 15 Jahren durchgeführt sein soll, kann eine städtebauliche Entwicklungsmaßnahme, die regelmäßig eine höhere Komplexität und auch einen größeren sachlichen und räumlichen Umfang als eine Sanierungsmaßnahme aufweist, auch einen längeren Zeitraum in Anspruch nehmen. Für eine kurzfristige Bewältigung der Wohnungsnot sind diese Zeiträume zu lang. Gerade dies lässt um so mehr erkennen, dass städtebauliche Entwicklungsmaßnahmen strategisch und eben auf einen längeren Zeitraum ausgerichtet sind. Der Wohnungsmarkt muss hinreichend analysiert und prognostisch abgeklärt werden, damit über einen mittel- bis langfristigen Zeitraum – bei allen Unwägbarkeiten – dennoch eine gesteuerte Entwicklung des Wohnungsmarktes stattfinden kann.

Die Gewährleistung der Durchführung der städtebaulichen Entwicklungsmaßnahme innerhalb eines absehbaren Zeitraums stellt weiterhin darauf ab, dass die Gemeinde dazu in der Lage ist, die Entwicklungsmaßnahme zu finanzieren. Anzusetzen ist insoweit schon bei den vorbereitenden Untersuchungen. Bereits hier ist eine überschlägige Ermittlung der Durchführungskosten für den gesamten Durchführungszeitraum vorzunehmen. Dabei ist darauf abzustellen, ob die zugrunde gelegte Prognose hinsichtlich des Erkenntnisstands und entsprechend dem Umfang der Maßnahme im

---

109 BVerwG, Urt. v. 3.07.1998 – 4 CN 5/97 – NVwZ 1999, 407, 411.
110 VGH, Urt. v. 23.10.1995 – 15 N 94.112 – BRS 57 Nr. 286 – 9 Jahre; VGH Kassel, Urt. v. 27.1.1987 – IV N 4/81 – ZfBR 1987, 204 – 17 Jahre.
111 Vgl. Porger, Verfassungs- und Verwaltungsprobleme der Einleitung und Durchführung städtebaulicher Entwicklungsmaßnahmen nach den §§ 165 bis 171 BauGB, in: WiVerw 1999, S. 36 (46).

Zeitpunkt der förmlichen Festlegung sachgerecht erstellt ist.[112] Grundpfeiler der Finanzierung sind auf der einen Seite die kommunalen Ausgaben. Besonders wichtig sind dabei die Kosten für den Erwerb der Grundstücke im Entwicklungsbereich, die Kosten für die Durchführung der für die Entwicklung des Gebiets erforderlichen Erschließungsmaßnahmen sowie die sog. „Haltungskosten". Letztere ergeben sich daraus, dass die Gemeinde regelmäßig für den Grundstückserwerb im Entwicklungsgebiet Kredite aufnehmen und finanzieren muss. Den Ausgaben stehen auf der anderen Seite Einnahmen gegenüber, die aus dem Verkauf der Grundstücke im Entwicklungsgebiet zum Neuordnungswert sowie aus den Ausgleichsbeträgen derjenigen Grundstückseigentümer, die mit der Gemeinde eine Abwendungsvereinbarung geschlossen haben oder schließen werden. Je stärker sich die Planungsentscheidungen verfestigen, desto konkreter kann die Finanzierung geklärt werden. Zwar hat die Gemeinde auch eine am Stand der Planung orientierte Kosten- und Finanzierungsübersicht nach § 171 Abs. 2 Satz 1 BauGB aufzustellen, doch ist diese nicht Bestandteil der förmlichen Festlegung des Entwicklungsbereichs im Rahmen der Entwicklungssatzung.

5. Anwendungsbereiche

Nach § 165 Abs. 3 Nr. 2 BauGB kann eine Gemeinde einen Bereich förmlich als städtebaulichen Entwicklungsbereich festlegen, wenn das Wohl der Allgemeinheit die Durchführung einer städtebaulichen Entwicklungsmaßnahme erfordert. Dies ist dann gegeben, wenn ein dringendes, im Verhältnis zu entgegenstehenden öffentlichen – wie auch privaten Interessen – überwiegendes öffentliches Interesse gerechtfertigt ist. Das Entwicklungsrecht als Ganzes im Sinne des gesamten Instrumentenbündels[113] muss erforderlich sein, um die Durchführung der städtebaulichen Entwicklungsmaßnahme zügig[114] zu gewährleisten.

---

112 BGH, Urt. v. 2.10.1998 – III ZR 99/85 – NVwZ 1987, 923, 925; BVerwG, Beschl. v. 27.05.2004 – 4 BN 7/04 – ZfBR 2004, 579, 580.
113 Insbesondere der umfassende Grundstückserwerb und die Enteignung.
114 Z. B. können anhaltende haushaltsrechtliche Beschränkungen einer zügigen Durchführung der städtebaulichen Entwicklungsmaßnahme entgegenstehen. Vgl. hierzu OVG Münster, Urt. v. 18.05.2010 – 10 D 42/06.NE – BauR 2010, 1890.

Das Wohl der Allgemeinheit kann die Durchführung einer Entwicklungsmaßnahme nach § 165 Abs. 3 Satz 1 Nr. 2 BauGB insbesondere in folgenden Fällen erfordern:

- zur Deckung eines erhöhten Bedarfs an Wohn- und Arbeitsstätten,
- zur Errichtung von Gemeinbedarfs- und Folgeeinrichtungen oder
- zur Wiedernutzung brachliegender Flächen.

Demnach ist der Anwendungsbereich städtebaulicher Entwicklungsmaßnahmen im Gesetz selbst beispielhaft[115] umrissen. Folglich handelt es sich bei der Auflistung nur um einige Belange, die die Durchführung einer städtebaulichen Entwicklungsmaßnahme rechtfertigen. Alle angeführten Beispiele können alternativ oder auch kumulativ[116] die Durchführung einer städtebaulichen Entwicklungsmaßnahme erfordern und insoweit grundsätzlich zur Linderung der Wohnungsnot eingesetzt werden. Der Gesetzgeber geht generalisierend davon aus, dass die angeführten Tatbestände allein oder im Zusammenwirken mit anderen Planungszielen geeignet sind, den Anforderungen des Gemeinwohlerfordernisses zu genügen.[117] Ob ihnen dann tatsächlich Gemeinwohlqualität zukommt, hängt maßgeblich von dem Gewicht ab, das sie im Verhältnis zu entgegengesetzten öffentlichen und privaten Belangen haben.

Unter enteignungsrechtlichen Gesichtspunkten von erheblicher Bedeutung ist, dass alle Beispiele sowohl gemeinnützige als auch privatnützige Interessen zum Gegenstand haben können. Als privatnützigen Zwecken dienend, bedürfen Wohn- sowie auch Arbeitsstätten – aus enteignungsrechtlichen Gründen – zusätzlich einer Bedarfsprüfung. Es muss ein erhöhter Bedarf vorliegen, während für Gemeinbedarfs- und Folgeeinrichtungen ein üblicher Bedarf ausreichend ist. Auch für die Wiedernutzung brachgefallener Flächen liegt die Messlatte auf geringerer Höhe. Hier muss ebenfalls nicht nachgewiesen werden, dass in einem bestimmten Bereich etwa überdurchschnittlich viele brachgefallene Flächen vorhanden sind.

---

115 Z. B. die Auflösung einer unvertretbaren Gemengelage. Siehe hierzu OVG Münster, Urt. v. 18.12.2008 – 10 D 104/06 – BauR 2009, 857.
116 Z. B. wenn ein Entwicklungsbereich sowohl der Unterbringung von wohnbaulicher Nutzung als auch etwa von Einrichtungen des Gemeinbedarfs- sowie Folgeeinrichtungen dient.
117 BVerwG, Beschl. v. 13.01.2013 – 4 BN 4/12 – ZfBR 2013, 365.

Vielmehr reicht es aus, dass mit Grund und Boden nach § 1a Abs. 2 BauGB sparsam und schonend umgegangen werden soll und hieran ein gesteigertes öffentliches Interesse besteht und einer Wiedernutzung der Vorrang vor der Neuinanspruchnahme von Flächen einzuräumen ist.[118] Alle angeführten Beispiele können alternativ oder auch kumulativ[119] Bedeutung haben für die Linderung der Wohnungsnot.

5.1 Erhöhter Bedarf an Wohn- und Arbeitsstätten

Wohnstätten sind alle Arten von Gebäuden mit Wohnungen. Sie können aber auch im unmittelbaren Zusammenhang mit Arbeitsstätten stehen. Arbeitsstätten umfassen alle Arten von Betrieben des Handwerks, Gewerbes sowie der Industrie einschließlich der Räume und Gebäude freiberuflich Tätiger.[120] Wann ein erhöhter Bedarf an Wohn- und Arbeitsstätten erforderlich ist, kann § 165 Abs. 3 Satz 1 Nr. 2 BauGB nicht entnommen werden. Notwendig ist eine Prognoseentscheidung[121] der Gemeinde. Dabei bestehen freilich, wie bei allen Prognosen, Bewertungs- und Prognosespielräume, die einer gerichtlichen Kontrolle entzogen sind. Für die Prognose hat die Gemeinde alle ihr mit zumutbarem Aufwand zugänglichen Erkenntnisquellen zu ermitteln und auszuschöpfen.[122] Der Zeithorizont wird dadurch bestimmt, dass das Entwicklungsrecht darauf angelegt ist, für die Bewältigung drängender städtebaulicher Probleme wirksame Lösungsmöglichkeiten über die nähere Zukunft hinaus innerhalb eines absehbaren Zeitraums[123] zu eröffnen. Insoweit ist es auch zulässig[124], zur Ermittlung des Wohnstättenbedarfs zukunftsorientierte Gesichtspunkte einfließen zu lassen und damit einer „prophylaktischen" Bereitstellung von neuen

---

118 Runkel, a. a. O. (Fn. 35), § 165 Rn. 57.
119 Z. B. wenn ein Entwicklungsbereich sowohl der Unterbringung von wohnbaulicher Nutzung als auch etwa von Einrichtungen des Gemeinbedarfs- sowie Folgeeinrichtungen dient.
120 So Stich, a. a. O. (Fn. 67), S. 137 (139).
121 BVerwG, Beschl. v. 27.05.2004 – 4 BN 7/04 – ZfBR 2004, 579, 580.
122 Z. B. Informationen, die im Zusammenhang mit dem Flächennutzungsplan gewonnen wurden. Vgl. BVerwG, Beschl. v. 2.11.2000 – 4 BN 51/00 – LKV 2001, 126.
123 Hierzu auch oben: B. 4.4.
124 VGH München, Urt. v. 16.06.1997 – 14 N 94/2157 – BeckRS 2005, 29043.

Wohnstätten Rechnung tragen zu wollen.[125] Geklärt ist mittlerweile, dass nicht jeder Nachfrageüberhang auch gleichzeitig als Rechtfertigung für die Inanspruchnahme einer städtebaulichen Entwicklungsmaßnahme angesehen werden kann. Nicht verwechselt werden darf die Anforderung eines „erhöhten" Bedarfes an Wohn- und Arbeitsstätten auch mit der Maßgabe des § 1 Abs. 1 BauGB-MaßnahmenG-1990, wo von einem „dringenden Wohnbedarf" als Auslöser für den Regelungsmechanismus des Gesetzes die Rede ist.[126] Dringender Wohnbedarf zeigt lediglich an, dass die Gemeinde angehalten ist, bauleitplanerisch tätig zu werden, um das Problem zu beseitigen. Sie braucht hierfür nicht auf die städtebauliche Entwicklungsmaßnahme zurückzugreifen.

Ein erhöhter Bedarf muss konkret zu verzeichnen sein; es muss sich um einen vorhandenen Bedarf handeln und nicht um eine durch die Ergreifung des Instruments der städtebaulichen Entwicklungsmaßnahme erst zu erzeugende Nachfrage nach Flächen, die dann durch die Entwicklungsmaßnahme bereitgestellt werden.[127] Vielmehr muss sich der „erhöhte Bedarf" aus der Begründung, die gemäß § 165 Abs. 7 BauGB der Entwicklungssatzung beizufügen ist, ergeben. In ihr sind die Gründe darzulegen, die die förmliche Festlegung des entwicklungsbedürftigen Bereichs rechtfertigen.[128]

Dabei weist ein erhöhter Bedarf eine sachliche und zeitliche[129] Komponente auf. Insoweit kann nur dann von einem erhöhten Bedarf gesprochen werden, wenn die Nachfrage das Angebot aus strukturellen

---

125 Vgl. Porger, a. a. O. (Fn. 111), S. 36 (47).
126 BVerwG, Urt. v. 12.12.2002 – 4 CN 7/01 – NVwZ 2003, 746, 747.
127 BVerwG, Urt. v. 3.07.1998 – 4 CN 5/97 – NVwZ 1999, 407, 411; VGH München, Urt. v. 1.3.2007 – 14 N 04/3307, 14 N 04/3342 – BeckRS 2007, 29332.
128 Der fehlende Nachweis war Auslöser für die Nichtigkeitserklärung der Entwicklungssatzung „Nördlich Wolfgangsiedlung" der Stadt Landshut; vgl. Bayerischer VGH, Urt. v. 23.10.1995 – 15 N 94.112 – BRS 57 Nr. 286 sowie bestätigt durch BVerwG, Beschl. v. 30.12.1996 – 4 NB 12/96 – GuG 1997, 118; vgl. auch Anmerkung von Schäfer, Städtebauliche Entwicklungsmaßnahme „Nördliche Wolfgangsiedlung" der Stadt Landshut, in: ZfBR 1997, S. 125.
129 Hierzu genauer: Leisner, Städtebauliche Entwicklungsmaßnahmen und Eigentum Privater, in: NVwZ 1993, S. 935 (936).

Gründen übersteigt.¹³⁰ Das bedeutet, dass der Nachfrageüberhang so groß sein muss, dass es zu seiner Beseitigung mit einer Ausweisung von Flächen, die von ihren Dimensionen und ihren Funktionen her hinter den in § 165 Abs. 2 BauGB bezeichneten Merkmalen zurückbleiben, nicht sein Bewenden haben kann. Ebenso reichen allgemeine konjunkturelle Entwicklungen oder Schwankungen im Wohnungsmarkt als Rechtfertigung eines erhöhten Bedarfes nicht aus. Auch bundesweite oder große Teile des Bundesgebiets betreffende Entwicklungen können für sich genommen einen erhöhten Bedarf nicht begründen.¹³¹ Allerdings hat sich die Gemeinde bei der Ermittlung der Bedarfssituation stets auch mit allgemeinen Entwicklungen argumentativ auseinanderzusetzen, die für das Plangebiet von Bedeutung sind. Denn auch allgemeine Trends können je nach den Besonderheiten des Einzelfalls die örtliche Entwicklung beeinflussen, indem sie entweder verstärkend oder abschwächend wirken.¹³² Hinzukommen muss, dass nur eine städtebauliche Gesamtmaßnahme, die durch eine einheitliche Vorbereitung und eine zügige Durchführung gemäß § 165 Abs. 1 BauGB gekennzeichnet ist, die Erwartung rechtfertigt, den zu Tage getretenen Bedarf wenigstens mittelfristig decken oder zumindest abmildern zu können.¹³³

Verantwortlich für die Feststellung eines erhöhten Bedarfes an Wohnstätten kann nur die Gemeinde sein. Nur sie hat den Überblick über die aktuelle Bautätigkeit und die Bauflächennachfrage in ihrem Gebiet. Entscheidend sind daher die konkreten Verhältnisse im Gebiet der Gemeinde. Dies schließt es nicht aus, dass unter überörtlichen Gesichtspunkten auch in einer ganzen Planungsregion ein erhöhter Bedarf gegeben sein kann. Dann ist es allerdings auch eine Aufgabe der Regionalplanung darüber zu befinden, an welchen Standorten der Region diesem erhöhten Bedarf nachgekommen werden muss.¹³⁴ Die Schaffung eines neuen Siedlungsschwerpunktes kann im Übrigen sowohl für die städtebauliche Entwicklung einer Gemeinde von Bedeutung sein als auch für eine Region¹³⁵ und insoweit

---

130 Ständige Rechtsprechung, zuletzt: BVerwG, Beschl. v. 13.01.2013 – 4 BN 4/12 – ZfBR 2013, 365.
131 So klar: BVerwG, Urt. v. 12.12.2002 – 4 CN 7/01 – NVwZ 2003, 746, 747 f.
132 BVerwG, Urt. v. 12.12.2002 – 4 CN 7/01 – NVwZ 2003, 746, 748.
133 BVerwG, Urt. v. 3.07.1998 – 4 CN 5/97 – NVwZ 1999, 407.
134 BVerwG, Urt. v. 12.12.2002 – 4 CN 7/01 – NVwZ 2003, 746.
135 So schon der Wortlaut von § 165 Abs. 2 BauGB.

zugleich einem Ziel der Regionalplanung für die Gemeinde entsprechen.[136] Gerade im Ballungsraum bestimmen eher regionale Faktoren die Entwicklung, so dass auch benachbarte Gemeinden von den Wirkungen örtlicher Defizite nicht nur berührt sein können, sondern durch das Zusammenwirken in ihrer Ausstrahlung noch verstärkt werden.

Ob ein erhöhter Bedarf besteht, beurteilt sich daher nach den konkreten Verhältnissen im Gebiet der Gemeinde oder des sonstigen Planungsträgers. Der für die Bedarfseinschätzung vorausgesetzte und maßgebliche Zeithorizont wird dadurch bestimmt, dass das Entwicklungsrecht ein Instrumentarium an die Hand gibt, das darauf angelegt ist, für die Bewältigung gerade drängender städtebaulicher Probleme wirksame Lösungsmöglichkeiten über die nähere Zukunft hinaus innerhalb eines absehbaren Zeitraums zu eröffnen. Hierfür erforderlich ist eine Prognose, mit der die Gemeinde anhand von Fakten und Erfahrungswerten ein Wahrscheinlichkeitsurteil über die Entwicklung zu fällen hat. Die Prognose muss dabei in einer der jeweiligen Materie angemessenen, methodisch einwandfreien Weise[137] erarbeitet werden. Dabei kommt es allerdings nicht darauf an, ob die ihr zugrunde liegenden Annahmen durch die spätere tatsächliche Entwicklung mehr oder weniger bestätigt oder widerlegt werden.[138]

Wird ein erhöhter Bedarf an Wohnstätten festgestellt, dann ist es auch zulässig, wenn sich die Gemeinde nicht nur auf die Ausweisung von Wohnstätten beschränkt und auch einen bestehenden erhöhten Bedarf an Arbeitsstätten befriedigt, selbst wenn dieser bei isolierter Betrachtung die Festlegung eines städtebaulichen Entwicklungsbereiches nicht rechtfertigt.[139]

Die konkreten Verhältnisse im Gebiet einer Gemeinde machen sich regelmäßig an bestimmten Umständen fest. Daher kann eine städtebauliche Entwicklungsmaßnahme regelmäßig nicht dadurch in Frage gestellt werden, dass in den benachbarten Gemeinden ein ausreichendes Flächenangebot

---

136 BVerwG, Urt. v. 12.12.2002 – 4 CN 7/01 – NVwZ 2003, 746.
137 Vgl. BVerwG, Urt. v. 7.07.1978 – 4 C 79.76 – NJW 1979, 64, 67 zur Planfeststellung für einen Verkehrsflughafen.
138 Siehe hierzu auch: OVG Berlin, Urt. v. 13.07.2000 – 2 A 5.95 – LKV 2001, 126, 129 sowie BVerwG, Beschl. v. 16.2.2001 – 4 BN 56/00 – NVwZ 2001, 1053; dass., Urt. v. 3.07.1998 – 4 CN 5/97 – NVwZ 1999, 407, 410.
139 BVerwG, Urt. v. 12.12.2002 – 4 CN 7/01 – NVwZ 2003, 746, 747 f.

vorhanden ist.[140] Wichtige Indikatoren sind daher nicht nur die tatsächliche Nachfrage, sondern gerade bei Wohnstätten vor allem auch der prognostizierte Bevölkerungsanstieg.[141] Daneben spielen im Einzelfall natürlich auch noch andere Kriterien wie der prognostizierte Wohnungsbedarf eine Rolle. Das Entwicklungsmaßnahmenrecht geht davon aus, dass es regelmäßig erforderlich ist, auf der örtlichen Ebene einen erhöhten Bedarf zu befriedigen.[142] Erweisen sich die angestellten Prognosen im Nachhinein als nicht zutreffend, weil etwa die Bevölkerungsentwicklung anders als erwartet verlaufen ist, ist die Entwicklungssatzung aufgrund der veränderten Umstände nach § 169 Abs. 1 Nr. 8 i. V. m. § 162 Abs. 1 Satz 1 Nr. 2 BauGB aufzuheben.[143]

Die Festlegung eines städtebaulichen Entwicklungsbereichs zur Deckung eines erhöhten Bedarfs an Arbeitsstätten kann im Einzelfall unzulässig sein, wenn das Wohl der Allgemeinheit die Durchführung der Entwicklungsmaßnahmen nicht erfordert, weil eine Planungsalternative vorhanden ist.[144] Dies ergibt sich aus der enteignenden Vorwirkung der förmlichen Festlegung eines städtebaulichen Entwicklungsbereichs. Planungsalternativen sind daher zu prüfen, wenn sie im Einzelfall ernsthaft in Frage kommen. Dies beurteilt sich nach dem Grad der Eignung der ins Auge gefassten Alternativfläche zur Erreichung des städtebaulichen Ziels und nach der Bedeutung der Belange der betroffenen Grundstückseigentümer. Letztlich ist es eine Frage des Übermaßverbotes, ob sich ein planerisches Ziel mit geringerer Eingriffsintensität auf andere Weise erreichen lässt. Dieser zur Fachplanung entwickelte Grundsatz lässt sich ohne weiteres auch auf städtebauliche Entwicklungsmaßnahmen übertragen. Allgemein gültige Maßstäbe auf die dabei zurückgegriffen werden kann, existieren für die Gewichtung der gegenläufigen Belange aber nicht. Zwar ging es im vorangehend angeführten Rechtsstreit um die Ausweisung eines Gewerbegebiets zur Erweiterung eines Zementwerks um ein Mörtelwerk, also um den erhöhten Bedarf an Arbeitsstätten, die auch an noch zwei anderen

---

140 BVerwG, Urt. v. 12.12.2002 – 4 CN 7/01 – NVwZ 2003, 746.
141 OVG Lüneburg, Urt. v. 27.02.2007 – 1 KN 1/07 – BeckRS 2007, 22288.
142 Vgl. Runkel, a. a. O. (Fn. 35), § 165 Rn. 64.
143 BVerwG, Beschl. v. 16.02.2001 – 4 BN 55/00 – NVwZ 2001, 1050.
144 BVerwG, Beschl. v. 31.03.1998 – 4 BN 4/98 – NVwZ-RR 1998, 544.

im Umfeld des Zementwerks liegenden Flächen befriedigt werden konnte, doch können die Anforderungen in Bezug auf den Umgang mit ernsthaften Standortalternativen auch auf Wohnstätten übertragen werden. Liegt daher eine solche Standortalternative vor, kann die Durchführung einer städtebaulichen Entwicklungsmaßnahme nicht erforderlich sein. Allerdings dürften Fälle, in denen tatsächlich Planungsalternativen vorliegen in der Planungspraxis nicht allzu oft vorkommen.[145] Dies ergibt sich daraus, weil die Anforderung besteht, dass nicht irgendeine Alternative vorhanden ist, sondern die an anderer Stelle liegenden Flächen für den mit der Entwicklungsmaßnahme verfolgten Zweck ebenso gut geeignet sind. Meistens sind die planerischen Rahmenbedingungen so konkret, dass Planungsalternativen nicht gegeben sind (z. B. Erfordernis von Gleisanschlüssen, Wasserverfügbarkeit oder auch die Nähe von ÖPNV-Haltestellen).

5.2 Gemeinbedarfs- und Folgeeinrichtungen

Was unter Gemeinbedarfseinrichtungen zu verstehen ist, erschließt sich aus § 5 Abs. 2 Nr. 2a BauGB. Dort werden beispielhaft aufgeführt: Schulen und Kirchen sowie sonstige kirchlichen, sozialen, gesundheitlichen und kulturellen Zwecken dienende Gebäude und Einrichtungen. Insoweit fallen auch Kindergärten, Kindertagesstätten, Krankenhäuser, Bürgerhäuser, der öffentlichen Verwaltung dienende Gebäude und Einrichtungen wie Rathäuser, Stadtverwaltungen sowie auch Sporthallen, Schwimmbäder und Altenpflegeheime oder auch Bibliotheken, Konzerthäuser und Museen.[146] Ebenfalls um eine Gemeinbedarfseinrichtung handelt es sich bei einem der Naherholung der Bevölkerung dienenden Landschaftspark.[147] Allerdings

---

145 Zu Recht: Runkel, a. a. O. (Fn. 35), § 165 Rn. 66.
146 Zu Recht noch einmal differenzierend: Stich, a. a. O. (Fn. 67), S. 137 (139), der unter Hinweis auf die Unzulässigkeit einer städtebaulichen Entwicklungsmaßnahme für die Bereitstellung von Flächen für eine Landesgartenschau Zweifel darüber hegt, ob die Flächenbeschaffung umfassend, also z. B. auch für Bezirkssportanlagen, Hallen- oder Freibäder möglich ist. Vgl. BVerwG, Beschl. v. 30.12.1996 – 4 NB 12/96 – GuG 1997, 118 sowie VGH München, Urt. v. 23.10.1995 – 15 N 94/112 – BRS 57 Nr. 286. Vielmehr maßgeblich sind die Anforderungen in § 165 Abs. 2 BauGB, die es im Einzelfall zu beurteilen gilt.
147 BVerwG, Beschl. v. 30.01.2001 – 4 BN 72/00 – NVwZ 2001, 558.

ist in Bezug auf Gemeinbedarfseinrichtungen zu differenzieren, denn in vielen Fällen werden Gemeinbedarfseinrichtungen, soweit sie auf das Entwicklungsgebiet funktional bezogen sind, von diesem mitgezogen wie der Kindergarten von den Wohnstätten. Nur soweit die Gemeinbedarfseinrichtungen überörtliche Funktion besitzen, werden sie regelmäßig als Entwicklungsziel definiert, so dass diese Einrichtungen von § 165 Abs. 3 Satz 1 Nr. 2 BauGB erfasst werden.

Folgeeinrichtungen, die ebenfalls Gegenstand einer städtebaulichen Entwicklungsmaßnahme sein können, beziehen sich auf Einrichtungen, die nicht von dem Begriff der Gemeinbedarfseinrichtung erfasst werden, gleichwohl aber zur Erreichung der Ziele und Zwecke[148] der städtebaulichen Entwicklungsmaßnahme ebenso erforderlich sind. Hilfestellung für die begriffliche Ausfüllung kann in der Bestimmung über städtebauliche Verträge gefunden werden, denn dort werden im Rahmen der beispielhaften Anführung von Gegenständen städtebaulicher Verträge „Maßnahmen, die Voraussetzungen oder Folge des geplanten Vorhabens sind" (§ 11 Abs. 1 Satz 2 Nr. 4 BauGB), angeführt. Gemeint sind damit Einrichtungen der Infrastruktur sowie auch Erschließungsmaßnahmen, wie Verkehrs-, Ver- und Entsorgungsanlagen.[149] Schon aus dem Begriff der „Folgeeinrichtung" kann abgeleitet werden, dass sie in unmittelbarem Zusammenhang mit der Zielsetzung der Entwicklungsmaßnahme zu betrachten sind. Daher ist die Festlegung eines städtebaulichen Entwicklungsbereichs zum Zweck der alleinigen Errichtung von Folgeeinrichtungen wohl nicht möglich. Für Gemeinbedarfseinrichtungen wird dies wohl auch gelten, denn die städtebauliche Entwicklungsmaßnahme dürfte in diesen Fällen an den Anforderungen des § 165 Abs. 2 BauGB scheitern.[150]

Gleichwohl können Gemeinbedarfseinrichtungen Bestandteil einer förmlichen städtebaulichen Entwicklungsmaßnahme sein. Auch müssen sie nicht lediglich dazu bestimmt sein, den Bewohnern der im Entwicklungsbereich zu errichtenden Wohnstätten zu dienen. Sie können vielmehr auch den Bewohnern dienen, die in der räumlichen Umgebung des

---

148 Vgl. oben B. 1.
149 In diesem Sinne auch Reidt, in: Battis/Krautzberger/Löhr, BauGB, 12. Aufl., München 2013, § 11 Rn. 54 ff.
150 Auch: Runkel, a. a. O. (Fn. 35), § 165 Rn. 73.

Entwicklungsbereichs leben. Daher kann eine Gemeinbedarfseinrichtung auch dann Gegenstand einer städtebaulichen Entwicklungsmaßnahme sein, wenn sie dazu bestimmt ist, nicht allein künftigen Bewohnern des den Gegenstand derselben Entwicklungsmaßnahme bildenden Wohngebiets zu dienen, sondern einem größeren Bevölkerungskreis.[151] Im Übrigen setzt das Wohl der Allgemeinheit bei Gemeinbedarfs- sowie Folgeeinrichtungen – anders als bei Wohn- und Arbeitsstätten – nicht voraus, dass ein erhöhter Bedarf besteht, der im Einzelfall nachzuweisen ist.[152] Gemeinbedarfseinrichtungen dienen gemein- und nicht privatnützigen Zwecken, so dass zusätzliche Anforderungen – wie ein erhöhter Bedarf – nicht zur Erfüllung des Wohls der Allgemeinheit erforderlich sind.

5.3 Wiedernutzung brachliegender Flächen

Das Wohl der Allgemeinheit kann schließlich auch noch die Durchführung einer städtebaulichen Entwicklungsmaßnahme erfordern, soweit es um die Wiedernutzung brachliegender Flächen geht. Insoweit angesprochen sind vor allem aufgegebene Verkehrs-, Gewerbe- und Industrie- sowie Militärflächen sowie auch minder- oder fehlgenutzte[153] Flächen.[154] Die Zulässigkeit einer städtebaulichen Entwicklungsmaßnahme auf militärischen Konversionsflächen des Bundes wurde im Falle des Entwicklungsbereichs „Stuttgarter Straße/ Französisches Viertel" in Tübingen bejaht[155] und der Gemeinde grundsätzlich die Befugnis zugesprochen, auch Grundstücke des Bundes oder der Länder in einen städtebaulichen Entwicklungsbereich einzubeziehen. Dabei ist aber zu berücksichtigen, dass tatsächlich militärisch

---

151 BVerwG, B. v. 30.01.2001 – 4 BN 72/00 – NVwZ 2001, 558, 559.
152 BVerwG, B. v. 30.01.2001 – 4 BN 72/00 – NVwZ 2001, 558.
153 Das sind vor allem solche Flächen, die Nachverdichtungspotenziale bieten oder die angestrebte städtebauliche Ordnung nicht gewährleisten.
154 Nicht erfasst werden landwirtschaftliche Brachflächen, da die landwirtschaftliche Wiedernutzung solcher Flächen jenseits des städtebaulichen Aufgabenbereiches angesiedelt ist.
155 Vgl. VGH Mannheim, Urt. v. 12.09.1994 – 8 S 3002/93 – BauR 1996, 523. Auch Stich, Bisher militärisch genutzte Flächen im Bundeseigentum als städtebauliche Entwicklungsbereiche im Sinne der §§ 6, 7 BauGB-MaßnahmenG, in: ZfBR 1992, S. 256 ff.

genutzte Liegenschaften nur mit Zustimmung des Bedarfsträgers[156] in den Entwicklungsbereich einbezogen werden dürfen (vgl. § 165 Abs. 5 Satz 3 BauGB). Dabei soll der Bedarfsträger nach § 165 Abs. 5 Satz 4 BauGB seine Zustimmung erteilen, wenn auch bei Berücksichtigung seiner Aufgaben ein überwiegendes öffentliches Interesse an der Durchführung der städtebaulichen Entwicklungsmaßnahme besteht.[157] Diese Anforderung geht über einen allgemeinen Ankunftsanspruch auf Freigabe oder Nichtfreigabe hinaus und ist auf die positive Zustimmung des Bedarfsträgers selbst gerichtet. Liegt allerdings ein überwiegendes öffentliches Interesse vor, wird der Bund als Bedarfsträger regelmäßig eine Freigabe nicht verweigern können, insbesondere wenn die militärische Nutzung ohnehin aufgegeben werden soll.[158]

Welche Nutzung den brachliegenden Flächen durch ihre Wiederinanspruchnahme zugewiesen werden soll, ist durch das Gesetz nicht festgelegt. Folglich können etwa militärische Brachflächen für die Errichtung von Wohn- oder Arbeitsstätten oder auch für beides herangezogen werden. Auch kann auf ihnen ein Erholungsgebiet hergestellt oder ein Ausgleich für Eingriffe an anderer Stelle vorgenommen werden. Vorgaben existieren nicht, auch nicht in Bezug auf einen gegenüber anderen Bereichen „erhöhten Brachflächenindikator". Entscheidend ist allein die Wiedernutzung der brachliegenden Flächen.

Die für eine Wiedernutzung vorgesehenen Flächen können auch noch durch eine vorhandene Bebauung geprägt sein, denn auch eine bebaute Fläche kann als Entwicklungsbereich festgelegt werden, wenn die vorhandene Bebauung beseitigt und der Bereich einer grundlegend neuen städtebaulichen Entwicklung zugeführt werden soll.[159] Im Falle des „Alten Schlachthofs" im Berliner Bezirk Prenzlauer Berg war das etwa 50 ha

---

156 Hierzu im Einzelnen: Schmidt-Eichstaedt, Planfeststellung, Bauleitplanung und städtebauliche Entwicklungsmaßnahmen, in: NVwZ 2003, S. 129 (133 f.).
157 Vgl. auch die komplementäre sanierungsrechtliche Regelung in § 146 Abs. 2 BauGB für die Durchführung von Ordnungs- und Baumaßnahmen.
158 Vgl. Stemmler, Planungsrechtliche Rahmenbedingungen für die Wiedernutzung von nicht mehr für militärische Zwecke benötigten Liegenschaften, in: ZfBR 2006, S. 117 (122).
159 BVerwG, Beschl. v. 8.07.1998 – 4 BN 22/98 – NVwZ 1998, 1298.

große Entwicklungsgebiet nach der weitgehenden Zerstörung im Krieg im Nachgang durch Massiv- und Behelfsbauten ersetzt worden, die als Materiallager oder Werkstätten genutzt wurden. Nach der Wiedervereinigung leiteten Grundstücksverkäufe dann einen Prozess untergeordnete Umnutzung ein, dem die Stadt Berlin mit den Zielsetzungen, eine innenstadtadäquate Nutzung des Bereichs für Wohnbebauung, Gemeinbedarfseinrichtungen, Grünanlagen, Dienstleistungsbetriebe, Handel und Gewerbe zu erreichen, durch die Festlegung eines Entwicklungsbereichs entgegentreten wollte. Die Gemeinde ist sogar befugt, ein baulich genutztes sanierungsbedürftiges Gebiet, das innerhalb eines größeren, grundlegend neu zu strukturierenden Bereiches liegt, in den Bereich einer Entwicklungsmaßnahme einzubeziehen. Es obliegt ihr darüber zu entscheiden, ob sie dieses Gebiet in eine städtebauliche Sanierungsmaßnahme einbezieht oder in eine im größeren Zusammenhang stehende städtebauliche Entwicklungsmaßnahme und dabei die notwendigen Anpassungsmaßnahmen vornimmt.[160]

6. Beachtung des Abwägungsgebots

Auf das Abwägungsgebot weist § 165 Abs. 3 Satz 2 BauGB hin. Danach sind die öffentlichen und privaten Belange gegeneinander und untereinander gerecht abzuwägen.[161] Dies gilt auch bei einer grundlegenden Änderung der Entwicklungsziele, insbesondere sind dann die Betroffenen genauso zu beteiligen wie bei der erstmaligen Festlegung.[162] Sie entspricht dem Abwägungsgebot in § 1 Abs. 7 BauGB, wie es für das allgemeine Städtebaurecht rechtliche Maßstäbe[163] enthält.

Die Bestimmung ergänzt die Regelungen des § 165 Abs. 3 Satz 1 BauGB. Danach kann die Gemeinde einen Bereich, in dem eine städtebauliche Entwicklungsmaßnahme durchgeführt werden soll, durch Beschluss förmlich als städtebaulichen Entwicklungsbereich festlegen, soweit jedenfalls

---

160 BVerwG, Beschl. v. 2.11.2001 – 4 BN 51/00 – LKV 2001, 126.
161 Vgl. auch § 136 Abs. 4 S. 3 BauGB in Bezug auf die Sanierung.
162 OVG Berlin-Brandenburg, Urt. v. 14.06.2012 – OVG 10 A 7/09 – BeckRS 2012, 53772 Rn. 53.
163 Siehe hierzu: Battis, in: Battis/Krautzberger/Löhr, BauGB, 12. Aufl., München 2013, § 1 Rn. 87, 90 ff.

die vorangehend[164] schon erörterten Voraussetzungen erfüllt sind. Auch bei der Prüfung der Allgemeinwohlklausel in § 165 Abs. 3 Satz 1 Nr. 2 BauGB, ob die städtebauliche Entwicklungsmaßnahmen vom Wohl der Allgemeinheit getragen ist, muss eine Bilanzierung vorgenommen werden, inwieweit die beabsichtigte Maßnahme durch ein dringendes, im Verhältnis zu entgegenstehenden öffentlichen und privaten Belangen Interesse gerechtfertigt ist. Doch darf diese Bilanzierung im Sinne einer bipolaren Abwägung[165], die zur Annahme eines solchermaßen qualifizierten öffentlichen Interesses führt, nicht mit der planerischen Abwägung, wie sie in das allgemeine Städtebaurecht Eingang gefunden hat, gleichgesetzt werden.[166] Denn das Allgemeinwohl erfordert die „Schärfe" des Entwicklungsrechts nicht, wenn Planungsalternativen gegeben sind. Diese sind Teil der Prüfung der Erforderlichkeit der Maßnahme zum Wohl der Allgemeinheit im Rahmen von § 165 Abs. 3 Satz 1 BauGB. Derlei Überlegungen sind der eigentlichen Abwägung im Sinne von § 165 Abs. 3 Satz 2 BauGB vorgelagert, so dass erst dann, wenn das Wohl der Allgemeinheit die Durchführung der Entwicklungsmaßnahme erfordert, in die Gesamtabwägung nach Satz 2 eingetreten werden kann. Zu dieser Gesamtabwägung gelangt man allerdings nur unter der Voraussetzung, dass die vorangehende Prüfung zu dem Ergebnis gelangt, dass die Durchführung einer Entwicklungsmaßnahme zum Gemeinwohl erforderlich ist. Ein positives Gesamtabwägungsergebnis kann ein negatives enteignungsrechtliches Abwägungsergebnis nicht überwinden.[167]

Aufgrund der hohen eigentumsrechtlichen Relevanz der städtebaulichen Entwicklungsmaßnahme gilt der Berücksichtigung von Privateigentum besondere Bedeutung. Das BVerwG[168] hat insoweit ausgeführt, dass das Eigentum vor allem durch seine Privatnützigkeit gekennzeichnet sei. Seine Nutzung solle es dem Eigentümer ermöglichen, sein Leben nach eigenen, selbstverantwortlich entwickelten Vorstellungen zu gestalten. Zur

---

164 Vgl. oben B. 3.
165 Vgl. Runkel, a. a. O. (Fn. 35), § 165 Rn. 91.
166 BVerwG, Beschl. v. 5.8.2001 – 4 BN 32/02 – NVwZ-RR 2003, 7, 8; dass., Urt. v. 12.12.2002 – 4 CN 7/01 – NVwZ 2004, 746, 749; auch: Mitschang, a. a. O. (Fn. 81), § 165 Rn. 17.
167 Runkel, a. a. O. (Fn. 35), § 165 Rn. 91.
168 BVerwG, Urt. v. 3.07.1998 – 4 CN 5/97 – NVwZ 1999, 407, 413.

Substanz des Eigentums gehöre die Freiheit, den Eigentumsgegenstand selbst zu nutzen oder aus einer etwaigen Fremdnutzung einen finanziellen Ertrag zu erzielen. Diese Nutzungs- und Verwertungsinteressen der Grundstückseigentümer muss die Gemeinde bei der Abwägung mit dem ihnen zukommenden Gewicht berücksichtigen. Allerdings gehört es nach der angeführten Rechtsprechung zu den Merkmalen jeder Planung, dass sich der Planungsträger in der Kollision zwischen verschiedenen Belangen für die Zurückstellung eines anderen entscheiden darf. Sei dies durch hinreichend gewichtige Gründe gerechtfertigt, so gelte für das Eigentum wie für sonstige abwägungserhebliche Belange, dass in der Abwägung überwunden werden dürfe.

Zu den abwägungserheblichen Belangen Privater rechnen neben solchen der Grundstückseigentümer auch die der Mieter und Pächter von Grundstücken.[169] Dies gilt auch und gerade dann, wenn die Zustimmungsbereitschaft für die städtebauliche Entwicklungsmaßnahme unterschiedlich ausgeprägt ist.

C. Städtebauliche Entwicklungsmaßnahme als Instrument zur Linderung der Wohnungsnot in den Städten?

Städtebauliche Entwicklungsmaßnahmen können auch für die Schaffung von Wohnungen herangezogen werden und sind daher jedenfalls grundsätzlich geeignet, zur Linderung der Wohnungsnot in den Städten, vor allem in den Agglomerationsräumen, beizutragen. Die Bewältigung eines erhöhten Bedarfs an Wohnstätten sowie die Wiedernutzung von brachliegenden Flächen sind – auch bei gegenseitiger Überlappung – Anwendungsbereiche, die die Durchführung einer städtebaulichen Entwicklungsmaßnahme rechtfertigen können. Für die Gemeinden sind städtebauliche Entwicklungsmaßnahmen aber nicht nur attraktiv, weil sie damit die Realisierung größerer städtebaulicher Vorhaben

---

169 Für die städtebauliche Entwicklungsmaßnahme ergibt sich dies schon daraus, dass mit der Festlegung der städtebaulichen Entwicklungssatzung bestehende Miet- und Pachtverhältnisse aufzuheben sind, wenn es für die Verwirklichung der Ziele und Zwecke der städtebaulichen Entwicklungsmaßnahme erforderlich ist (vgl. § 182 BauGB); vgl. auch OVG Münster, Urt. v. 18.12.2008 – 10 D 104/06.NE – BauR 2009, 857.

finanzieren, sondern auch gezielt auf die Beeinflussung des Bodenmarktes hinwirken können. Auch soziale Fragestellungen, wie die Schaffung von Wohnraum für einkommensschwache Bevölkerungsschichten[170], können dabei einfließen. Insoweit kann die Schaffung von preisgünstigem Bauland ebenso verfolgt werden wie die Flächenmobilisierung für den sozialen Wohnungsbau. Entscheidend ist dabei, dass sich die angestrebten Zielsetzungen auch mit den Maßgaben des Entwicklungsrechts erreichen lassen und dabei den gesetzlichen Voraussetzungen in § 165 Abs. 2 und 3 BauGB entsprochen wird. Die Zulässigkeit der städtebaulichen Entwicklungsmaßnahme ist also nicht schon deshalb gegeben, weil sie auch für sozialpolitische Zielsetzungen einsetzbar ist.[171] Nur wenn die Anwendungs- und Festlegungsvoraussetzungen erfüllt sind, kann die sozialpolitische Komponente im Rahmen der Durchführung der Entwicklungsmaßnahme auch berücksichtigt werden. Bevor also die Veräußerung der Grundstücke im Entwicklungsbereich zunächst an die früheren Eigentümer sodann aber unter Berücksichtigung weiter Kreise der Bevölkerung im Sinne von § 169 Abs. 6 BauGB stattfinden kann, muss zunächst die Erforderlichkeit der Maßnahme selbst gegeben sein. Dazu bedarf es eines Nachweises.[172] Insoweit ist zu prüfen[173], inwieweit eine objektiv (planerisch) belegbare besondere Bedarfssituation im Sinne eines „erhöhten" Bedarfs an Wohnstätten in der Gemeinde gegeben ist. Hierfür muss die Gemeinde die Baulandsituation in den Blick nehmen. Die vorzunehmende Prüfung ist dabei zweistufig. Zunächst ist zu klären, inwieweit in der Gemeinde ansonsten noch Bauland zur Verfügung steht, welches ebenfalls zur Befriedigung des Bedarfs an Wohnungen eingesetzt werden kann. Sodann hat die Gemeinde die Frage zu beantworten, ob die in Aussicht genommenen Flächen nicht auch mit den allgemeinen Mitteln des Städtebaurechts baureif gemacht werden können, es also hierzu einer städtebaulichen Entwicklungsmaßnahme gar nicht bedarf. Insoweit auch von Bedeutung ist, ob die angestrebte städtebauliche Entwicklung auch im Einvernehmen mit den betroffenen Grundstückseigentümern

---

170 Vgl. oben A.
171 Zu Recht: Degenhart, a. a. O. (Fn. 57), S. 1041 (1045).
172 Ebenda.
173 Vgl. dazu die obigen Ausführungen unter B. 5.1.

herbeizuführen ist und von daher auf den Einsatz hoheitlicher Mittel verzichtet werden kann.[174]

Ist die Durchführung der städtebaulichen Entwicklungsmaßnahme zum Wohl der Allgemeinheit erforderlich, besteht die weitere wichtige Voraussetzung darin, dass die Veräußerung der Grundstücke nach der Herstellung der Erschließungsmaßnahmen, der Gemeinbedarfs- und Folgeeinrichtungen sowie aller sonstigen an öffentlichen Zwecken orientierter Anlagen und Einrichtungen noch zu einem solchen Grundstückspreis erfolgen kann, dass die Erfüllung sozialpolitischer Zielsetzungen im oben genannten Sinne überhaupt noch möglich ist. Das heißt, es muss versucht werden, die Kosten der Entwicklungsmaßnahme insgesamt zu begrenzen. Denn diejenigen, die den sozialen Wohnungsbau oder den Wohnungsbau für bestimmte Personengruppen herstellen, also die Entwicklungsmaßnahme realisieren sollen, müssen sich ebenfalls innerhalb bestimmter Preisspannen beim Bau und dem späteren Verkauf oder der Vermietung der Wohnungen bewegen. Auf die Vermarktbarkeit der Grundstücke wirkt dies freilich ein und kann insoweit auch ein Scheitern der städtebaulichen Entwicklungsmaßnahme zur Folge haben. Deshalb muss hierüber von Seiten der Gemeinde sowie von Seiten der Grundstückserwerber Klarheit hergestellt werden.

Maßgeblichen Einfluss auf die Beantwortung dieser Frage, dürfte der Umfang der Maßnahme haben. Zur Größe[175] städtebaulicher Entwicklungsmaßnahmen enthält das Städtebaurecht keine abschließende Aussage. Diesbezüglich kann aber § 165 Abs. 5 Satz 1 BauGB entnommen werden, dass der städtebauliche Entwicklungsbereich so zu begrenzen ist, dass sich die Entwicklung zweckmäßig durchführen lässt. Entscheidend sind aber nicht nur Zweckmäßigkeitserwägungen, wie sie etwa § 165 Abs. 5 Satz 1 BauGB entnommen werden können, sondern auch die eigentumsrechtliche Relevanz der Entwicklungsmaßnahme wie sie am Maßstab des Erforderlichkeit des Wohls der Allgemeinheit in § 165 Abs. 3 Satz 1 Nr. 2 BauGB zum Ausdruck gebracht wird. Nur so weit, wie es zur Verwirklichung der städtebaulichen Entwicklungsziele erforderlich ist, darf die räumliche Ausdehnung des städtebaulichen Entwicklungsbereichs

---

174 Vgl. Mitschang, a. a. O. (Fn. 81), § 165 Rn. 20.
175 Hierzu ausführlich: Stich, Zur Größe städtebaulicher Entwicklungsbereiche i. S. der §§ 165 bis 171 BauGB, in: BauR 1996, S. 811 (814 ff.).

reichen.[176] Flächen, die hierfür nicht benötigt werden, dürfen nicht einbezogen werden. Soweit dies erst zu einem späteren Zeitpunkt relevant wird, sind sie aus dem Entwicklungsbereich zu entlassen.[177]

Für die Schaffung von Wohnraum bedeutender ist die seit 1990 veränderte Ziel- und Zwecksetzung in § 165 Abs. 2 BauGB. Denn seither können neben Ortsteilen auch andere Teile des Gemeindegebiets von städtebaulichen Entwicklungsmaßnahmen erfasst werden. Die damit angesprochene „Kleinräumigkeit" (im Verhältnis zu Ortsteilen) von städtebaulichen Entwicklungsmaßnahmen kann für die Baulandmobilisierung zugunsten der Schaffung von Wohnraum dienlich gemacht und darüber hinaus auch ein Beitrag zur Innenentwicklung geleistet werden.

Ein städtebaulicher Entwicklungsbereich, der im Rahmen einer Entwicklungssatzung formal festgelegt wird, kann auch aus mehreren räumlich getrennten Teilbereichen bestehen. In den dicht besiedelten Agglomerationsräumen kann dies von Bedeutung sein. Dies setzt aber voraus, dass die Flächen untereinander in einer funktionalen Beziehung stehen, die die gemeinsame Überplanung und die einheitliche Durchführung zur Erreichung eines bestimmten Entwicklungsziels nahelegen.[178] Eine niedersächsische Gemeinde scheiterte insoweit bei dem Versuch, eine städtebauliche Entwicklungsmaßnahme auf sechs räumlich nicht zusammenhängende Flächen in verschiedenen Ortsteilen zu erstrecken, ohne dass dabei für die verschiedenen Teilflächen eine planerische Gesamtkonzeption vorhanden war. Durch die städtebauliche Entwicklungsmaßnahme sollte die Finanzierung von erforderlichen Infrastruktureinrichtungen, die aufgrund des Bevölkerungswachstums in der Gemeinde erforderlich sind, gesichert werden. Eine „Klammer", die nicht räumlich-funktional, sondern zur finanziellen Durchführbarkeit einer städtebaulichen Entwicklungsmaßnahme ausgebildet wird, reicht nicht aus, um die Vorbereitung von funktional und städteplanerisch nicht in besonderer Weise verbundenen Teilgebieten zu einer Gesamtmaßnahme im Sinne des Entwicklungsrechts zusammenzuführen.[179]

---

176 BVerwG, Beschl. v. 27.05.2004 – 4 BN 7/04 – ZfBR 2004, 579, 581.
177 Vgl. Ax, Die städtebauliche Entwicklungsmaßnahme im Überblick, in: BauR 1996, S. 803 (809).
178 BVerwG, Urt. v. 3.07.1998 – 4 CN 2/97 – NVwZ 1998, 1297, 1298.
179 Ebenda.

Schließlich ist noch darauf hinzuweisen, dass ein Rechtsanspruch eines Dritten gegenüber der Gemeinde auf Erlass einer Entwicklungssatzung sowie die Bezeichnung eines städtebaulichen Entwicklungsbereiches nicht besteht. Dies zu erwähnen ist gerade im Zusammenhang mit der gegenwärtig bestehenden Unterversorgung mit Wohnraum für Geringverdienende von Bedeutung, denn trotz eines vorliegenden erhöhten Bedarfs an Wohnstätten kann die Gemeinde nicht verpflichtet werden, einen städtebaulichen Entwicklungsbereich festzulegen. Allerdings kann ein insoweit bestehender Druck der Bevölkerung der Gemeinde anzeigen, von ihren Instrumenten zur Baulandmobilisierung Gebrauch zu machen. Verpflichtet ist sie dazu allerdings nicht.

Christof Sangenstedt
Vorschlag der Europäischen Kommission für eine Änderung der UVP-Richtlinie – Beratungsstand und Perspektive –*

Abstract

Vor dem Hintergrund der geplanten Richtlinie der Europäischen Kommission zur Änderung der UVP-Richtlinie beleuchtet der Beitrag den nationalen Anpassungsbedarf für Deutschland. Dies betrifft unter anderem den Katalog der Schutzgüter sowie verfahrensbezogene Anforderungen der UVP.

Against the background of the proposed directive of the European Commission to amend the Environmental Impact Assessment (EIA) directive, the paper examines the national need for adaptation in Germany, including the catalogue of protected goods and procedural requirements of the EIA.

I. Hintergrund des Richtlinienvorschlags vom 26.10.2012

1. Verhältnis zur bisherigen UVP-Richtlinie 2011/92/EU

Die Europäische Kommission hat am 26.10.2012 einen *Vorschlag für eine Richtlinie des Europäischen Parlaments und des Rates zur Änderung der Richtlinie 2011/92/EU über die Umweltverträglichkeitsprüfung bei bestimmten öffentlichen und privaten Projekten*[1] (im Folgenden: Änderungsvorschlag) vorgelegt. Zwar war die UVP-Richtlinie erst zehn Monate zuvor neu gefasst worden. Jedoch hatte die Kommission dabei von vornherein einen zweistufigen Review-Prozess geplant. Die UVP-Richtlinie 2011/92/

---

* Die Ausführungen geben ausschließlich die persönliche Auffassung des Autors wieder und beziehen sich auf den Beratungsstand 20.12. 2013 (Abschluss des informellen Trilogs; dazu näher u. II.2.).
1 Vgl. Europäische Kommission, COM(2012)628 final, abgedruckt auch in Bundesrat Drucksache 655/12 vom 26.10.2012, im Internet unter: http://ec.europa.eu/environment/eia/review.htm, Zugriff am 28.05.2014.

EU vom 13. Dezember 2011[2] bildete hier den ersten Schritt. Mit ihr wurden die ursprüngliche UVP-Richtlinie 85/337/EWG und ihre drei späteren Fassungen (Richtlinien 97/11/EG, 2003/35/EG und 2009/31/EG) lediglich *kodifiziert*, d. h. die verschiedenen Fassungen, die die UVP-Richtlinie während ihres bisherigen mehr als 25-jährigen Bestehens erhalten hatte, wurden „aus Gründen der Übersichtlichkeit und Klarheit"[3] ohne inhaltliche Änderungen zu einem einheitlichen Richtlinientext zusammengefügt. Erst mit dem Änderungsvorschlag vom 26.10.2012 sollte sodann als zweiter Schritt eine substantielle Überarbeitung folgen.

2. Motive der Kommission für eine Weiterentwicklung der UVP-Richtlinie

Die jetzt anstehende inhaltliche Revision hält die Kommission aus verschiedenen Gründen für geboten. Zum einen machte sie Anpassungsbedarf im Hinblick auf zwischenzeitliche Veränderungen der politischen, rechtlichen und technischen Verhältnisse sowie neue ökologische und sozioökonomische Herausforderungen geltend.[4] Zum zweiten sollten Mängel, die die Kommission zuletzt 2009 in einem Bericht über die Anwendung und Wirksamkeit der UVP-Richtlinie dargestellt hatte[5], behoben werden[6]. Außerdem betrachtete die Kommission ihren Änderungsvorschlag als Beitrag zur Rechtsvereinfachung[7], was einigermaßen kurios anmutet. Denn schon

---

2 Amtsblatt der Europäischen Union, Richtline 2011/92/EU des Europäischen Parlaments und des Rats vom 13. Dezember 2011 über die Umweltverträglichkeitsprüfung bei bestimmten öffentlichen und privaten Projekten, 28.01.2012, L 26/1.
3 Erwägungsgrund 1 der UVP-Richtlinie 2011/92/EU.
4 Vgl. Europäische Kommission, Begründung des Änderungsvorschlags, a. a. O. (Fn. 1), S. 2.
5 Vgl. Bericht der Kommission über die Anwendung und Wirksamkeit der UVP-Richtlinie (Richtlinie 85/337/EWG in der Fassung der Richtlinien 97/11/EG und 2003/35/EG) vom 23.07.2009, COM(2009) 378 endgültig; im Internet unter: http://ec.europa.eu/environment/eia/review.htm, Zugriff am 28.05.2014.
6 Vgl. Europäische Kommission, Begründung des Änderungsvorschlags, a. a. O. (Fn. 1), S. 2.
7 Vgl. Europäische Kommission, Begründung des Änderungsvorschlags, a. a. O. (Fn. 1), S. 2 unter Hinweis auf Überlegungen der Kommission zur Verbesserung der Rechtsetzung. In diesem Zusammenhang wurde neben

bei erster Durchsicht zeigten sich die vorgeschlagenen neuen Regelungen alles andere als klar und erschienen in der Sache eher dazu angetan, Umfang, Komplexität und Aufwand der UVP beträchtlich zu erhöhen. Die anfängliche Aufregung, die deswegen in Deutschland zunächst zu verzeichnen war[8], hat sich inzwischen allerdings wieder etwas gelegt, nachdem es in den Verhandlungen gelungen ist, bei einigen zentralen Kritikpunkten wesentliche Verbesserungen zu erzielen.

3. Die Vorbereitung des Änderungsvorschlags

a) Zur Vorbereitung des Änderungsvorschlags führte die Kommission vom Juni bis September 2010 mit Hilfe eines im Internet verfügbaren Fragebogens eine *öffentliche Konsultation* interessierter Kreise durch. Abgeschlossen wurde die Konsultationsphase durch eine Konferenz, die die Kommission am 18./19. November 2010 unter dem Titel "Conference for the 25th Anniversary of the EIA-Directive: Successes – Failures- Prospects" in Löwen (Belgien) veranstaltete[9]. Einzelheiten und Ergebnisse der

---

etlichen anderen Vorschriften der EU auch die UVP-Richtlinie als potentiell vereinfachungswürdiger Rechtsakt genannt; vgl. dazu Mitteilung der Kommission vom 28.01.2009 „Dritte Strategische Überlegungen zur Verbesserung der Rechtsetzung in der Europäischen Union", KOM(2009)15 endgültig, sowie das dazu gehörige Arbeitsdokument vom 28.01.2009 „Dritter Fortschrittsbericht über die Strategie zur Vereinfachung des ordnungspolitischen Umfelds, KOM(2009)17 endgültig, Annex I, Nr. 30, S. 20, beide Unterlagen im Internet unter: http://eur-lex.europa.eu/RECH_naturel.do?ihmlang=de, Zugriff am 28.05.2014.

8 Vgl. z.B. *Kenyeressy*, Kritische Analyse des Vorschlags zur Änderung der UVP-Richtlinie, UPR 2013, 139; vgl. *Schink*, Verstärkung der Öffentlichkeitsbeteiligung und neue UVP-Anforderungen für Unternehmen, DVBl. 2013, 1347, 1352 ff; s. auch den kritischen Beschluss des Bundesrates, Vorschlag für eine Richtlinie des Europäischen Parlaments und des Rates zur Änderung der Richtlinie 2011/92/EU über die Umweltverträglichkeitsprüfung bei bestimmten öffentlichen und privaten Projekten, Beschl. v. 14.12.2012, Drucksache 655/12.

9 Vgl. Europäische Kommission, Begründung des Änderungsvorschlags, a. a. O. (Fn. 1), S. 3.

Fragebogenaktion[10] und der Konferenz[11] sind auf der Website der Kommission dokumentiert.

b) Darüber hinaus veranlasste die Kommission im Vorfeld ihres Änderungsvorschlags eine breit angelegte *Folgenabschätzung (Impact Assessment)*[12]. Dabei wurde das Kosten-Nutzen-Verhältnis verschiedener Handlungsmöglichkeiten untersucht. Einbezogen wurden auch Lösungen, mit denen die UVP-Richtlinie unverändert geblieben wäre (Option 0: Verzicht auf Aktivitäten, Option 0+: Beschränkung auf ergänzende Leitlinien). Bei den Änderungsoptionen wurden sowohl Ansätze vorwiegend technischer Art als auch solche betrachtet, die mit mehr oder weniger großen Eingriffen in die Substanz der bestehenden Richtlinie verbunden wären (Optionen 1 und 2 mit Untervarianten). Als weitere Optionen wurden schließlich eine Verschmelzung der UVP- mit der SUP-Richtlinie (Option 3) sowie eine integrative Neuschöpfung in den Blick genommen, durch die die UVP-rechtlichen Anforderungen zusammen mit anderen verfahrensrechtlichen oder materiellen Zulassungsanforderungen, die im Umweltrecht der EU bislang eigenständig geregelt sind (z. B. in der IE- oder in der FFH-Richtlinie), in einem übergreifenden Rechtsakt zusammengeführt worden wäre (Option 4)[13]. Bei der Durchführung des Optionenvergleichs wurden auf der Nutzenseite („benefits") jeweils sowohl die zu erwartenden Vorteile für die Umwelt als auch sonstige positive soziale und sozioökonomische Effekte berücksichtigt. Auf der Kostenseite wurden der Verwaltungsaufwand für die Behörden („administrative costs") sowie mögliche Nachteile für die Antragsteller (z. B. zusätzlicher Zeit- und Ressourceneinsatz) abgeschätzt.

Auf dieser Grundlage gelangte die Kommission im Rahmen einer Gesamtabwägung zu der Überzeugung, dass das günstigste Kosten-

---

10 Vgl. Fragebogenaktion Europäische Kommission, im Internet unter: http://ec.europa.eu/environment/consultations/eia.htm, Zugriff am 27.05.2014.
11 Vgl. 25th Anniversary of the EIA Directive: Successes – Failures – Prospects, im Internet unter: http://ec.europa.eu/environment/eia/conference_25years.htm, Zugriff am 27.05.2014.
12 Vgl. Europäische Kommission, Begründung des Änderungsvorschlags, a. a. O. (Fn. 1), S. 3 f.
13 Diese Option wurde allerdings schon zu Beginn der Untersuchung als unrealistisch und unangemessen eingestuft und mit dieser Begründung anschließend nicht mehr vertieft geprüft.

Nutzen-Verhältnis durch zwölf substanzielle Änderungen im Regelungsteil der UVP-Richtlinie zu erzielen sei (Option 2B). Die Option 2C, die zusätzlich Anpassungen der Anhänge I und II (Aufnahme neuer Projekte, Verschiebung einzelner Vorhaben von Anhang II in Anhang I) vorsah, wurde dagegen von der Kommission verworfen, da die hohen Umweltvorteile dieser Lösung nur um den Preis inadäquat hoher Kostenfolgen zu erzielen wären – eine Konsequenz, die insbesondere beim Europäischen Parlament später auf Widerspruch stieß[14]. Die Ergebnisse der Folgenabschätzung sind auf der Website der Kommission in einer Lang- und einer Kurzfassung[15] veröffentlicht[16].

Wie auch bei anderen Folgenabschätzungen dieser und ähnlicher Art sollten die Resultate nicht überbewertet werden. Es schadet auch nichts, wenn man ihnen mit Skepsis begegnet. Bei dem Optionenvergleich kommt es entscheidend darauf an, welche Annahmen als Input „hineingesteckt" werden und auf welcher Bewertungsgrundlage die sich daraufhin ergebenden, z. T. sehr unterschiedlichen Kosten- und Nutzenfolgen miteinander in Relation gesetzt werden. Hier gibt es für den Anwender erhebliche Spielräume. Angesichts der Unsicherheiten, die mit dieser Methodik verbunden sind, schaffen die Impact Assessments der Kommission eine Scheinrationalität, die bestenfalls dazu taugt, eine gewisse Annäherung an die Wirklichkeit zu erzeugen. Insgesamt kann jedoch nur davor gewarnt werden, gesetzgeberische Entscheidungen über die Notwendigkeit oder Angemessenheit geplanter Regelungen allein vom Output solcher Impact Assessments abhängig zu machen.

II. Ablauf des Gesetzgebungsverfahrens

1. Anfängliche Entwicklung in der Ratsarbeitsgruppe Umwelt

Die Verhandlungen über den Änderungsvorschlag erstreckten sich über mehr als ein Jahr, von Ende Oktober 2012 bis kurz vor Weihnachten 2013.

---

14 Näher dazu u. III.8.c).
15 Commission Staff Working Paper vom 26.10.2012 "Impact Assessment", SWD(2012) 355 final; Commission Staff Working Document vom 26.10.2012 "Executive Summary of the Impact Assessment", SWD(2012) 354 final.
16 Vgl. Europäische Kommission, a. a. O. (Fn. 1).

Auf Ratsebene waren mit dem Dossier drei Präsidentschaften befasst, wenn auch in sehr unterschiedlicher Intensität.

Unter der in der zweiten Jahreshälfte 2012 amtierenden zypriotischen Ratspräsidentschaft konnte der Änderungsvorschlag der Kommission in der zuständigen Ratsarbeitsgruppe Umwelt lediglich vorgestellt und andiskutiert werden. Bemerkenswert war, dass die Regelungsvorstellungen der Kommission schon in diesem ersten, eher informatorischen Durchgang auf heftige Kritik fast aller Mitgliedstaaten stießen. Beanstandet wurden vor allem die frappierende Unklarheit zahlreicher Regelungen, eine Überforderung der Betroffenen (Behörden und Vorhabenträger) durch überbordende neue Prüf- und Verfahrensanforderungen sowie mangelnde Offenheit im Hinblick auf unterschiedliche Rechtssysteme und bewährte Praktiken in einzelnen Mitgliedstaaten. Auch das Vereinfachungspotential des Vorschlags wurde sehr unterschiedlich beurteilt. Bezeichnenderweise standen gerade die Regelungen, von denen sich die Kommission nach ihrem Impact Assessment eine besondere Entlastungswirkung für Behörden und Wirtschaft versprochen hatte (z. B. „UVP One-Stop-Shop", Ausbau der Vorprüfung), im Kreuzfeuer der Auseinandersetzung und wurden von vielen Mitgliedstaaten als Quelle gravierender Unsicherheiten und Mehrbelastungen identifiziert. Trotz intensiver argumentativer Bemühungen und ergänzender Erläuterungen gelang es der Kommission nicht, die Bedenken der Mitgliedstaaten auszuräumen. Bei den weiteren Verhandlungen in der Ratsarbeitsgruppe – im ersten Halbjahr 2013 unter irischer und sodann unter litauischer Präsidentschaft – musste sie daher wesentliche Abstriche an zentralen Regelungspunkten hinnehmen.

2. Einstieg des Europäischen Parlaments (EP) und informeller Trilog

a) Schwieriger und hektischer wurden die **Verhandlungen in der zweiten Jahreshälfte 2013**. Da die im ersten Halbjahr amtierende irische Ratspräsidentschaft die Änderung der UVP-Richtlinie offenbar nicht als Schwerpunktthema betrachtet und die Materie demzufolge nicht mit besonderem Nachdruck weiterverfolgt hatte, war der Beratungsprozess in dieser Zeit nur sehr langsam vorangekommen. Um den Rückstand aufzuholen und eine Verabschiedung der Änderungsrichtlinie vor Ablauf der Legislaturperiode des Europäischen Parlaments im Frühjahr 2014 zu ermöglichen,[17] musste die litauische Ratspräsidentschaft die Schlagzahl bei den Sitzungen deutlich erhöhen.

b) Gleichzeitig trat neben Kommission und Rat erstmals auch das *EP* als weiterer gewichtiger Akteur auf den Plan, was die Verhandlungssituation noch vielschichtiger und komplizierter machte. Der federführende Ausschuss für Umweltfragen, öffentliche Gesundheit und Lebensmittelsicherheit (ENVI-Ausschuss) empfahl am 22.07.2013 ein umfangreiches Abänderungspaket,[18] das eine von den Vorstellungen der Ratsarbeitsgruppe diametral abweichende Tendenz aufwies. Erklärtes Ziel der Abgeordneten war es, dem ursprünglichen Richtlinienvorschlag der Kommission noch diverse zusätzliche Prüf- und Verfahrensanforderungen hinzuzufügen, um ihn damit aus Umweltsicht anspruchsvoller zu machen. Das Plenum des EP übernahm im Rahmen der ersten Lesung in einem Beschluss vom 09.10.2013 zwar nicht alle Empfehlungen des ENVI-Ausschusses, jedoch wurden im Endeffekt immerhin noch ca. 80 Abänderungen[19] mit z. T. sehr weitreichenden Forderungen aufgegriffen.[20] Eine abschließende

---

17 Der Grundsatz der Diskontinuität gilt für das EP nicht. Nach Artikel 214 der Geschäftsordnung des EP gelten zwar alle am Ende der letzten Tagung vor den nächsten Wahlen unerledigten Angelegenheiten des Parlaments zunächst als verfallen. Jedoch entscheidet zu Beginn jeder Wahlperiode die Konferenz der Präsidenten des EP darüber, ob die Beratung dieser Angelegenheiten von vorn beginnen oder fortgesetzt werden soll. Damit ist das Schicksal unerledigter parlamentarischer Vorgänge mit Unsicherheiten verbunden, die die Beteiligten – soweit sie Interesse an einer Verabschiedung des Gesetzgebungsakts haben – möglichst zu vermeiden suchen.
18 Bericht des ENVI-Ausschusses (Berichterstatter Zanoni) vom 22.7.2013, Plenarsitzungsdokument des Europäischen Parlaments, Drucksache A7-0277/2013, im Internet unter: http://www.europarl.europa.eu/sides/getDoc.do?type=REPORT&mode=XML&reference=A7-2013-277&language=DE, Zugriff am 28.05.2014.
19 Je nachdem, wie man zählt. Einige im Bericht des ENVI-Ausschusses getrennt ausgewiesene Änderungsempfehlungen wurden im Beschluss des EP zu *einer* Abänderung zusammengeführt.
20 Dokument P7_TA-PROV(2013)0413, in Europäisches Parlament, In der Sitzung vom 9. Oktober 2013 angenommene Texte, Teil 2 (P7_TA-PROV(2013)10-09), S. 173 ff; im Internet unter: http://www.europarl.europa.eu/sides/getDoc.do?pubRef=-//EP//TEXT+TA+P7-TA-2013-0413+0+DOC+XML+V0//DE, Zugriff am 28.05.2014.

Entscheidung wurde vom EP jedoch nicht getroffen. Vielmehr wurde der Vorgang zur erneuten Prüfung in den ENVI –Ausschuss zurücküberwiesen. Zugleich wurde dem Berichterstatter das Mandat erteilt, auf der Grundlage der Abänderungswünsche des Parlaments in informelle Verhandlungen mit dem Rat und der Kommission einzutreten (sog. *„informeller Trilog"*).

Die Einleitung eines solchen Trilogs führt nicht zur Beendigung des parlamentarischen Verfahrens in erster Lesung, sondern bildet lediglich einen Zwischenschritt. Kommt es im Trilog zu einer Verständigung zwischen den Vertretern des EP, des Rates und der Kommission, werden die Ergebnisse wieder dem EP vorgelegt, das sodann auf dieser Basis seine Beratungen in erster Lesung fortsetzt. Diese im Vertrag über die Arbeitsweise der Europäischen Union (AEUV) nicht explizit vorgesehene, in der Legislativpraxis der EU aber gebräuchliche Vorgehensweise[21] eröffnet die Möglichkeit, das Gesetzgebungsverfahren auch bei komplexen und umstrittenen Materien relativ zügig abzuschließen. Bestätigen das EP und der Rat die im informellen Trilog gefundenen Kompromisse, wird der Rechtsakt nach Artikel 294 Abs. 3 und 4 AEUV bereits in erster Lesung erlassen.

c) Im Falle der UVP-Änderungsrichtlinie war die Nutzung dieses Instruments angesichts des bestehenden Zeitdrucks der einzige sichere Weg, um eine Verabschiedung in der laufenden Legislaturperiode des EP zu gewährleisten. Für den Rat entstand hierdurch allerdings eine äußerst komplizierte Situation. Er wurde mit weitreichenden neuen Änderungswünschen des EP zu einem Zeitpunkt konfrontiert, in dem der eigene Meinungsbildungsprozess für einen gemeinsamen Standpunkt des Rates noch nicht abgeschlossen war. In dieser Situation schien eine Verständigung – auch angesichts der sehr unterschiedlichen Richtungen, in der das EP und der Rat bei ihren vorangegangenen getrennten Beratungen jeweils marschiert waren – zunächst kaum vorstellbar.

---

21 Vgl. Gemeinsame Erklärung des Europäischen Parlaments, des Rates und der Kommission zu den praktischen Modalitäten des neuen Mitentscheidungsverfahrens (Artikel 251 EG-Vertrag), (2007/C 145/02), ABl. der EU vom 30.6.2007, C 145/5, Rn. 12 ff; vgl. Generalsekretariat des Rates, Leitfaden für das ordentliche Gesetzgebungsverfahren, Oktober 2010, S. 18 f.

Dennoch hat sich der Rat auf die Durchführung eines informellen Trilogs eingelassen. Im Verlauf dieses Verfahrens konnte dann in einer gemeinsamen Kraftanstrengung aller Beteiligten nach vier förmlichen Sitzungen und diversen „technischen Arbeitstreffen" *am 20.12.2012* tatsächlich noch ein *Gesamtkompromiss* erzielt werden. Dieses für viele unerwartete Ergebnis ist in erster Linie das Verdienst der litauischen Ratspräsidentschaft. Sie hat es trotz der nahezu aussichtslosen Ausgangslage verstanden, als „ehrliche Maklerin" zwischen den Parteien zu vermitteln und mit großer Beharrlichkeit, Verhandlungsgeschick und Überzeugungskraft Lösungen anzusteuern, die allen Seiten im Endeffekt eine Zustimmung ermöglichten.

Der Ball liegt nun wieder im Spielfeld des EP. Wenn das EP den im Trilog gefundenen Gesamtkompromiss in erster Lesung annimmt, wird sich auch der Rat einer Zustimmung gewiss nicht verschließen. Andernfalls würde der Änderungsvorschlag zur „unerledigten Angelegenheit", dessen weiteres Schicksal dann erst wieder in der nächsten Legislaturperiode des EP auf die Tagesordnung käme.[22]

III. Inhaltliche Ausgestaltung der Änderungsrichtlinie

Nachfolgend werden die wichtigsten Änderungen der geplanten Richtlinie gegenüber dem bestehenden Rechtszustand vorgestellt und kommentiert. Erläutert werden soll dabei jeweils auch, welchen Wandel der Änderungsvorschlag im Laufe des Verhandlungsprozesses durchlaufen hat.

1. Koordinierte und/oder gemeinsame Verfahren („UVP One-Stop-Shop") – Artikel 2 Abs. 3 neu[23]

a) Um die Effektivität des Instruments der UVP zu erhöhen und den Aufwand für Behörden und Vorhabenträger zu vermindern, sah der Änderungsvorschlag der Kommission *verpflichtend* die Durchführung *koordinierter oder gemeinsamer Verfahren* vor, wenn ein Vorhaben nach Rechtsvorschriften der EU nicht allein einer UVP, sondern auch anderen

---
22 S. o. (Fn. 17).
23 Die angegebene Artikel und Erwägungsgründe beziehen sich, soweit nicht anders vermerkt, jeweils auf die Fassung des Änderungsentwurfs nach Abschluss des informellen Trilogs am 20.12.2013.

umweltbezogenen Prüfungen oder Bewertungen zu unterziehen ist, z. B. einer Verträglichkeitsprüfung nach der FFH-Richtlinie oder einer SUP nach der SUP-Richtlinie. Beim *gemeinsamen Verfahren* sollte es nur *eine integrierte Prüfung* geben, die alle Elemente und Anforderungen der verbundenen Prüfinstrumente umfasst und unter der Verantwortung *einer* hierfür benannten Behörde durchgeführt wird. Beim koordinierten Verfahren sollten zwar weiterhin formal getrennten Prüfungen möglich bleiben, diese sollten aber verfahrensökonomisch sinnvoll miteinander verknüpft werden, um bspw. überflüssigen Mehraufwand durch Doppelprüfungen zu vermeiden. Für die Koordination sollte dabei ebenfalls nur *eine* Behörde zuständig sein, so dass auch bei dieser Variante für die Beteiligten eine zentrale Anlaufstelle zur Verfügung steht.

b) Obwohl dieser Ansatz in der Sache vernünftig erscheint, stieß er bei etlichen Mitgliedstaaten auf Ablehnung, die die Einführung eines „UVP One-Stop-Shops" für unvereinbar mit den Organisations- und Verfahrensstrukturen ihres nationalen Rechts hielten.[24] Nach monatelangen hochkontroversen Diskussionen ist am Ende jetzt einer jener *sonderbaren Kompromisse* herausgekommen, mit denen solche Auseinandersetzungen in der Schlussphase von Verhandlungen häufig beendet werden. Eine grundsätzliche Verpflichtung zur Durchführung koordinierter oder gemeinsamer Verfahren ist jetzt nur noch dort vorgesehen, wo neben der UVP Prüfungen nach der FFH- und Vogelschutzschutzrichtlinie durchgeführt werden müssen, und selbst für diese Fälle gibt es noch eine Öffnungsklausel („where appropriate"). In allen anderen Fällen – namentlich bei UVP-pflichtigen Vorhaben, die zugleich Prüfanforderungen nach der Industrieemissionsrichtlinie, der Wasserrahmenrichtlinie oder der Abfallrichtlinie unterliegen – ist die Durchführung koordinierter und gemeinsamer Verfahren lediglich optional. Die Koordination braucht hier auch nicht notwendig nur einer Behörde obliegen, sondern kann u. U. auch mehreren Behörden zugewiesen sein[25] – was zwangsläufig darauf hinausläuft, dass

---

24 So wird in einigen Mitgliedstaaten die FFH-Verträglichkeitsprüfung aus verfahrensökonomischen Erwägungen grundsätzlich vor der UVP durchgeführt, weil mangelnde FFH-Verträglichkeit ein Genehmigungshindernis darstellt, mit dessen Feststellung sich die Durchführung einer UVP erübrigt.
25 Erwägungsgrund 23.

sich die Koordinatoren dann ihrerseits wieder untereinander koordinieren müssen, weil es sonst im Ergebnis doch keine zentrale Anlaufstelle gibt.

Deutschland dürfte mit dieser Regelung keine Probleme haben. Eine Koordination umweltbezogener Prüfverfahren entspricht verbreiteter UVP-Praxis in Deutschland.[26] Bei der Aufstellung von Bebauungsplänen ist die Umweltprüfung nach § 2 Abs. 4 BauGB sogar schon als gemeinsames Verfahren für UVP und SUP[27] sowie als „Trägerverfahren" für die naturschutzrechtliche Eingriffsregelung und die FFH-Verträglichkeitsprüfung angelegt.[28] Erleichtert werden soll die Umsetzung im Übrigen dadurch, dass der Kommission in der Richtlinie aufgegeben wird, Leitlinien zur Einführung koordinierter und/ oder gemeinsamer Umweltprüfverfahren zu erarbeiten.

2. Ausbau der Vorprüfung – Artikel 4 Abs. 3 bis 6 neu

a) Eines der Hauptanliegen des Änderungsvorschlags war eine Aufwertung und stärkere Regulierung der Vorprüfung. Bereits in ihrem 2009 veröffentlichten Bericht über die Anwendung und Wirksamkeit der UVP-Richtlinie hatte die Kommission mit Blick auf die Vorhaben nach Anhang II der UVP-Richtlinie, bei denen die Mitgliedstaaten über die Notwendigkeit einer UVP entscheiden, große Unterschiede und Defizite bei der Wahrnehmung des den Mitgliedstaaten eingeräumten Ermessens geltend gemacht und daraus die Folgerung abgeleitet, der Screening-Mechanismus müsse

---

26 Vgl. Berliner Senatsverwaltung für Stadtentwicklung (Hrsg.), Umweltprüfungen, Berliner Leitfaden für die Stadt- und Landschaftsplanung, 3. Auflage 2006, S. 9.
27 Nach § 17 Abs. 1 Satz 1 UVPG wird die UVP im Aufstellungsverfahren für Bebauungspläne als Umweltprüfung nach den Vorschriften des BauGB durchgeführt.
28 So Nummer 2.5 des Muster-Einführungserlass der Fachkommission Städtebau der ARGEBAU vom 1. Juli 2004 zum Gesetz zur Anpassung des Baugesetzbuchs an EU-Richtlinien (Europarechtsanpassungsgesetz Bau – EAG Bau), in Internet unter: http://www.isargebau.de/Dokumente/4233856.pdf 2004, Zugriff 28.05.2014. Der Begriff „Trägerverfahren" erscheint in diesem Zusammenhang allerdings unglücklich, weil damit im Allgemeinen das Zulassungs- oder Planungsverfahren bezeichnet wird, in dem die Umweltprüfung durchgeführt wird.

vereinfacht und präzisiert werden.²⁹ Vorgeschlagen wurde von ihr dann allerdings eine Konzeption, die im Ergebnis keine Vereinfachung, sondern eine erhebliche Ausweitung und Intensivierung der Vorprüfung bedeuten und ihr damit den Charakter einer *vorgezogenen Quasi-UVP*³⁰ verleihen würde.

Dass dieser Ansatz trotz des damit verbundenen Mehraufwands für Vorhabenträger und Behörden unfallfrei die Folgenabschätzung passieren konnte, dürfte vor allem einem „Einspareffekt" geschuldet sein, den die Kommission in Diskussionen stets besonders in den Vordergrund rückt. Nach ihrem Eindruck werden in manchen Mitgliedstaaten „zu viele" UVPs durchgeführt. Die anspruchsvollere Ausgestaltung der Vorprüfung zielt deshalb auch darauf ab, überflüssige Umweltverträglichkeitsprüfungen zu verhindern. Zu diesem Zweck soll die Behörde dem Vorhabenträger künftig im Rahmen eines erweiterten Screenings Wege aufzeigen, auf denen durch eine Modifikation des Projekts oder andere geeignete Vorkehrungen (Vermeidungs- oder Verminderungsmaßnahmen) erhebliche nachteilige Umweltauswirkungen, die eine UVP zur Folge hätten, ausgeschlossen werden können. Vermutlich wurde von diesem Szenario auch beim Impact Assessment Kredit genommen. Damit konnten die Mehrkosten, die infolge des Ausbaus der Vorprüfung zu erwarten waren, durch eingesparte Umweltverträglichkeitsprüfungen rechnerisch wieder ausgeglichen oder sogar überkompensiert werden. Das Ergebnis zeigt einmal mehr, was Folgeabschätzungen leisten können, wenn man auf diesem Klavier geschickt zu spielen versteht.

b) *Im Einzelnen* sah der Änderungsvorschlag der Kommission *folgende Elemente* vor:

- Einfügung eines neuen Anhangs IIA, der (in Form einer relativ kurzen Liste) die *Angaben* enthält, die der *Vorhabenträger* zur Durchführung einer Vorprüfung beizubringen hat;
- Erweiterung des Anhangs III (*Auswahlkriterien*) zu einem wesentlich umfangreicheren Kriterienkatalog, mit dessen Hilfe die *Behörde*

---

29 Vgl. Bericht der Kommission über die Anwendung und Wirksamkeit der UVP-Richtlinie, a. a. O. (Fn. 5), Abschnitt 3.1, S. 5 f.
30 Ähnlich der Beschluss des Bundesrates vom 14.12.2012, a. a. O. (Fn. 8), S. 9, Nr. 23: „kleine UVP"; kritisch hierzu auch *Schink,* a. a. O. (Fn. 8), S. 1353.

beurteilen soll, ob das fragliche Projekt erhebliche nachteilige Umweltauswirkungen haben kann;
- *Beschränkung der Vorprüfdauer* (Regelfrist bis zu drei Monate, Möglichkeit der Verlängerung um weitere drei Monate);
- Die *Vorprüfentscheidung* soll zugleich das *Ergebnis des Scopings* enthalten, d. h. das Screening soll verfahrensmäßig mit der Festlegung des Untersuchungsrahmens und der vom Vorhabenträger beizubringenden Unterlagen (künftig „UVP-Bericht") verknüpft werden;
- Das Ergebnis der Vorprüfung ist der *Öffentlichkeit zugänglich zu machen* und zu *begründen* (auch bei positivem Ergebnis); bei Verneinung einer UVP-Pflicht soll dabei auch auf geplante Vermeidungs- oder Verminderungsmaßnahmen eingegangen werden.

c) Die Beobachtung der Kommission, dass in den Mitgliedstaaten *„überflüssige Umweltverträglichkeitsprüfungen"* durchgeführt würden, ist mit Sicherheit *nicht auf Deutschland bezogen*. Abschätzungen zufolge (eine genaue Statistik fehlt allerdings) verhält es sich hierzulande umgekehrt: ca. 90 % der Vorprüfungen gehen negativ aus.[31] Dem Vernehmen nach ist es bereits jetzt in der Behördenpraxis gang und gäbe, dass dem Vorhabenträger bei der Antragsberatung Hinweise gegeben werden, wie er durch ergänzende technische oder sonstige Maßnahmen eine UVP-Pflicht vermeiden kann.[32] Insoweit besteht für eine Einsparung unnötiger UVPs, die sich die Kommission vom Ausbau der Vorprüfung verspricht, in Deutschland kein Regelungsbedürfnis, denn dieser Effekt wird bereits mit den bestehenden Bestimmungen erreicht.

Andererseits dürfte das Screening für viele Behörden nach wie vor mit *Unsicherheiten* verbunden sein,[33] die zu *Fehlern* führen können. Darauf deuten jedenfalls, seitdem UVP-Vorprüfungen nach § 4 UmwRG justiziabel sind, eine Reihe verwaltungsgerichtlicher Entscheidungen hin.[34] In

---

31 Dazu näher *Führ/Bizer/Dopfer/Schlagbauer/Bedke/Belzer/Mengel/von Kampen/Kober,* Evaluation des UVP-Gesetzes des Bundes, 2008, S. 53 ff.
32 So auch Überlegungen bei Führ et al., ebenda, S. 58.
33 Vgl. *Führ et al.,* a. a. O. (Fn. 31), S. 58.
34 Vgl. z. B. BVerwG, Urt. v. 20.12.2011 – 9 A 31.10 –, Rn. 28 ff; vgl. OVG Lüneburg, Beschl. v. 29.08.2013 – 4 ME 76/13 –, NuR 2013, 745, 749 f; vgl. OVG NRW, Urt. v. 14.10.2013 – 20 D 7/09 AK –, DVBl. 2014, 185.

dieser Hinsicht erscheint das Ziel der Kommission, die Qualität der Vorprüfung zu verbessern und ihr dafür in der UVP-Richtline klarere Konturen zu verleihen, auch mit Blick auf die Verhältnisse in Deutschland durchaus legitim.

d) Notwendige Anpassungen und Präzisierungen der Screening-Vorschriften sollten allerdings nicht zu einem *Systemwechsel* führen, bei dem die **Konturen zur UVP verschwimmen**. Nach herkömmlichem Verständnis ist die Vorprüfung eine überschlägige Vorausschau mit summarischem Charakter und begrenzter Prüftiefe. Sie ist kein Instrument, das seiner Funktion nach auf die Durchführung umfassender, vertiefter, zeit- und ressourcenaufwendiger Untersuchungen angelegt ist.[35] Hier tendiert der Kommissionsentwurf jedoch in eine andere Richtung, nämlich zur Vorverlagerung UVP-typischer Prüfungen in den Bereich der Vorprüfung. Dieser Ansatz ist nicht zuletzt deshalb problematisch, weil die Richtlinie auf der Screening-Ebene keine Öffentlichkeitsbeteiligung kennt, woran auch die Kommission festhalten wollte.[36] Insgesamt lehnten deshalb viele Mitgliedstaaten, auch wenn sie einer Optimierung der Vorprüfung eigentlich aufgeschlossen gegenüber standen, die konkreten Regelungsvorschläge der Kommission als überzogen ab. Das EP dagegen teilte diese Bedenken dagegen nicht.

e) Nach schwierigen Verhandlungen wurde schließlich auch hier ein Kompromiss gefunden. Dabei konnten sich Kommission und EP zwar in struktureller Hinsicht weitgehend durchsetzen, d. h. es wird einen neuen Anhang IIA (vom Vorhabenträger zu liefernde Angaben), Ergänzungen bei den Vorprüfkriterien in Anhang III, die Einführung einer Beschränkung der Vorprüfdauer auf regelmäßig drei Monate und erweiterte Informations- und Begründungspflichten gegenüber der Öffentlichkeit geben. In materieller Hinsicht konnte der Rat hingegen vor allem beim Kriterienkatalog des Anhangs III die Rückführung auf einen einfacheren, dem Charakter der Vorprüfung besser gerecht werdenden Zuschnitt erreichen. Fallen gelassen wurde überdies die verfahrensmäßige Verknüpfung von Screening und Scoping.

---

35 Vgl. BVerwG, ebenda, Rn. 25; vgl. *Sangenstedt*, in: Landmann/Rohmer, Umweltrecht I, § 3c UVPG Rn. 14.
36 Darauf hat zutreffend der Bundesrat in seinem Beschluss vom 14.12.2012, a. a. O. (Fn. 8), S. 10, Nr. 23 hingewiesen.

Für den *deutschen Gesetzgeber* wird sich aus den Änderungen *Anpassungsbedarf* ergeben. Auch *Vorhabenträger und Behörden* werden sich darauf einstellen müssen, dass bei der Vorprüfung künftig einige zusätzliche Gesichtspunkte zu berücksichtigen sein werden. In diesem Zusammenhang ist erneut zu unterstreichen, dass die Einschätzung der Behörde nach § 4 Abs. 1 Satz 2 UmwRG gerichtlich überprüfbar ist. Fehler beim Screening können mit Aufhebung der Genehmigung bestraft werden. Zwar ist der gerichtliche Überprüfungsmaßstab nach § 3a Satz 4 UVPG auf eine Plausibilitätskontrolle beschränkt; jedoch muss das Vorprüfergebnis zur Überzeugung des Gerichts *nachvollziehbar* sein. Dieses Beurteilungskriterium nehmen die Verwaltungsgerichte, wie aktuelle Entscheidungen zeigen, sehr ernst. Gefordert wird – z. T. auch unter Heranziehung der Grundsätze des § 4a Abs. 2 UmwRG – eine vollständige und zutreffende Erfassung des Sachverhalts und die Verwendung realistischer Annahmen und Prognosen.[37] Mehr denn je wird es künftig also darauf ankommen, die Vorprüfung ernst zu nehmen, sie sach- und fachgerecht durchzuführen sowie Ablauf und Ergebnisse in nachprüfbarer Weise zu dokumentieren (§ 3c Satz 6 UVG).

3. Schutzgüter – Artikel 3 neu

a) Um die künftige Ausgestaltung des Schutzgüterkatalogs wurde in den Verhandlungen heftig gerungen. Im Endeffekt hat es einige *Veränderungen* gegeben, die bei Lichte besehen aber *nicht dramatisch* sind. Inhalt und Bedeutung der in *Artikel 3 Satz 1* verwendeten Begriffe erschließen sich vollständig erst in der Zusammenschau mit Anhang IV (Angaben für den UVP-Bericht).

Abgesehen von einer leicht modifizierten Anordnung der Schutzgüter sind folgende Neuerungen zu vermerken:
- Statt des Schutzguts „Mensch" heißt es künftig *„Bevölkerung und menschliche Gesundheit"*. Damit wurden die entsprechenden Bezeichnungen aus dem Schutzgüterkatalog der SUP-Richtlinie (dort Anhang I Buchst. f) übernommen. Diese Merkmale sind in § 2

---

37 S. die Nachw. BverwG; OVG Lüneburg; OVG NRW, a. a. O (Fn. 34).

Abs. 1 Satz 2 UVPG bereits umgesetzt und finden für UVP und SUP gleichermaßen Anwendung. Für das deutsche Recht gibt es deshalb hier keinen Änderungsbedarf.

- Statt „Fauna und Flora" heißt es künftig *„biologische Vielfalt"*. Dieser Begriffswechsel ist missverständlich und überflüssig, denn materiell soll mit ihm kein Bedeutungswandel gegenüber der geltenden Rechtslage verbunden sein. Insbesondere geht es nicht darum, wie man prima vista meinen könnte, den Blick der UVP künftig auf gefährdete Tier- und Pflanzenarten zu verengen. Vielmehr kam es der Kommission allein darauf an, die Begrifflichkeit der UVP-Richtlinie an die Terminologie des Übereinkommens vom 5. Juni 1992 über die biologische Vielfalt[38] anzupassen. Nach der Definition in Artikel 2 dieser Konvention hat die Bezeichnung „biologische Vielfalt" umfassenden Charakter, d. h. sie schließt nicht nur gefährdete Arten, sondern alle Tiere und Pflanzen ein. Dass „Fauna und Flora" weiterhin zum Schutzgut der biologischen Vielfalt gehören, ergibt sich im Übrigen auch aus Anhang IV Nr. 4 der Änderungsrichtlinie.

In den Verhandlungen wurde monatelang über diesen Punkt gestritten, nicht zuletzt weil die jetzige Formulierung ohne erkennbaren Grund von der Parallelregelung der SUP-Richtlinie abweicht.[39] Schließlich gaben die Mitgliedstaaten entnervt auf, weil sich für andere Formulierungsvorschläge ebenfalls keine Mehrheit fand. Anpassungsbedarf für das deutsche Recht ergibt sich aus alldem nicht, weil der Schutzgüterkatalog des § 1 Abs. 1 Satz 2 UVPG neben Tieren und Pflanzen auch bisher schon die biologische Vielfalt enthält und damit in jedem Falle ausreichend ist.

- Zusätzlich aufgenommen wurde das Schutzgut *„Fläche"*. Nach hiesigem Verständnis handelt es sich um eine begrüßenswerte Klarstellung. Schon nach bisherigem Recht ist der sog. „**Flächenverbrauch**" ein nicht zu vernachlässigender Prüfaspekt der UVP.

---

38 Vgl. BGBl. I 1993, S. 1741.
39 In Anhang I Buchst. f der SUP-Richtlinie werden sowohl die biologische Vielfalt als auch Fauna und Flora als Schutzgüter genannt.

Allerdings wird er in UVP-Studien meist im Zusammenhang mit dem Schutzgut „Boden" abgehandelt.⁴⁰ Künftig erhält die Fläche die Bedeutung eines eigenständigen Schutzguts, was unter symbolischen Gesichtspunkten als eine gewisse Aufwertung dieses wichtigen Umweltthemas verstanden werden mag.
- Nur scheinbar unverändert beibehalten wurde das Schutzgut „*Klima*". Die Vorgaben im Anhang IV der neuen Änderungsrichtlinie machen dagegen deutlich, dass unter diesem Merkmal künftig verstärkt auch der *Klimawandel* Berücksichtigung finden soll. Zum einen geht es um Faktoren, die den Klimawandel fördern oder verstärken können. Deshalb sollen künftig im UVP-Bericht, soweit relevant, auch Angaben zu Art und Umfang der von dem Vorhaben ausgehenden Treibhausgasemissionen erscheinen (Anhang IV Nr. 4 und 5f). Einbezogen werden soll nach Anhang IV Nr. 5f aber auch die Anfälligkeit des Projekts gegenüber bestimmten Erscheinungsformen des Klimawandels (z. B. erhöhte Hochwassergefahr).

Der Beitrag, den die Umweltprüfung zur Bewältigung des Klimawandels leisten kann, sollte freilich nicht überschätzt werden. Der Prüf- und Ermittlungsaufwand, der im Rahmen einer UVP zu leisten ist, hat Grenzen. Gefordert ist nach Artikel 5 Abs. 1 der Änderungsrichtlinie lediglich die Berücksichtigung des „gegenwärtigen Wissensstandes und aktueller Prüfmethoden"⁴¹. Unzumutbares, z. B. wissenschaftliche Grundlagenforschung, wird nicht verlangt.⁴² Es ist nicht Aufgabe des Vorhabenträgers, aus Anlass einer UVP fehlende regionale Klimamodelle oder Vulnerabilitätsanalysen selbst neu zu entwickeln. Nur soweit entsprechende Modelle oder Untersuchungen bereits vorhanden sind,

---

40 Vgl. *Köck/Bovet/Gawron/ Hofmann/Möckel*, Effektivierung des raumbezogenen Planungsrechts zur Reduzierung der Flächeninanspruchnahme, 2007, S. 155, 183, 237; übersehen wird dies bei der Kritik von *Schink* a. a. O. (Fn. 8), S. 1352.
41 Ebenso § 6 Abs. 3 Nr. 3 und 4 UVPG.
42 Vgl. BVerwG, Urt. v. 25.01.1996 – 4 C 5/95 –, Rn. 27 (= BVerwGE 100, 238, 248); ähnlich BVerwGE 100, 370, 377.

sind sie in der Umweltprüfung zu verwenden.⁴³ Daran wird es bei der Beurteilung der möglichen Auswirkungen eines Vorhabens im Hinblick auf den Klimawandel häufig fehlen. Welche Prüfungen hier im konkreten UVP-Fall überhaupt möglich und angemessen sind, ist jeweils bei der Festlegung des Untersuchungsrahmens zu klären.

b) Nach *Artikel 3 Satz 2* sollen zu den Auswirkungen, die in der UVP zu betrachten sind, auch solche gehören, die aufgrund der *Anfälligkeit des Projekts für schwere Unfälle und/ oder Katastrophen* zu erwarten sind. Gemeint sind sowohl anlageninterne Stör- und Unfälle (z. B. Anlage explodiert ohne äußere Einwirkung, hierdurch gelangen Schadstoffe aus der Anlage in die Umwelt) als auch solche, die durch äußere Ereignisse hervorgerufen werden (Anlage explodiert infolge eines Erdbebens oder Hochwassers mit demselben Effekt). Zu prüfen sind jedoch nur projekttypische Unfall- oder Katastrophenszenarien, nicht spekulative Annahmen außerhalb jeder Lebenserfahrung. Nach Anhang IV Nr. 8 kann bei der UVP auch Kredit von Risikobewertungen genommen werden, die nach anderen EU-rechtlichen Bestimmungen vorzunehmen waren (z. B. nach der Seveso-Richtlinie oder der Euratom-Richtlinie für die nukleare Sicherheit kerntechnischer Anlagen). Damit können überflüssige Doppelprüfungen vermieden werden.

In der jetzt vorliegenden Form stellt die Regelung eine **sinnvolle Klarstellung** dar. Die ursprüngliche, systematisch und inhaltlich weitgehend misslungene Fassung des Kommissionsvorschlags⁴⁴ hat in den Verhandlungen auf Ratsebene wesentliche Verbesserungen erfahren. Mit dem Ergebnis dürfte die Praxis hierzulande keine Schwierigkeiten haben. Schon nach geltender deutscher Rechtslage sind in der UVP nicht nur die Umweltauswirkungen des Normalbetriebs, sondern auch Stör- und Unfallauswirkungen zu betrachten, jedenfalls soweit Anlagen gegen solche Ereignisse

---

43 Vgl. *Reese/Möckel/Bovet/Köck,* Rechtlicher Handlungsbedarf für die Anpassung an die Folgen des Klimawandels, 2010, S. 332 ff, 348 ff, 373 ff; übersehen wird dies bei der Kritik von *Schink,* a. a. O. (Fn. 8), S. 1352.
44 Zutreffend die Kritik des Bundesrates in seinem Beschluss vom 14.12.2012, a. a. O. (Fn. 8), S. 9, Nr. 22 und *Kenyeressy,* a. a. O. (Fn. 8), S. 139.

auszulegen oder vorsorglich Schutzvorkehrungen zu treffen sind.[45] Dies ist in etwa das, was künftig auch ausdrücklich von Artikel 3 Satz 2 der UVP-Richtlinie gefordert wird.

4. Scoping – Artikel 5 Abs. 2 neu

Die Festlegung des Untersuchungsrahmens und der vom Vorhabenträger beizubringenden Unterlagen gehört zu den wichtigsten Verfahrensschritten der UVP. Das Scoping dient der Vorbereitung und Strukturierung des nachfolgenden Prüfprozesses. Ziel ist es, dem Vorhabenträger frühzeitig zu Beginn des Verfahrens Hinweise zu geben, mit denen die Unterlagen auf die entscheidungsrelevanten Aspekte fokussiert werden können und unnötiger Untersuchungsaufwand vermieden wird. Werden die Weichen dabei richtig gestellt, kann dies zu einer erheblichen Erleichterung und Beschleunigung der UVP beitragen.[46] Auch hier wollte die Kommission mit ihrem Änderungsvorschlag ansetzen, das Scoping stärken und seine Wirksamkeit erhöhen.

Sinnvolle Effizienzverbesserungen bei der UVP sind natürlich stets willkommen und in keiner Weise zu beanstanden. Die konkreten Regelungsvorstellungen der Kommission schossen jedoch weit über das Ziel hinaus. Zum einen sollte das Scoping ausnahmslos verpflichtend vorgeschrieben werden; zum anderen sollte die Behörde die Prüfung in allen Einzelheiten durchstrukturieren. Dabei sollte sie nicht nur im Vorhinein festlegen, welche potentiellen Umweltauswirkungen, sondern auch, welche Projektalternativen vom Vorhabenträger zu untersuchen seien.[47]

---

45 Inzwischen allg. Auffassung, z.B. *Appold,* in *Hoppe/Beckmann,* UVPG, 4. Aufl. 2012, § 2 Rn. 21; vgl. *Bunge,* Kommentar zum UVPG, in: *Storm/Bunge* (Hrsg.), Handbuch der Umweltverträglichkeitsprüfung (HdUVP), Band I, Kennzahl 600, § 2 Rn. 79; vgl. *Erbguth/Schink,* Gesetz über die Umweltverträglichkeitsprüfung, Kommentar, 2. Auflage 1996, § 2 Rn. 9 b; vgl. *Rumberg/Steinebach,* Flugunfallfolgen als Gegenstand der UVP für Flughäfen, UVP-report 2004, 168 ff.
46 Vgl. *Beckmann,* in: Landmann/Rohmer, a. a. O. (Fn. 35), § 5 Rn.1; vgl. *Kment, in:* Hoppe/Beckmann, a. a. O. (Fn. 45), § 5 Rn. 3.
47 Eine vergleichbare Regelung gibt es in Deutschland bislang nur in einem einzigen, sehr speziellen Fall der SUP, nämlich bei der Festlegung des Untersuchungsrahmens für die Bundesfachplanung nach § 7 NABEG; vgl. dazu Steinbach/

Hierdurch hätte sich der Charakter des Instruments wesentlich verändert. Das Scoping wäre dann nicht mehr primär Hilfestellung für den Vorhabenträger[48]; vielmehr wäre die Verantwortung für eine sachgerechte Vorbereitung der UVP-Unterlagen vom Vorhabenträger auf die Behörde verlagert worden.[49]

Dieser Paradigmenwechsel stieß im Umweltrat auf Widerspruch. Überdies wurde der Regelungsvorschlag von den meisten Mitgliedstaaten als zu starr und überreguliert empfunden. Die Bestimmung wurde daher durchgreifend neu gefasst. Verpflichtend soll das Scoping künftig nur noch auf Antrag sein, also wenn der Vorhabenträger um eine Stellungnahme der Behörde zu Umfang, Detailtiefe sowie methodischen oder sonstigen Aspekten der UVP-Unterlagen bittet. Den Mitgliedstaaten steht es jedoch frei, in ihren nationalen Vorschriften ein Scoping auch in anderen Fällen vorzuschreiben. Von weiteren detaillierten Vorgaben sieht der gefundene Kompromiss ab. Eine Notwendigkeit zur Änderung des deutschen Scoping-Vorschrift (§ 5 UVPG) und der hierzu entwickelten Behördenpraxis besteht nicht.

5. Anforderungen an den UVP-Bericht – Artikel 5 Abs. 1 und 3 neu

Änderungen terminologischer und inhaltlicher Art sieht die Änderungsrichtlinie bei den Anforderungen an die Unterlagen vor, die der Vorhabenträger für die UVP zu erarbeiten und beizubringen hat.

a) Was zunächst die *Begrifflichkeit* angeht, verwendet die bisherige UVP-Richtlinie, anders als das deutsche UVPG, nicht die Bezeichnung „Unterlagen", sondern spricht allgemeiner von „vorzulegenden Angaben" (vgl. Artikel 5 Abs. 1 und 3 der UVP-Richtlinie 2011/92/EU). Künftig soll die maßgeblich Bezeichnung – in Anlehnung an den Umweltbericht bei der SUP[50] – „UVP-Bericht" lauten. Diese Anpassung ist zu begrüßen. Eine fundierte und nachvollziehbare Umweltprüfung ist auf der Grundlage

---

Sangenstedt, NABEG/EnLAG/EnWG, Kommentar zum Recht des Energieleitungsausbaus, 2013, Teil 4 NABEG, § 7 Rn. 18 ff.
48 Vgl. *Kment, in:* Hoppe/Beckmann, a. a. O. (Fn. 45), § 5 Rn. 2 f.
49 So auch die Kritik des Bundesrates im Beschluss vom 14.12.2012, a. a. O. (Fn. 8), S. 11, Nr. 27 sowie *Schink*, a. a. O. (Fn. 8), S. 1353.
50 Vgl. Artikel 5 der SUP-Richtlinie 2001/42/EG.

zusammenhangloser Einzelangaben nur schwer zu leisten. In der Praxis werden daher regelmäßig Umweltverträglichkeitsstudien (UVS) oder -untersuchungen (UVU) angefertigt, die das Prüfmaterial strukturiert aufbereiten und darstellen.[51] Der Begriff „UVP-Bericht" wird dem tatsächlichen Vorgehen und den Bedürfnissen des Vollzugs somit besser gerecht als die bisherige Wortwahl der Richtlinie.

b) In der Sache ergeben sich die *Informationen, die in den UVP-Bericht aufzunehmen sind*, aus einer Zusammenschau einer relativ *allgemein gehaltenen Aufzählung von Kernelementen (Artikel 5 Absatz 1 Satz 2)* sowie einem *detaillierteren ergänzenden Katalog von Angaben (Anhang IV)*, die im konkreten Fall nur von Bedeutung sind, wenn das Projekt spezifische Merkmale aufweist oder Umweltgesichtspunkte betroffen sein können, die in diesem Katalog angesprochen werden. Strukturell entspricht dieser Aufbau im Wesentlichen der bisherigen Regelung, inhaltlich sind aber einige Änderungen zu verzeichnen.

Unübersehbar ist bei Anhang IV zunächst, dass die Liste der Gesichtspunkte, auf die im UVP-Bericht ggf. eingegangen werden muss, länger geworden ist als bisher. Dies ist zum einen eine Folge des erweiterten Schutzgüterkatalogs (s. o. III. 2), zum anderen soll Anhang IV einen wesentlich *differenzierteren und kleinteiligeren Zuschnitt* erhalten als der geltende Katalog. Viele der dort künftig ausdrücklich aufgeführten Aspekte waren in Deutschland jedoch bisher schon Prüfgegenstände der UVP, auch wenn sie in den einschlägigen UVP-Vorschriften nicht explizit oder separat ausgewiesen waren. Gegenüber den ambitionierten und wesentlich weiter reichenden Ideen, die die Kommission in ihrem ursprünglichen Änderungsvorschlag zum UVP-Bericht entwickelt hatte[52], hat der jetzt gefundene Kompromiss vor allem *präzisierenden Charakter*. „Echte" materielle Neuerungen oder Erweiterungen sind die Ausnahme und wurden im Zuge der Verhandlungen jeweils so gefasst, dass damit in

---

51 Für diese Praxis Jarass, Grundstrukturen des Gesetzes über die Umweltverträglichkeitsprüfung, NuR 1991, 201, 205; vgl. Bunge, in: Storm/Bunge, a. a. O. (Fn. 45), S. 17; vgl. Berliner Senatsverwaltung für Stadtentwicklung, a. a. O. (Fn. 26), S. 45 ff; kritisch, aber wenig überzeugend dagegen Kment, in: Hoppe/Beckmann, a. a. O. (Fn. 45), § 6 Rn. 14.
52 Kritisch dazu der Beschluss des Bunderates vom 14.12.2012, a. a. O. (Fn. 8), S. 10f, Nr. 25; *Schink*, a. a. O. (Fn. 8), S. 1352.

der Praxis umgegangen werden kann. Der effektive **Mehraufwand**, den der erweiterte Anforderungskatalog *für Vorhabenträger und Behörden* zur Folge hat, dürfte deshalb insgesamt *eher moderat* sein. Als Gewinn schlägt hingegen zu Buche, dass die neuen Vorgaben für den UVP-Bericht den Mitgliedstaaten wesentlich geringere Spielräume für die Fixierung unterschiedlicher Standards als bisher eröffnen[53] und hierdurch tatsächlich die Chance bieten könnten, das Qualitätsgefälle, das die Kommission bei ihrer Analyse der diversen nationalen UVP-Vorschriften festgestellt hat, abzubauen.

c) Besorgnisse lösen in Deutschland seit jeher Bestrebungen aus, für die UVP eine zwingende **Alternativenprüfung** vorzuschreiben. In der Tat vermittelte der ursprüngliche Änderungsvorschlag der Kommission diesen Eindruck. So fanden sich in Artikel 5 Abs. 2 des Entwurfs Formulierungen, die dahingehend verstanden werden konnten, dass der Projektträger im Rahmen des UVP-Berichts stets auch „vernünftige Alternativen" zu dem vorgeschlagenen Projekt zu prüfen habe.[54] Artikel 5 Abs. 3 der geltenden UVP-Richtlinie 2011/92/EU formuliert dagegen wesentlich zurückhaltender, dass der Projektträger eine *Übersicht der wichtigsten anderweitigen von ihm geprüften Lösungsmöglichkeiten* unter Angabe der wesentlichen umweltbezogenen Auswahlgründe vorzulegen habe. Diese Regelung begründet keine originäre UVP-rechtliche Verpflichtung zur Alternativenprüfung, sondern knüpft daran an, ob der Vorhabenträger seinerseits – aus welchen Gründen auch immer – Alternativen untersucht hat. Erfasst

---

53 Nach dem geltenden Artikel 5 Abs. 1 der UVP-Richtlinie 2011/92/EU brauchen die Mitgliedstaaten die Einhaltung der Anforderungen des Anhangs IV nur sicherstellen, soweit sie „der Auffassung sind", dass die Angaben in dem betreffenden Stadium des Genehmigungsverfahrens, aufgrund der Merkmale des Projekts oder der jeweiligen Umweltverhältnisse „von Bedeutung" sind und „billigerweise verlangt werden kann", dass der Projektträger sie zusammenstellt. Diese Formulierungen finden sich in der neuen Änderungsrichtlinie nicht mehr. Hierdurch hat der Richtliniengeber zum Ausdruck gebracht, dass der Einschätzungsspielraum, den die Mitgliedstaaten hier bislang hatten, künftig nur noch in eingeschränktem Maße bestehen soll.

54 So auch das Verständnis der zu diesem Punkt sehr kritischen Anmerkungen von *Kenyeressy*, a. a. O. (Fn. 8), S. 1412 f.; differenzierter dagegen die Bewertung des Bundesrates im Beschluss vom 14.12.2012, a. a. O. (Fn. 8), S. 12, Nr. 30 sowie *Schink*, a. a. O. (Fn. 8), S. 1353.

werden damit insbesondere die Fälle, in denen ein Variantenvergleich durchgeführt wird, weil das Genehmigungsrecht dies als Zulassungsvoraussetzung verlangt – so etwa bei der Planfeststellung. Bedarf die Zulassung – wie bei der immissionsschutzrechtlichen Genehmigung – keiner Auseinandersetzung mit abweichenden Vorhabenkonzepten oder Standortalternativen, ist eine solche auch UVP-rechtlich nicht geboten.[55] Zwar ist nicht zu bestreiten, dass den Zielen und der instrumentellen Stärke der UVP besonders überzeugend Geltung verschafft werden kann, wenn die Ermittlung und Bewertung der Umweltauswirkungen eines Vorhabens im direkten Vergleich mit anderen sich im konkreten Fall anbietenden Optionen erfolgt.[56] Jedoch darf dabei nicht aus dem Blick geraten, dass die UVP kein Selbstzweck ist, sondern der Vorbereitung einer konkreten Zulassungsentscheidung dient. In die genehmigungsrechtliche Entscheidungsfindung können nur Erkenntnisse und Beurteilungen einfließen, die nach den einschlägigen fachrechtlichen Zulassungsvorschriften entscheidungsrelevant sind.[57] Soweit die fachrechtlichen Bestimmungen einen Anspruch auf Genehmigung vorsehen und diesen nicht vom Ergebnis eines Alternativenvergleichs abhängig machen, wäre auch eine Alternativenprüfung in der UVP sinnlos. Die Resultate hingen dann ohne Anbindung an das Zulassungsrecht quasi „in der Luft" und wären für die Genehmigungsentscheidung nicht verwertbar.[58] Wer die Wirksamkeit der UVP durch eine Stärkung der Alternativenprüfung verbessern will, darf den Hebel daher nicht am UVP-Recht ansetzen, sondern muss das Zulassungsrecht ändern.

Vor diesem Hintergrund ist es zu begrüßen, dass es in den Verhandlungen gelungen ist, trotz kleinerer Formulierungsänderungen im Kern zum bisherigen Ansatz zurückzukehren. Nach der Neufassung muss der UVP-Bericht eine **Beschreibung der vom Projektträger untersuchten vernünftigen Alternativen**, die für das Projekt und seine spezifischen Merkmale von Bedeutung sind, enthalten, und zwar weiterhin unter Angabe

---

55 Vgl. *Kment*, in: Hoppe/Beckmann, a. a. O. (Fn. 45), § 6 Rn. 21; vgl. *Schink*, a. a. O. (Fn. 8), S. 1353.
56 Zu diesem Aspekt *Erbguth/Schink*, a. a. O. (Fn. 45), § 2 Rn. 23.
57 Vgl. *Kment*, in: Hoppe/Beckmann, a. a. O. (Fn. 45), § 6 Rn. 21.
58 Ähnlich auch *Beckmann*, in: Hoppe/Beckmann, a. a. O. (Fn. 45), § 12 Rn. 50; vgl. *Schink*, a. a. O. (Fn. 8), S. 1353; vgl. *Wulfhorst*, in: Landmann/Rohmer, a. a. O. (Fn. 35), § 12 UVPG Rn. 35.

der wesentlichen umweltbezogenen Auswahlgründe. Auch unter dem Regime der neuen Änderungsrichtlinie wird es also dabei bleiben, dass Vorhabenalternativen in der UVP nur zu betrachten sind, wenn der Vorhabenträger sie aus anderen, außerhalb des UVP-Rechts zu suchenden Gründen bei der Planung seines Projekts untersucht.

d) Eine andere neue Anforderung findet sich in Anhang IV Nr. 3. Danach soll der Umweltbericht neben einer Beschreibung des aktuellen Umweltzustandes auch eine *Übersicht über seine voraussichtliche Entwicklung bei Nichtdurchführung des Projekts (Basisszenario)* enthalten. Die Prüfung dieser fiktiven, gemeinhin auch als „Nullvariante" bezeichneten Entwicklung wird z. T. als Überforderung des Projektträgers empfunden.[59] Diese Beurteilung erscheint bei Lichte besehen indessen nicht gerechtfertigt. Der Richtliniengeber verlangt hier eine Prognose, ohne die valide Aussagen über die Umweltauswirkungen eines Vorhabens nicht getroffen werden können. Erst im Abgleich mit der Situation, die sich bei Nichtdurchführung des Vorhabens ergeben würde, kann eingeschätzt werden, ob und in welcher Weise sich die Durchführung des Vorhabens auf die Umwelt auswirken wird.[60] Andernfalls würden dem Vorhaben u. U. Umwelteffekte zugerechnet, die ohnehin eintreten würden. Soweit bei der Ermittlung des „Basisszenarios" Prognoseunsicherheiten bestehen, trägt die Regelung diesen in mehrfacher Hinsicht Rechnung. Zum einen werden keine tiefgehenden Untersuchungen, sondern lediglich eine „Übersicht" verlangt; zum zweiten sind nur Annahmen gefordert, die mit zumutbarem Aufwand auf der Grundlage verfügbarer Umweltinformationen und wissenschaftlicher Erkenntnisse getroffen werden können. Diese Regelung ist sachgerecht und überfordert niemanden.

e) Auf ein vernünftiges Maß zurückgestutzt wurden schließlich auch die zunächst viel zu weit greifenden Regelungsvorschläge, mit denen die Kommission die *Qualität des UVP-Berichts sichern* wollte. Instrument der

---

59 Vgl. *Kenyeressy*, a. a. O. (Fn. 8), S. 1413: „stellt den Projektträger vor kaum lösbare Aufgaben"; kritisch auch *Schink*, a. a. O. (Fn. 8), S. 1352.
60 Vgl. *Appold*, in: Hoppe/Beckmann, a. a. O. (Fn. 45), § 2 Rn. 55; vgl. *Bunge*, in: Storm/Bunge, a. a. O. (Fn. 45), § 2 Rn. 73; vgl. *Erbguth/Schink*, a. a. O. (Fn. 45) § 2 Rn. 9c; vgl. *Sangenstedt*, in: Landmann/Rohmer, a. a. O. (Fn. 35), § 1 Rn. 38

Wahl sollte hier die Einführung akkreditierter Sachverständiger sein. Diese sollten entweder für den Projektträger den UVP-Bericht anfertigen oder den Bericht, soweit anderweitig erstellt, für die zuständige Behörde überprüfen. Stattdessen heißt es nun, dass bei der Erstellung des UVP-Berichts durch den Antragsteller und bei der Überprüfung des Berichts durch die Behörde auf beiden Seiten die notwendige Expertise vorhanden sein muss, wobei jeweils auch auf *In-House-Experten* zurückgegriffen werden kann.

6. Öffentlichkeitsbeteiligung – Artikel 6 Abs. 2 bis 6 neu

Einige bedeutsame Änderungen sieht die Änderungsrichtlinie bei der Öffentlichkeitsbeteiligung vor.

a) In Artikel 6 Abs. 7 wird für die Abgabe von *Einwendungen* eine *Mindestfrist von 30 Tagen* bestimmt. Die wirklichkeitsfremden Zeitvorstellungen im Kommissionsvorschlag (mindestens 30 und höchstens 60 Tage mit Verlängerungsmöglichkeit um weitere 30 Tage = insgesamt 90 Tage)[61] haben sich in den Verhandlungen also nicht durchgesetzt. Eine 30 Tages-Frist entspricht dem Regelungsstandard in Deutschland. *Bei der grenzüberschreitenden UVP* wird sie zu *verbesserten Mitwirkungsmöglichkeiten der deutschen Öffentlichkeit* in Fällen führen, in denen sich Deutschland als betroffener Staat an der UVP eines anderen Mitgliedstaats beteiligt. Denn nach wie vor gibt es Staaten in Europa, deren Rechtsvorschriften derzeit noch kürzere Einwendungsfristen vorsehen. Sie gelten dann prinzipiell auch für die am grenzüberschreitenden Verfahren des anderen Staates mitwirkende deutsche Öffentlichkeit. Mit der Neuregelung wird dagegen jetzt EU-weit ein einheitlicher Mindestbeteiligungszeitraum sichergestellt.

b) Um eine wirksamere Beteiligung der Öffentlichkeit zu ermöglichen, insbesondere den Zugang zu den hierfür benötigten Informationen zu erleichtern, sollen künftig auf Wunsch des EP *verstärkt elektronische Kommunikationsmittel* zum Einsatz kommen. So soll die Bekanntmachung des Vorhabens nach Artikel 6 Abs. 2 künftig generell auf elektronischem Wege erfolgen (bislang nur optional). Darüber hinaus sollen die Mitgliedstaaten nach Artikel 6 Abs. 5 sicherstellen, dass die einschlägigen Informationen der

---

61 Kritisch dazu *Kenyeressy*, a. a. O. (Fn. 8), S. 141; vgl. *Schink*, a. a. O. (Fn. 8), S. 1354; vgl. auch Bericht des Bundesrates vom 14.12.2012, a. a. O. (Fn. 8), S. 10, Nr. 24.

Öffentlichkeit „über ein zentrales Portal oder einfach zugängliche Zugangspunkte" zugänglich sind. Gerade die letztgenannte Vorschrift könnte – ja nachdem, was in der Umsetzung daraus gemacht wird – für die Qualität der Öffentlichkeitsbeteiligung in der UVP ein Quantensprung sein. Denn für die betroffene oder interessierte Öffentlichkeit macht es einen gewaltigen Unterschied, ob die Behörden UVP-relevante Informationen nur jeweils auf ihrer eigenen Website veröffentlichen (mit der Folge, dass zunächst jeweils die richtige Stelle ausfindig gemacht werden muss) oder ob dafür ein zentrales oder regionales Portal zur Verfügung steht. Jedoch darf nicht verkannt werden, dass die Schaffung entsprechender Einrichtungen keine einfache Aufgabe, sondern eine organisatorische, technische und finanzielle Herausforderung ist. Es bleibt abzuwarten, welche Lösungen sich Bund und Länder hierfür bei der Umsetzung der Richtlinie einfallen lassen werden.

7. Konsequenzen für die Zulassungsentscheidung – Artikel 8 und 8a neu

Auf die Frage, wie mit den Ergebnissen der UVP bei der Zulassungsentscheidung umzugehen ist, gibt Artikel 8 der geltenden UVP-Richtlinie eine ebenso kurze wie schlichte Antwort: sie sind „zu berücksichtigen". „Berücksichtigen" bedeutet, dass sich die Behörde mit der Bewertung, die die prognostizierten Umweltauswirkungen in der UVG erfahren haben, inhaltlich auseinandersetzen und sie bei ihrer Entscheidung über die Zulassung des Vorhabens sachlich in Rechnung stellen muss. Maßgebend für die Zulassungsentscheidung bleiben aber die genehmigungsrechtlichen Anforderungen des Fachrechts. Die UVP erzeugt selbst keine zusätzlichen materiellen Genehmigungsanforderungen, sondern hat vorwiegend[62] verfahrensrechtlichen Charakter. Deshalb kann es ohne weiteres vorkommen, dass ein Vorhaben, dessen Auswirkungen aus der umweltzentrierten Sicht der UVP als nicht (ohne weiteres) hinnehmbar bewertet werden, dennoch zugelassen wird, weil nach den einschlägigen genehmigungsrechtlichen Vorschriften anderen entscheidungserheblichen Belangen stärkeres Gewicht beizumessen ist.[63]

---

62 Zur materiellen Komponente der UVP eingehend *Sangenstedt*, in: Landmann/Rohmer, a. a. O. (Fn. 35), § 1 Rn. 14 ff.
63 *Sangenstedt*, in: Landmann/Rohmer, a. a. O. (Fn. 35), § 1 Rn. 56 m. zahlr. w. Nachw.

Auf europäischer Ebene ist die hierzulande äußerst wichtig genommene Unterscheidung zwischen dem Verfahrensinstrument UVP und den materiellen Zulassungsanforderungen des Umweltfachrechts allerdings kaum vermittelbar; dort wie auch in anderen europäischen Staaten gibt es diese strikte Trennung nicht. Deshalb war es nicht verwunderlich, dass der Kommissionsentwurf Regelungen enthielt, die darauf abzielten, den *Ergebnissen der UVP einen stärkeren Einfluss auf den Inhalt der Zulassungsentscheidung zu verleihen.* Vorgesehen war dazu u. a. eine spezielle Vorschrift für Fälle, in denen die UVP erkennen lässt, dass das betreffende Vorhaben voraussichtlich erhebliche nachteilige Umweltauswirkungen haben wird. Hier sollte die zuständige Behörde dann jeweils in enger Zusammenarbeit mit dem Vorhabenträger prüfen, ob das Vorhaben geändert werden muss, um seine umweltbeeinträchtigenden Auswirkungen zu vermeiden oder zu verringern, und ob zusätzliche Schadensbegrenzungs- oder Ausgleichsmaßnahmen vorzunehmen sind (Artikel 8 Abs. 2 des Änderungsvorschlags). In Deutschland stieß diese Bestimmung vor allem deshalb auf Ablehnung, weil sie als illegitimer Übergriff der UVP auf die Domäne des materiellen Genehmigungsrechts betrachtet wurde. Andere Kritikpunkte waren die relative Unbestimmtheit der Regelung sowie die Inpflichtnahme der Behörde für eine originär dem Vorhabenträger obliegende Aufgabe (Sorge für einen umweltverträglichen Zuschnitt des Projekts).[64]

Auch bei den übrigen Mitgliedstaaten konnten sich die Vorstellungen der Kommission (wenn auch z. T. aus anderen Gründen) nicht durchsetzen. Nach intensiven Beratungen wurde schließlich eine zustimmungsfähige Konzeption gefunden, die das Verhältnis zwischen UVP und Zulassungsentscheidung wie folgt regelt:

- Die Materie wird auf zwei Vorschriften verteilt. Artikel 8 enthält wie bisher ausschließlich das Berücksichtigungsgebot, Artikel 8a regelt Anforderungen an den Inhalt des Zulassungsbescheids sowie bestimmte Maßnahmen, die dafür sorgen sollen, dass erhebliche nachteilige Umweltauswirkungen wirksam eingedämmt und überwacht werden.

---

64 Vgl. im Einzelnen die Kritik bei *Kenyeressy* (Fn. 8), S. 143; vgl. *Schink*, a. a. O. (Fn. 8), S. 1354 sowie im Beschluss des Bundesrats vom 14.12.2012, a. a. O. (Fn. 8), S. 13 Nr. 32.

- Nach Artikel 8a Abs. 1 und 2 muss die Zulassungsentscheidung folgende Elemente enthalten: (1) die im Rahmen der UVP vorgenommene Bewertung der Behörde, (2) mit der Entscheidung verbundene Umweltauflagen, (3) eine Beschreibung der Maßnahmen, mit denen erhebliche nachteilige Umweltauswirkungen vermieden, verringert, ausgeglichen oder, soweit angemessen, überwacht werden sollen (monitoring measures), sowie (4) bei ablehnender Entscheidung die wesentlichen Gründe für die Nichterteilung der beantragten Genehmigung.
- Dabei handelt es sich ausschließlich um *formale Anforderungen an den Zulassungsbescheid*. Die Vorschrift enthält keine Verpflichtung der Mitgliedstaaten, Umweltauflagen, Vermeidungs-, Verminderungs- und Ausgleichsmaßnahmen oder Überwachungsmaßnahmen festzulegen. Soweit solche festgelegt werden, müssen sie aber im Zulassungsbescheid aufgeführt werden.
- *Materiell* müssen die Mitgliedstaaten nach Artikel 8a Abs. 4 *sicherstellen*, dass die im Genehmigungsbescheid aufgeführten *Vermeidungs-, Verminderungs- und Ausgleichsmaßnahmen vom Vorhabenträger* tatsächlich *realisiert* werden.
- Außerdem müssen die Mitgliedstaaten geeignete *Verfahren zur Überwachung erheblicher nachteiliger Umweltauswirkungen festlegen* (Artikel 8a Abs. 4). Soweit aufgrund anderer Rechtsvorschriften bereits geeignete Überwachungsmechanismen bestehen, können diese auch für das Monitoring nach der UVP-Richtlinie genutzt werden.

Die neuen Bestimmungen sind akzeptabel. Sie sind weder sachwidrig noch fixieren sie überzogene Anforderungen. Dass genehmigungsrechtlich festgelegte Vermeidungs-, Verminderungs- oder Ausgleichsmaßnahmen von der Behörde anschließend durchgesetzt werden, sollte administrativ selbstverständlich sein. Ähnliches gilt für die Überwachung der Umweltfolgen eines Vorhabens.[65] Hier ist es bspw. bei der Zulassung von Industrieanlagen

---

65 Hier gilt Ähnliches wie seinerzeit bei der Einführung einer Überwachungsregelung für erhebliche Umweltauswirkungen von Plänen und Programmen durch Artikel 10 der SUP-Richtlinie 2001/42/EG; vgl. dazu *Sangenstedt*, Zum Stand der bundesrechtlichen Umsetzung der Richtlinie zur SUP, in: *Hendler et al.*, Die strategische Umweltprüfung (sog. Plan-UVP) als neues Instrument des Umweltrechts, UTR Band 76, 2004, S. 37, 49.

üblich, dass dem Betreiber im Genehmigungsbescheid qua Nebenbestimmung aufgegeben wird, für eine angemessene Emissions- und Immssionsüberwachung zu sorgen. Hinzu kommt das System der staatlichen Immissionsüberwachung. Insgesamt gibt es bereits im geltenden deutschen Recht diverse Überwachungsinstrumente, die für das Monitoring nach der neuen UVP-Änderungsrichtlinie genutzt werden können. Unabhängig davon hat der Richtliniengeber den Mitgliedstaaten bei der Umsetzung der Bestimmung auch sonst erhebliche Spielräume eröffnet. Alles in allem gibt es daher keinen Grund zu der Annahme, dass Deutschland größere Probleme mit der Umsetzung dieser Vorschrift haben wird.

Natürlich kann man sich weiterhin auf den Standpunkt stellen, dass Überwachungsvorschriften ins Fachrecht gehören und in der UVP-Richtlinie fehl am Platze sind.[66] Mit solchen rechtssystematischen Argumenten der „reinen Lehre" findet man in Brüssel aber aus den o. g. Gründen kein Gehör. Dort zählen in erster Linie die sachliche Berechtigung und die inhaltliche Ausgestaltung eines Regelungsvorschlags. Wenn das Produkt in diesem Sinne für gut oder vertretbar befunden wird, dann interessiert sich im Umweltrat und im EP kaum jemand für eine „korrekte" verfahrens- oder materiell-rechtliche Einordnung.

8. Weitere Punkte von Interesse

a) Auf Wunsch des EP wurde als **neuer Artikel 9a** eine Regelung zur *Vermeidung von Interessenkonflikten* aufgenommen. Gemeint sind damit vor allem Fälle, in denen die für die UVP zuständige Behörde zugleich als Vorhabenträger am Verfahren teilnimmt. Nach den Vorstellungen des EP sollte die Unabhängigkeit der UVP dadurch gesichert werden, dass die UVP-Behörde in solchen Fällen einer anderen Stelle oder Institution angehören muss. Für die UVP-Praxis in Deutschland wäre das eine gravierende Umstellung gewesen, insbesondere bei UVP-pflichtigen Bebauungsplänen, bei denen die Gemeinde traditionell sowohl für die Aufstellung des Plans als auch für die Durchführung der UVP zuständig ist. Nach eingehender Diskussion wurde zwischen Rat und EP ein Kompromiss vereinbart, der sich

---

66 Vgl. *Kenyeressy*, a. a. O. (Fn. 8), S. 143; vgl. *Schink*, a. a. O. (Fn. 8), S. 1354 sowie Beschluss des Bundesrats vom 14.12.2012, a. a. O. (Fn. 8), S. 13f, Nr. 33.

an ähnliche Regelungen anderer Richtlinien anlehnt.[67] Auch die Rechtsprechung des Bundesverwaltungsgerichts bewegt sich auf dieser Linie.[68] Danach reicht es aus, dass durch geeignete Organisationsmaßnahmen für eine angemessene *Funktionstrennung* zwischen den nicht miteinander vereinbaren Aufgaben gesorgt wird. Die Regelung muss jetzt in der Praxis mit Leben gefüllt und sollte ernst genommen werden.

b) Ebenfalls auf Wunsch des EP wurde als neuer **Artikel 10a** eine Bestimmung eingefügt, die den Mitgliedstaaten vorgibt, in ihrem nationalen Recht *Sanktionen bei Verstößen gegen Anforderungen der Richtlinie* vorzusehen. Die Sanktionen sollen wirksam und verhältnismäßig sein, und sie sollen eine abschreckende Wirkung haben. Im Übrigen haben die Mitgliedstaaten hier erhebliche Umsetzungsspielräume. Solche Sanktionsvorschriften gehören inzwischen zum Regelungsstandard der EU und finden sich in ähnlicher Form in diversen Umweltrichtlinien.[69]

c) Das EP hat bis zum Schluss um eine Reihe von Ergänzungen der Anhänge I und II gekämpft, konnte sich damit aber im Rat nicht durchsetzen. Bedauerlich ist insbesondere, dass es nicht gelungen ist, eine zwingende *UVP-Pflicht für Fracking-Maßnahmen* einzuführen. Deutschland hatte diesen Vorschlag des EP im Rat unterstützt; dem stand jedoch eine Sperrminorität Fracking-freundlicher Mitgliedstaaten gegenüber, die nicht zu überwinden war. Damit ist Deutschland aber nicht gehindert, das Fracking in seinem nationalen Recht einer zwingenden UVP zu unterwerfen.

d) Erfreulich ist, dass die *Frist zur Umsetzung der neuen Änderungsrichtlinie drei Jahre* beträgt. Zweijährige Umsetzungsfristen waren in der Vergangenheit von Deutschland nur selten einhaltbar, zumal ja nicht nur

---

67 Vgl. Artikel 8 Abs. 2 und 3 der Richtlinie 2013/30/EU vom 12. Juni 2013 über die Sicherheit von Offshore-Erdöl- und Erdgasaktivitäten und zur Änderung der Richtlinie 2004/35/EG, ABl. der EU vom 28.06.2013, L178/66 ff.
68 Vgl. BVerwG, Urt. v. 18.03.2009 – 9 A 39.07 –, Rn. 24 f m.w.Nachw.
69 Vgl. z. B. Artikel 79 der Richtlinie 2010/75/EU vom 24. November 2010 über Industrieemissionen (Integrierte Vermeidung und Verminderung der Umweltverschmutzung); Artikel 28 der Richtlinie 2012/18/EU vom 4. Juli 2012 zur Beherrschung der Gefahren schwerer Unfälle mit gefährlichen Stoffen, zur Änderung und anschließenden Aufhebung der Richtlinie 96/82/EG; Artikel 13 der Richtlinie 2012/27/EU vom 25. Oktober 2012 zur Energieeffizienz, zur Änderung der Richtlinien 2009/125/EU und zur Aufhebung der Richtlinien 2004/8/EG und 2006/32/EG.

das UVPG des Bundes, sondern auch die UVP-Gesetze der Länder angepasst werden müssen. Überdies eröffnet eine dreijährige Frist Deutschland die Möglichkeit, die Novelle breiter anzulegen und über den unmittelbaren Umsetzungsbedarf der Änderungsrichtlinie hinaus auch an eine Reihe anderer Regelungen heranzugehen, die in der Vollzugspraxis seit jeher Probleme aufwerfen.

Tim Schwarz

Der Belang der „Verschattung" – Ermittlungs- und Bewertungsgrundlagen

Abstract

Die Berücksichtigung des Belangs der Verschattung gewinnt mit dem städtebaulichen Leitbild der Innenentwicklung zunehmend an Bedeutung. Aber auch mit dem Ausbau der erneuerbaren Energien ist dieser bei Windenergieanlagen in Siedlungsnähe zu berücksichtigen und kann auch bei Fotovoltaikanlagen relevant werden.

Due to the urban planning principle of inner-city development, consideration of the matter of shading gains importance while planning in densely built-up areas. But even concerning the expansion of renewable energies, shading has to be considered for wind turbines near settlements and can be relevant to photovoltaic installation also.

I. Einleitung

Der Belang der Verschattung in Verbindung mit dem Bauen ist ein alter Streitgegenstand. Dies beweist bereits ein Rechtssatz des Schwabenspiegels aus dem Jahr 1287, der wie folgt lautet: „Hat jemand ein Haus gebaut, und will der Nachbar eins neben ihm errichten, so soll er es in der Höhe bauen, damit sein Licht nicht verbaut wird. Baut er´s darüber so klagt es dem Richter, der soll darüber Recht sprechen."[1] Auch mehr als 800 Jahre später beschäftigt sich die Rechtsprechung immer noch mit ähnlichen Problemen, wie der wohl bundesweit bekannte Fall der Bebauung des Berliner Spreedreiecks zeigt. Besondere Aktualität erhält das Thema auch vor dem Hintergrund der Innenentwicklung, die den Fokus der letzten

---

1 Vgl. Schwabenspiegel Landrecht 371, in: Lassberg, Freiherrin von (Hrsg.), Der Schwabenspiegel oder schwäbisches Land- und Lehen-Rechtsbuch nach einer Handschrift vom Jahr 1287, Tübingen 1840, S. 159, im Internet unter: Google Books, http://books.google.de/books?id=tFYUAAAAQAAJ&printsec=frontcover&hl=de&source=gbs_ge_summary_r&cad=0#v=onepage&q&f=true, Zugriff am 27.03.2014.

Novellierung des BauGB[2] bildet. Denn das Planen und Bauen im Bestand wirft regelmäßig Fragen im Hinblick auf den Schutz des Nachbarn auf. Aber auch vor dem Hintergrund der Energiewende kann der Belang der Verschattung eine Rolle spielen. So ist zum einen der Schattenwurf von Windenergieanlagen ein regelmäßig zu erfassender Aspekt bei Planungen in Siedlungsnähe. Zum anderen kann der Schattenwurf von Gebäuden oder Pflanzen zu einer Leistungsminderung von Fotovoltaikanlagen führen. Sowohl in der städtebaulichen Planung als auch bei der bauordnungsrechtlichen Vorhabenzulassung geht es dabei stets um methodische Fragen der Ermittlung und der sich anschließenden Frage der Bewertung einer Verschattung sowie deren Berücksichtigung in der Bauleitplanung und bei der Vorhabenzulassung, die im Folgenden näher zu betrachten sind.

II. Verschattung

Eine Verschattung stellt eine quantitative Veränderung der Lichtverhältnisse dar, bei der es zu einer Reduzierung oder sogar dem völligen Entfall der natürlichen Belichtung oder der Besonnung kommt. Die Belichtung ist dabei die Versorgung mit Tageslicht auch bei bedecktem Himmel, wohingegen die Besonnung die direkte Sonneneinstrahlung bezeichnet.[3] Die natürliche Besonnung und Belichtung unterliegt verschiedenen Einflussfaktoren, die von der räumlichen Lage eines Ortes insbesondere dem geografischen Breitengrad in Verbindung mit den Jahreszeiten bestimmt werden. Hinzu kommen meteorologische Faktoren, die sich in jahreszeitlichen Schwankungen durch Wolkenbildung unterschiedlich stark auf die Besonnung eines Ortes auswirken. Daneben hat auch die natürliche Topografie eines Ortes Einfluss auf die Belichtung und Besonnung, wenn dieser beispielsweise durch eine Tallage geprägt ist oder ein Baugebiet auf einem Nordhang liegt. Abgesehen von der künstlichen Veränderung der Topografie – die jedoch Aufgrund des damit verbundenen Aufwandes regelmäßig ausscheiden dürfte – kann auf diese Faktoren der Belichtung und Besonnung und der sich daraus ergebenden Verschattung durch den Menschen

---

2 Baugesetzbuch (BauGB), v. 23. September 2004 (BGBl. I S. 2414), zuletzt geändert durch Art. 1 G. v. 11. Juni 2013 (BGBl. I S. 1548).
3 Vgl. Schmelzle, Abstände und Abstandsflächen im Spannungsfeld von Bauordnungsrecht und Bauplanungsrecht, München 2009, S. 88.

kein oder zumindest kein nennenswerter Einfluss genommen werden. Gerade deshalb müssen diese von Stadtplanern und Architekten sowohl bei der Entwicklung neuer Baugebiete „auf der grünen Wiese" als auch im Rahmen der Innenentwicklung bei der Wiedernutzung von Brachflächen oder Nachverdichtungen berücksichtigt werden. Ebenso zu berücksichtigen, aber im Gegensatz zu den oben genannten Faktoren unmittelbar beeinflussbar, sind dahingegen Verschattungen, die durch Gebäude, Anlagen oder Pflanzen verursacht werden und die im Rahmen der Bauleitplanung sowie der Zulassung von Vorhaben relevant werden können.

Aus immissionsschutzrechtlicher Sicht handelt es sich bei einer Verschattung um eine sogenannte „immaterielle oder ideelle Einwirkung"[4], die zwar durch das Vorhandensein eines Gebäudes oder einer Anlage entsteht, nicht jedoch auf einer physischen Einwirkung beruht.[5] Daraus resultiert, dass eine reine Verschattung, die durch ein Gebäude erzeugt wird, zwar eine negative Einwirkung darstellen kann, aber keine Immission im Sinne des Immissionsschutzrechts.[6] Anders stellt sich dies bei einer Verschattung durch Wolkenbildung dar, wenn diese auf der Emission von Stoffen beruht.[7] Dies gilt ebenso für das Zusammenwirken von Belichtung und Verschattung bei einer Windkraftanlage, was als Immission angesehen wird, da es sich hier nicht nur um eine reine Verschattung handelt, sondern um eine qualitative Veränderung der Lichtverhältnisse.[8] Hieraus folgt, dass für eine Verschattung durch feststehende Gebäude oder Gebäudeteile sowie durch Pflanzen das Immissionsschutzrecht für die Beurteilung der Auswirkung nicht anwendbar ist. Für die periodische Verschattung durch eine Windenergieanlage sowie die Verschattung durch Wolkenbildung in Form von Schwaden ist dahingegen das Bundes-Immissionsschutzgesetz[9] grundsätzlich anwendbar.

---

4 Vgl. OVG Münster, Beschl. v. 19.10.2000 – 21 B 1119/00 – Juris, Rn. 8.
5 Vgl. Jarass, Bundes-Immissionsschutzgesetz Kommentar, 10. Auflage, C.H. Beck, München 2013, § 3 Rn. 7.
6 Vgl. Kotulla, Bundes-Immissionsschutzgesetz, Loseblattsammlung, Kohlhammer, Stand 17. Lfg. Juni 2011, § 3 Rn. 29.
7 Vgl. Jarass, a. a. O. (Fn. 5), § 3 Rn. 7a.
8 Vgl. Jarass, a. a. O. (Fn. 5), § 3 Rn. 7a.
9 Bundes-Immissionsschutzgesetz (BImSchG), v. 17. Mai 2013 (BGBl. I S. 1274), zuletzt geändert durch Art. 1 G. v. 2. Juli 2013 (BGBl. I S. 1943).

III. Gebäude

Zu einer Verschattung von Gebäuden oder Grundstücksteilen kann es bei der Errichtung baulicher Anlagen insbesondere im Gebäudebestand kommen, wenn sich durch den Neubau oder die bauliche Anlage Abstände zu benachbarten Gebäuden verringern oder der neu hinzukommende Baukörper eine größere Höhe als die umgebende Bebauung aufweist. In beiden Fällen ist die Ermittlung der Verschattung über ein entsprechendes Gutachten[10] angezeigt. Dies kann sowohl im Rahmen der Genehmigung für ein konkretes Bauvorhaben oder auch im Rahmen einer vorlaufenden Bauleitplanung erfolgen, mit der die planungsrechtlichen Voraussetzungen für ein oder mehrere Vorhaben geschaffen werden. Keiner abschließenden Klärung der Frage der Verschattung im Bauleitplanverfahren bedarf es, wenn die Abstandsflächen eingehalten werden, denn in diesem Fall kann der Plangeber im Rahmen des Baugenehmigungsverfahrens darauf vertrauen, dass der Aspekt der Belichtung und Besonnung gelöst wird. Anders stellt sich dies dar, wenn durch die Festsetzungen eines Bebauungsplans die in § 17 Abs. 2 BauNVO[11] vorgegebenen Obergrenzen für die Bestimmung des Maßes der baulichen Nutzung überschritten werden oder es aufgrund von Festsetzungen zur Bauweise, der überbaubaren Grundstücksfläche oder vom Bauordnungsrecht abweichender Maße der Tiefe der Abstandsflächen zu einer Unterschreitung von bauordnungsrechtlich vorgesehenen Abstandsflächen kommt, die bei den benachbarten Grundstücken oder Gebäuden zu einer Verschlechterung der Belichtung oder Besonnung führen können. In diesem Fall muss der Vorhabenträger oder die Gemeinde sich entsprechend mit dem Belang der Verschattung auseinandersetzen[12] und ein besonderes Augenmerk auf den Belang der allgemeinen Anforderungen an gesunde

---

10 Z.B. bezeichnet als Verschattungsgutachten, Verschattungsanalyse oder Besonnungsstudie.
11 Verordnung über die bauliche Nutzung der Grundstücke (Baunutzungsverordnung – BauNVO), v. 23. Januar 1990 (BGBl. I S. 133), zuletzt geändert durch Art. 2 G. v. 11. Juni 2013 (BGBl. I S. 1548).
12 Vgl. OVG Berlin-Brandenburg, Urt. v. 18.12.2007 – OVG 2 A 3.07 – juris, Rn. 92.

Wohn- und Arbeitsverhältnisse legen.[13] Insbesondere ist im Rahmen des Fachbeitrags nachzuweisen, dass durch die Verschattung kein städtebaulicher Missstand entsteht.

1.1 Ermittlung und Bewertung der Verschattung

Bei der Ermittlung einer Verschattung durch Gebäude oder bauliche Anlagen wird anhand der städtebaulichen Planung bzw. dem konkreten Vorhaben überprüft, welche Auswirkungen sich auf die Besonnung und Belichtung von schutzwürdigen Nutzungen in der Nachbarschaft ergeben. Zu den schutzbedürftigen Nutzungen gehören insbesondere Wohnnutzungen aber auch Krankenhäuser, Heime und sonstige Einrichtungen zur dauerhaften Pflege und Unterbringung von Personen dürften hierzu zählen. Für das Verfahren zur Ermittlung bestehen keine verbindlichen Regelungen.[14] Maßstab für die Ermittlungstiefe ist § 2 Abs. 3 BauGB, wonach die Belange, die für die Abwägung von Bedeutung sind, zu ermitteln sind.[15] Der erste Schritt im Rahmen der Ermittlung besteht in der Zusammenstellung von Informationen über das geplante Vorhaben sowie die umgebende Bebauung. Von besonderer Bedeutung sind dabei natürlich die Gebäudehöhe des Vorhabens sowie die Abstandsflächen zur umgebenden Bebauung. Bei einem vorhabenbezogenen Bebauungsplan oder im Rahmen einer Vorhabenzulassung basiert die Prognose auf dem Vorhaben, zu dessen Realisierung sich der Vorhabenträger über den Durchführungsvertrag verpflichtet. Bei einem Angebotsbebauungsplan, bei dem noch keine entsprechende Konkretisierung vorgenommen wurde, muss von einer Ausschöpfung des Baurechts ausgegangen werden.[16] Das gleiche gilt für die Festsetzung über die Bauweise und die überbaubare Grundstücksfläche, wenn sich hierdurch der Abstand zu benachbarten Gebäuden verringert und sich damit die Verschattungswirkung erhöht. Darüber hinaus müssen auch die örtlichen Sonnenscheinstunden pro Jahr anhand von Daten des Deutschen Wetterdienstes berücksichtigt werden. Auf der Grundlage dieser Daten wird die

---

13 Vgl. Krieger/ Luckas, Abstandsflächen – Rechtliche Herausforderungen bei der Bebauung großstädtischer Innenstadtlagen, BauR 2/2010, 173 (184).
14 Vgl. OVG Münster, Urt. v. 6.07.2012 – 2 D 27/11.NE – juris, Rn. 63.
15 Vgl. OVG Münster, ebenda, Rn. 61.
16 Vgl. VGH Bayern, Urt. v. 31.01.2013 – 1 N 11.2087 – juris, Rn. 42.

voraussichtliche Verschattungswirkung der Planung bzw. des Vorhabens mit Hilfe von 3D-Modellen an bestimmten Tagen visualisiert. Dabei wird zum Vergleich eine Simulation der Besonnung und Belichtung ohne das Vorhaben (Nullfall) und mit Realisierung des Vorhabens (Planfall) erstellt. Werden anstatt eines einzelnen Vorhabens zum Beispiel im Rahmen der Aufstellung eines Bebauungsplans mit der Zielsetzung der Nachverdichtung in einem Wohngebiet für verschiedene Grundstücke bzw. Gebäude Erweiterungs- oder Aufstockungsmöglichkeiten geschaffen, muss die Simulation der Verschattung nicht flächendeckend durchgeführt werden, sondern kann sich auf bestimmte repräsentative Bereiche beschränken.[17] Maßgebliche Zeitpunkte zur Beurteilung der Besonnung bzw. der Verschattung sind nach der DIN 5034-1 Tageslicht in Innenräumen[18] die Tag- und Nachtgleiche am 21. März und 21. September sowie der 17. Januar eines Jahres. Eine ausreichende Besonnung ist nach der DIN 5034-1 gegeben, wenn die Besonnungsdauer in mindestens einem Aufenthaltsraum einer Wohnung an der Tag- und Nachgleiche vier Stunden und am 17. Januar mindestens eine Stunde beträgt.[19] Bei diesen Werten der DIN 5034-1 handelt es sich um eine Ausformulierung wohnhygienischer Aspekte, bei denen eine gesundheitliche Beeinträchtigung ausgeschlossen werden kann. Aus der Differenz der Sonneneinstrahlung zwischen dem Nullfall und dem Planfall ergeben sich die vorhaben- bzw. planungsbedingten Auswirkungen im Hinblick auf eine zusätzliche Verschattung bzw. die Verringerung der Besonnung und Belichtung. Hierbei können auch Vorschläge entwickelt werden, wie diese Auswirkungen vermieden oder vermindert werden können, indem Gebäudehöhen reduziert, zusätzliche Abstandsflächen eingehalten oder Maßnahmen zur Fassadengestaltung, wie zum Beispiel eine helle oder reflektierende Fassade festgesetzt werden.

1.2 Berücksichtigung in der Bauleitplanung

Die Ergebnisse eines entsprechenden Fachbeitrags können insbesondere im Rahmen der Umweltprüfung als Teil der Erfassung, Beschreibung und

---

17 Vgl. OVG Münster, Urt. v. 15.04.2011 – 7 D 68/10.NE – juris, Rn. 72.
18 Vgl. Deutsches Institut für Normung (Hrsg.), DIN 5034–1 Tageslicht in Innenräumen – Teil 1: Allgemeine Anforderungen, Berlin 2011.
19 Vgl. Deutsches Institut für Normung (Hrsg.), ebenda, Nr. 4.4 Besonnung.

Bewertung der Auswirkungen einer Planung auf das Schutzgut Mensch und menschliche Gesundheit einfließen. Dabei dürfte eine erhebliche Umweltauswirkung durch eine Verschattung entsprechend dann vorliegen, wenn die oben genannten Werte für die Besonnung unterschritten und auch durch Vermeidungs- und Verminderungsmaßnahmen nicht mehr eingehalten werden können. Wird im Rahmen der Bauleitplanung keine Umweltprüfung durchgeführt, wenn beispielsweise das beschleunigte Verfahren für Bebauungspläne der Innenentwicklung nach § 13a BauGB zur Anwendung kommt, müssen die Ergebnisse entsprechend in der Begründung im Zusammenhang mit den Festsetzungen, die letztlich zu einer Verschattung führen, erläutert werden.

Die Ergebnisse eines entsprechenden Fachbeitrags sind, wie auch die Ergebnisse der Umweltprüfung, in der bauleitplanerischen Abwägung nach § 1 Abs. 7 BauGB zu berücksichtigen.[20] Der Belang der Verschattung kommt dabei insbesondere im Hinblick auf die in § 1 Abs. 6 Nr. 1 BauGB genannten Anforderungen an gesunde Wohn- und Arbeitsverhältnisse zum Tragen. Zur Konkretisierung dieses Abwägungsbelangs erfolgt regelmäßig ein Rückgriff auf das besondere Städtebaurecht. Denn nach § 136 Abs. 3 Satz 1 Nr. 1a BauGB sind bei der Beurteilung, ob ein städtebaulicher Missstand vorliegt auch die Wohn- und Arbeitsverhältnisse in Bezug auf die Belichtung, Besonnung und Belüftung der Wohnungen und Arbeitsstätten zu berücksichtigen. Darüber hinaus können auch die Belange der Wirtschaft nach § 1 Abs. 6 Nr. 8 BauGB durch eine Verschattung betroffen sein, wenn beispielsweise eine Ladennutzung beeinträchtigt wird oder Hotelzimmer dauerhaft verschattet werden. Dementsprechend, dass keine rechtsverbindlichen Werte für die Besonnung oder Belichtung vorliegen und der Belang der gesunden Wohn- und Arbeitsverhältnisse der Abwägung zugänglich ist, ergibt sich für die Gemeinde im Rahmen der Bauleitplanung ein Abwägungsspielraum im Hinblick auf die Frage, welches Maß einer Verschattung noch hinnehmbar ist oder ab wann dies unzumutbar ist. In der Rechtsprechung wird regelmäßig davon ausgegangen, dass die Anforderungen an gesunde Wohn- und Arbeitsverhältnisse gewahrt bleiben, wenn die Obergrenzen

---

20 Vgl. OVG Münster, a. a. O. (Fn. 14), Rn. 61.

für das Maß der baulichen Nutzung nach § 17 Abs. 1 BauNVO eingehalten werden und eine Verschattung regelmäßig hinzunehmen ist, wenn die landesrechtlichen Abstandsflächenregelungen eingehalten sind.[21] Im Fall des Bebauungsplans für das Berliner „Spreedreieck"[22] wurde sowohl die Überschreitung der Obergrenzen für das Maß der baulichen Nutzung als auch die Unterschreitung der bauordnungsrechtlichen Abstandsflächen entsprechend als Hinweis dafür gesehen, dass die Grenze zum städtebaulichen Missstand im Sinne des § 136 Abs. 3 Satz 1 Nr. 1a BauGB erreicht bzw. überschritten wurde.[23] Aber auch in diesem speziellen Fall stellte das Gericht fest, dass die Planung hieran nicht automatisch scheitert. Entscheidend ist, dass eine entsprechende Auseinandersetzung stattfindet, inwiefern eine Beeinträchtigung der gesunden Wohn- und Arbeitsverhältnisse erfolgt, bzw. ein Nachweis erbracht werden muss, dass dies nicht der Fall ist,[24] bzw. in der konkreten Situation und unter Berücksichtigung anderer Belange begründet wird, warum die Verschattung noch zumutbar ist. Die absolute Grenze stellt dabei eine Gesundheitsgefährdung dar, die auch im Rahmen der bauleitplanerischen Abwägung nicht überschritten werden kann. Die unter wohnhygienischen Aspekten in der DIN 5034 festgelegten Werte für die Mindestbesonnung von Aufenthaltsräumen in Wohnungen dürften insofern, auch wenn diese nicht rechtsverbindlich sind, eine fachliche Konkretisierung dieser Grenze darstellen. Deren Anwendbarkeit wurde auch gerichtlich im Hinblick auf die Beurteilung einer Verschattung bestätigt.[25] Wenn diese Werte damit eine Untergrenze markieren, bleibt allerdings die Frage, inwiefern über dieser absoluten Schwelle der Gesundheitsgefährdung bereits eine Schwelle im Hinblick auf die Zumutbarkeit einer Belästigung durch eine Verschattung besteht, die entsprechend zu berücksichtigen ist. Denn nach der Rechtsprechung des BVerwG müssen auch Beeinträchtigungen der Wohnqualität nicht bis zur Schwelle von Gesundheitsgefahren ohne Ausgleich hingenommen

---

21 Vgl. OVG Münster, a. a. O. (Fn. 14), Rn. 63.
22 Vgl. OVG Berlin-Brandenburg, a. a. O. (Fn. 12).
23 Vgl. OVG Berlin-Brandenburg, a. a. O. (Fn. 12), Rn. 92.
24 Vgl. Hellriegel, Keine Hochhäuser in Berlin. BauR 7/2008, 1074 (1077).
25 Vgl. OVG Münster, Urt. v. 14.04.2011 – 7 D 68/10.NE – juris, Rn. 73.

werden.[26] Wenngleich es keine entsprechenden Rechtsvorschriften gibt, welche diese Grenze konkretisieren,[27] hat das BVerwG in dem Urteil zur A 72 vom 23.02.2005 eine Verminderung der Besonnung um ca. 17 % in den sonnenarmen Wintermonaten als noch hinnehmbar angesehen.[28] Im Hinblick auf die Verschattung einer Wohneigentumsanlage im Rahmen der Planung mehrerer Gebäude über einen vorhabenbezogenen Bebauungsplan, beurteilte das OVG Münster in seinem Urteil v. 6.7.2012, dass eine Verminderung um 18 Prozent am 21. Dezember als nicht erheblich anzusehen sei.[29] Die Grenze des Zumutbaren dürfte nach *Gatz* erreicht sein, wenn die Verschattung eines Wohnhauses „dazu führt, dass sich die Besonnung in den sonnenarmen Wintermonaten, in denen das Sonnenlicht als besonders wertvoll empfunden wird, um bis zu 20 bis 30 % vermindert". Allerdings erscheint eine schematische Anwendung dieser Beurteilungswerte nicht sachgerecht, sondern muss jeweils im konkreten Einzelfall unter Berücksichtigung der Verhältnisse vor Ort erfolgen. Dabei sollte auch differenziert werden, welche Nutzungen überhaupt betroffenen sind. Handelt es sich dabei um Wohnnutzungen oder andere schutzbedürftige Nutzungen, die für eine dauerhafte Unterbringung von Menschen vorgesehen sind, wie beispielsweise Pflegeeinrichtungen, muss sehr sorgfältig geprüft werden, welche städtebaulichen Gründe für eine entsprechende Bebauung sprechen, wenn die oben genannten Werte erreicht oder sogar überschritten werden. Bei weniger schutzbedürftigen Nutzungen, wie beispielsweise Verkaufsräumen, die nach den Landesbauordnungen grundsätzlich auch ohne Fenster und damit eine natürliche Belichtung zulässig sind,[30] dürfte die Grenze für die Zumutbarkeit noch über diesen Werten liegen. Aber auch hierbei ist eine entsprechende Auseinandersetzung im Rahmen der bauleitplanerischen Abwägung sowie der Vorhabenzulassung notwendig.

---

26 Vgl. BVerwG, Urteil v. 23.02.2005 – 4 A 4/04 – juris, Rn. 58.
27 Vgl. Gatz Anmerkung zum Urteil des BVerwG v. 23.02.2005 – 4 a 4/04 – juris; ebenso OVG Münster, a. a. O. (Fn. 14), Rn. 63.
28 Vgl. BVerwG, a. a. O. (Fn. 26), Rn. 58.
29 Vgl. OVG Münster, a. a. O. (Fn. 14), Rn. 75.
30 Vgl. § 48 Abs. 3 BauO Bln (Bauordnung für Berlin) sowie § 40 Abs. 3 BbgBO (Brandenburgische Bauordnung).

IV. Windenergieanlagen

Neben den Geräuschemissionen kommt es im Umfeld von Windenergieanlagen auch zu optischen Immissionen. Zu unterscheiden sind dabei der periodische Schattenwurf und Lichtreflexionen, die beide durch die Drehbewegung des Rotors verursacht werden. Sowohl der periodische Schattenwurf als auch die Lichtreflexionen treten nur bei Sonnenschein auf und stellen eine Immission im Sinne des § 3 Abs. 2 BImSchG dar. Die Lichtreflexionen durch die Rotorblätter können maßgeblich durch die Verwendung entsprechender Farben und Beschichtungen reduziert werden.[31] Dahingegen kommt es beim periodischen Schattenwurf durch den Sonnenverlauf zu großen Schattenreichweiten in westlicher und östlicher Richtung des Standortes eine Windenergieanlage.[32] Ausgehend von einer Anlagenhöhe[33] von 150 bis 200 m kommt es in einem Abstand von 1.000 bis 1.400 m zu einer Verschattung westlich und östlich des Standortes. Diese Abstände reduzieren sich nördlich der Anlage auf rund 300 bis 700 m. Der Schattenwurf des Mastes selbst ist dabei von untergeordneter Bedeutung.

1.1 Ermittlung und Bewertung der periodischen Verschattung

Im Rahmen der Erstellung eines entsprechenden Fachbeitrags wird der periodische Schattenwurf der Anlage für bestimmte Immissionspunkte in der Umgebung einer Anlage berechnet. Von besonderer Bedeutung sind natürlich hierbei schutzwürdige Nutzungen in Form von Wohngebieten oder einzelnen Höfen im Außenbereich. Anhand einer Berechnung des astronomischen Sonnenstandes kann der periodische Schattenwurf für die einzelnen Immissionspunkte berechnet werden.[34] Neben der Anlagenhöhe ist dabei auch die Topographie des Geländes zu berücksichtigen. Dies ist insbesondere bei exponierten Standorten auf Kuppen der Fall, die in der Regel besonders windhöffig sind und sich entsprechend als Anlagenstandorte eignen. Der „Worst Case" bildet dabei die Berechnung der astronomisch

---

31 Vgl. Landesumweltamt Nordrhein-Westfalen (Hrsg.), Windenergieanlagen und Immissionsschutz, Essen 2002, S. 25.
32 Vgl. Landesumweltamt Nordrhein-Westfalen (Hrsg.), ebenda, S. 26.
33 Anlagenhöhe = Masthöhe plus halber Rotordurchmesser.
34 Vgl. Bayerisches Landesamt für Umwelt (Hrsg.), Schattenwurf von Windkraftanlagen: Erläuterung zur Simulation, Augsburg 2013, S. 1.

maximal möglichen Beschattungsdauer, bei der keine Bewölkung berechnet wird. Diese Witterungsbedingungen werden bei der meteorologisch wahrscheinlichen Beschattungsdauer berücksichtigt, die gleichfalls im Rahmen eines entsprechenden Fachgutachtens erstellt wird.[35]

Zur Bestimmung der Erheblichkeit der Belästigung durch den Schattenwurf bestehen bislang keine rechtsverbindlichen Maßstäbe für die Annahme schädlicher Umwelteinwirkungen im Sinne des § 3 Abs. 1 und 2 BImSchG.[36] In der Praxis wird daher zur Beurteilung im Sinne einer „konservativen Faustformel"[37] regelmäßig auf die Empfehlung des Länderausschusses für Immissionsschutz als anerkannte Fachkonvention zurückgegriffen. Demnach ist der Schattenwurf dann als nicht belästigend anzusehen, wenn die astronomisch maximal mögliche Beschattungsdauer (Worst Case) am jeweiligen Immissionsort in einer Bezugshöhe von zwei Metern über dem Erdboden mehr als 30 Stunden pro Kalenderjahr und 30 Minuten pro Kalendertag nicht überschreitet. Der Jahreswert von 30 Stunden pro Kalenderjahr entspricht dabei einer real zu erwartenden Einwirkdauer von maximal 8 Stunden im Jahr, die gleichsam einzuhalten ist.[38]

1.2 Bewertung und Berücksichtigung in der Bauleitplanung und bei der Vorhabenzulassung

Wie auch bei den Beeinträchtigungen der Verschattung durch Gebäude sind die Ergebnisse eines entsprechenden Fachbeitrags in der bauleitplanerischen Abwägung zu berücksichtigen. Hierbei ist wiederum der Belang der gesunden Wohn- und Arbeitsverhältnisse maßgeblich. Die oben genannten Beurteilungswerte werden in der Bauleitplanung gleichsam als Grenzwerte für die Zumutbarkeit der periodischen Verschattung behandelt, wenngleich diese keine Rechtsverbindlichkeit aufweisen. Bei der Bewertung und Berücksichtigung in der Bauleitplanung sind darüber hinaus

---

35 Hinweise zur Ermittlung und Beurteilung der optischen Immissionen von Windenergieanlagen – WEA-Schattenwurf-Hinweise -, verabschiedet vom Länderausschuss für Immissionsschutz auf der Sitzung vom 6. bis 8.5.2002.
36 Vgl. OVG Lüneburg, Urt. v. 18.05.2007 – 12 LB 8/07 – juris, Rn. 55.
37 Vgl. OVG Lüneburg, a. a. O. (Fn. 36), Rn. 55.
38 Vgl. Hinweise zur Ermittlung und Beurteilung der optischen Immissionen von Windenergieanlagen, a. a. O. (Fn. 35).

die tatsächlichen Umstände des Einzelfalls zu betrachten.[39] Dabei müssen beispielsweise bei einer Überschreitung der Beurteilungswerte im Rahmen der Berechnung der astronomisch möglichen Beschattungsdauer auch die tatsächlichen Witterungsverhältnisse der Monate berücksichtigt werden, in denen gegebenenfalls aufgrund von vorherrschender Bewölkung die reale Verschattung geringer ausfällt.[40] Neben den aufgrund der Schallemissionen sowie der optisch bedrängenden Wirkung notwendigen Abständen zu Siedlungsflächen und einzelnen Hofstellen im Außenbereich sind diese Werte jedoch maßgeblich zur Bestimmung der notwendigen Abstandsflächen im Rahmen der Bauleitplanung oder im immissionsschutzrechtlichen Genehmigungsverfahren.

Können keine ausreichenden Abstände zum Schutz einer erheblichen Beeinträchtigung durch den periodischen Schattenwurf eingehalten werden, wird in der Praxis auf die technische Möglichkeit zum Einbau eines sogenannten „Verschattungsmoduls" zur Steuerung der Windenergieanlage zurückgegriffen, was auch durch die Gerichte als Maßnahme zur Einhaltung der Beurteilungswerte anerkannt ist.[41] Durch ein solches Steuerungsgerät wird bei Erreichen des jeweiligen Beurteilungswertes an einem Immissionspunkt die Windenergieanlage automatisch abgeschaltet. Die Verwendung einer entsprechenden Technik kann jedoch nicht über Festsetzungen eines Bebauungsplans bestimmt werden und ist daher entweder in einem städtebaulichen Vertrag oder als Nebenbestimmung im Rahmen der Vorhabengenehmigung zu regeln.

V. Emissionen

Bei thermischen Kraftwerken wird entsprechend dem Wirkungsgrad der Anlage nur ein Teil der Primärenergie in elektrische Energie umgewandelt. Die Restenergie wird als Abwärme in Gewässer oder über einen Kühlturm in die Atmosphäre abgegeben.[42] Bei Kraftwerken mit einem oder mehreren

---

39 Vgl. OVG Lüneburg, a. a. O. (Fn. 36), Rn. 55.
40 Vgl. OVG Lüneburg, a. a. O. (Fn. 36), Rn. 59.
41 Vgl. OVG Lüneburg, a. a. O. (Fn. 36), Rn. 55.
42 Vgl. VDI-Kommission Reinhaltung der Luft, VDI 3784, Blatt 1, Ausbreitung von Emissionen aus Naturzug-Naßkühltürmen, Beurteilung von Kühlturmauswirkungen, Düsseldorf 1986, S. 2.

Kühltürmen kommt es regelmäßig zur Bildung von Schwaden aus Wasserdampf, die entstehen, wenn Kühlwasser verdunstet und aufgrund der kälteren Umgebungsluft oberhalb des Kühlturms kondensiert. Solange das Aufnahmevermögen der Luft für gasförmiges Wasser noch nicht erreicht ist, bleibt der Schwaden unsichtbar. Ist die Luft mit Wasserdampf gesättigt, kommt es aufgrund der Kondensation zu einer Tropfenbildung, die den Schwaden über dem Kühlturm sichtbar macht. In Abhängigkeit der Kraftwerksleistung und der Hauptwindrichtung tritt dieser Form der Verschattungen beispielsweise bei einem Kraftwerk mit einem 2.500-MW-Naturzug-Naßkühlturm regelmäßig in einem Abstand von rund 1.500 m zum Standort auf.[43] Neben dieser Schwadenbildung kann es auch zu einer Bildung eines sogenannten „Sekundärschwadens" in einigen Kilometern Abstand zur Mündung des Kühlturms kommen. Durch die Schwadenbildung der Kühltürme kommt es bei Sonnenschein aufgrund der Zunahme der Bewölkung zu einer Schattenbildung, was sich als Verminderung der Sonnenscheindauer in der Umgebung von Kraftwerken auswirkt.[44] Die Verschattungen durch Abgasfahnen von Schornsteinen spielen sowohl bei Kraftwerken als auch bei anderen Industrie- und Gewerbebetrieben aufgrund der geringen Größe keine bedeutsame Rolle.

3.1 Ermittlung und Bewertung

Im Rahmen der Planung und der Vorhabenzulassung von entsprechenden Kraftwerken sind daher die Auswirkungen einer Verschattung durch eine Schwadenbildung zu erfassen, wozu regelmäßig ein entsprechender Fachbeitrag erstellt wird, der auf den meteorologischen, astronomischen und geometrischen Verhältnisse vor Ort basiert. Die Schwadenbildung ist dabei wesentlich von der Lage und Dimension des Kühlturms (Höhe, Durchmesser), der zum Einsatz kommenden Kühltechnik (Naturzug-Trockenkühlturm, Naturzug-Nasskühlturm oder Hybrid-Kühlturm)[45] sowie den atmosphärischen Bedingungen (Lufttemperatur, Luftfeuchte, Windrichtung und

---

43 Vgl. VDI-Kommission Reinhaltung der Luft, ebenda, S. 12.
44 Vgl. VDI-Kommission Reinhaltung der Luft, a. a. O. (Fn. 42), S. 5.
45 Vgl. VDI-Kommission Reinhaltung der Luft, a. a. O. (Fn. 42), S. 2; CDI-Gesellschaft Energietechnik, Ausschuß Kühltürme, VDI 2047, Kühltürme Begriffe und Definitionen, Düsseldorf 1992.

Windgeschwindigkeit) abhängig. Unter Berücksichtigung dieser Faktoren kann die Ermittlung der möglichen Verschattung durch eine Schwadenbildung, wie auch bei Windenergieanlagen, durch die Berechnung der astronomisch maximal möglichen Beschattungsdauer sowie unter Berücksichtigung der lokalen Witterungsbedingungen in Form der meteorologisch wahrscheinlichen Beschattungsdauer vorgenommen werden. Zur Visualisierung werden in der Regel Pläne mit einer Darstellung der Minderung der durchschnittlichen Sonnenscheindauer im Zeitraum eines Jahres im Umfeld des Kraftwerks erstellt.

Zur Beurteilung der Erheblichkeit gibt es keine gesetzlichen Vorgaben. In der Praxis wird als Maßstab zur Bewertung der Auswirkungen die natürliche Variation der Sonnenscheindauer am jeweiligen Standort herangezogen. Liegt die Minderung der Sonnenscheindauer durch die Schwadenbildung unter dieser natürlichen Variation, werden diese in der Regel als nicht erheblich eingestuft. Als erheblich werden diese entsprechend dann eingestuft, wenn diese überschritten wird.

3.2 Berücksichtigung in der Bauleitplanung und bei der Vorhabenzulassung

Neben der Berücksichtigung im Hinblick auf gesunde Wohn- und Arbeitsverhältnisse nach § 1 Abs. 6 Satz 1 Nr. 1 BauGB sind die Auswirkungen von Verschattungen aufgrund von Schwadenemissionen von Kraftwerken auch im Rahmen der Umweltprüfung insbesondere bei den Auswirkungen auf die Schutzgüter Tiere, Pflanzen, Boden, Wasser, Luft und Klima sowie auf landwirtschaftliche Nutzungen als sonstige Kulturgüter zu berücksichtigen, was wiederum die Belange des Umweltschutzes nach § 1 Abs. 6 Satz 1 Nr. 7 BauGB und der Wirtschaft nach § 1 Abs. 7 Satz 1 Nr. 8 lit. b BauGB betrifft. Entsprechend dem Fehlen gesetzlicher Grenz-, Richt- oder Orientierungswerte für die Verschattung durch Schwadenemissionen muss sich die Beurteilung in der Abwägung an der Differenz zwischen der natürlichen Variation der Sonnenscheindauer am jeweiligen Standort mit der prognostizierten Minderung orientieren. Ausgeschlossen dürfte dabei eine gesundheitliche Beeinträchtigung durch eine entsprechende Verschattung sein. Insofern stellt sich die Frage der Zumutbarkeit der Beeinträchtigung für schutzwürdige Nutzungen in der Umgebung. Ähnlich wie bei einer

Verschattung durch Gebäude oder baulichen Anlage könnte insofern die Grenze des zumutbaren bei einer Verschattung von Wohngebäuden sein, wenn sich die Besonnung in den sonnenarmen Wintermonaten um bis zu 20 bis 30 % vermindert. Bezüglich der Auswirkungen einer Verschattung aufgrund der Schwadenbildung auf landwirtschaftliche Kulturen wurde im Rahmen des Projektes „AuKLand" der Landwirtschaftskammer Nordrhein-Westfalen in den Jahren 2005 und 2006 mögliche Auswirkungen untersucht. Im Rahmen dieser Untersuchung konnte jedoch kein Zusammenhang zwischen der Verschattung aufgrund von Wasserdampfschwaden und landwirtschaftlichen Erträgen nachgewiesen werden.[46] Eine Beeinträchtigung landwirtschaftlicher Nutzungen kann daher im Rahmen der Bauleitplanung sowie der Vorhabengenehmigung weitgehend ausgeschlossen werden.

Eine wesentliche Möglichkeit zur Vermeidung oder Verminderung im Rahmen der Bauleitplanung besteht durch die Einhaltung von Abständen zu Siedlungsbereichen. So treten Verschattungen durch Schwadenbildung in der Regel in einem Gebiet von rund 1.000 bis 1.500 m zu einem Kraftwerk auf, wobei hier die Kraftwerksleistung ein maßgeblicher Faktor ist.[47] Zur Vermeidung und Verminderung kommen darüber hinaus auch technische Maßnahmen in Frage. So kann zum Beispiel über die Verwendung eines sogenannten Hybrid-Kühlturms ein sichtbarer Schwaden am Tag nahezu vollständig vermieden werden. Der Einsatz dieser Kühlturmtechnik führt jedoch zu einer Verringerung des Wirkungsgrads des Kraftwerks.[48] Darüber hinaus kann durch die Bauleitplanung lediglich ein planungsrechtlicher Rahmen für einen solchen Kühlturm gesetzt werden, wohingegen die technischen Vorgaben und der Betrieb der Vorhabenzulassung vorbehalten bleibt.

---

46 Vgl. Landwirtschaftskammer Nordrhein-Westfalen (Hrsg.), Untersuchungen zu den Auswirkungen von Kühlturmschwaden auf die Landwirtschaft (Projekt AuKLand) – Erste Ergebnisse 2005–2006, Münster 2008.
47 Vgl. VDI-Kommission Reinhaltung der Luft, a. a. O. (Fn. 42), S. 12.
48 Vgl. Infel AG (Hrsg.), Der Hybridkühlturm als diskrete Alternative, im Internet unter: http://www.strom-online.ch/stromerzeugung.html, Zugriff am 2.4.2014; vgl. RWE AG (Hrsg.), im Internet unter: http://www.rwe.com, Zugriff am 2.4.2013.

VI. Pflanzen

Auch die Verschattung durch Pflanzen kann eine städtebauliche Relevanz aufweisen, wenn es hierdurch zu Beeinträchtigungen im Hinblick auf die Wohnqualität oder aber die Nutzung erneuerbarer Energien kommt. Die Besonderheit bei dieser Form der Verschattung liegt darin, dass sich diese erst Jahre nach der Pflanzung ergeben kann, wenn die Bäume oder Sträucher eine entsprechende Wuchshöhe erreicht haben.

4.1 Ermittlung und Bewertung

Im Gegensatz zu den oben genannten Verschattungen durch Gebäude, Windenergieanlagen oder den Betrieb von Kraftwerken wird kein Fachgutachten zur Ermittlung der Verschattung im Rahmen einer Bepflanzung vorgenommen, sondern in der Regel erst dann, wenn tatsächlich eine Verschattung vorliegt, wodurch sich die Ermittlung auf die Erfassung der Ist-Situation beschränken kann und prognostische Elemente nicht notwendig sind. Im Rahmen der Errichtung einer Photovoltaikanlage ist natürlich eine entsprechende Ertragsprognose zur Prüfung der Wirtschaftlichkeit der Anlage unter Berücksichtigung von Beeinträchtigungen durch Verschattungen vorzunehmen.[49]

Eine Gesundheitsgefährdung durch eine Verschattung durch Pflanzen kann weitgehend ausgeschlossen werden, weshalb es bei der Frage der Bewertung darum geht, die Grenze der Zumutbarkeit im Hinblick auf eine Beeinträchtigung zu bestimmen. In Ermangelung von entsprechenden Rechtsvorschriften ist dabei auf die vorliegende Rechtsprechung abzustellen. Entsprechend dem Grundsatz, dass kein Recht auf eine ungehinderte Sonneneinstrahlung auf ein Grundstück besteht, werden Entscheidungen zur Beseitigung von Bäumen, die zu einer Beeinträchtigungen der Besonnung und Belichtung von Gebäuden führen, eher restriktiv getroffen.[50] Lediglich bei einer schweren Beeinträchtigung, wie zum Beispiel einem nahezu ganztägigen Entzug der Besonnung, wird eine

---

49 Vgl. Günther, Photovoltaikanlagen und der Schatten geschützter Bäume, NuR 2013, 387 (387).
50 Vgl. Günther, Jahrbuch der Baumpflege 2010, S. 205; vgl. Schweizer/ Schweizer, Recht in Garten & Nachbarschaft, Stuttgart 2007, S. 157.

Der Belang der „Verschattung" 99

entsprechende Unzumutbarkeit anerkannt.[51] Speziell bei der Verschattung von Wohngebäuden kann eine unzumutbare Beeinträchtigung vorliegen, wenn die Fenster so beschattet werden, dass Wohnräume während des gesamten Tages nur mit künstlichem Licht genutzt werden können.[52] Nur in solchen Fällen kommt ein entsprechender Anspruch auf einen Rückschnitt oder sogar eine Fällung von Bäumen in Betracht. Soweit eine örtliche Baumschutzsatzung einen entsprechenden Ausnahmetatbestand enthält, ist dies auch bei geschützten Bäumen möglich.[53] Neben der Beeinträchtigung von Grundstücksfreiflächen und Wohnräumen ist allerdings durch den Ausbau der erneuerbaren Energien auch die Verschattung von Photovoltaikanlagen durch Bäume ein Problem in der Praxis. Denn hier kann bereits eine geringe Verschattung bzw. Teilverschattung zu deutlichen Einbußen der Stromerzeugung führen. Grundsätzlich besteht jedoch kein Vorrang des Belangs der Energieerzeugung vor dem Naturschutz. Vielmehr neigt die Rechtsprechung dazu, dass Verschattungen von Photovoltaikanlagen und die damit verbundenen Ertragseinbußen durch geschützte Bäume hinzunehmen sind.[54] *Günther* schlägt in diesem Zusammenhang vor, die kommunalen Baumschutzsatzungen um einen entsprechenden Ausnahmetatbestand zu ergänzen.[55] Als Grenze der Zumutbarkeit der Verschattung werden dabei Ertragseinbußen der Anlage von 10 bis 20 Prozent vorgeschlagen.[56] Begründet wird dies mit der Auffassung des VGH München, dass in seinem Urteil vom 29.11.2000 darauf abstellt, dass „nach der Kommentierung zum Bayerischen Waldgesetz [...] "erhebliche Nachteile" eine wesentliche Ertragseinbuße voraus[-setzen *Anm. d. Verf.*], die dann anzunehmen ist, "wenn der Ertrag um mehr als ein Drittel vermindert würde", bzw. die "zumindest bei einer Ertragsminderung bis 20 % nicht anzunehmen" ist"[57], wobei es in

---

51 Vgl. VG München, Urteil v. 19.11.2012 – M 8 K 11.5128 – juris, Rn. 31, mit Verweis auf: VGH Mannheim, Urt. v. 2.10.1996 – 5 S 831/95.
52 Vgl. VGH Mannheim, ebenda, Rn. 29.
53 Vgl. Günther, a. a. O. (Fn. 49), 387 (388).
54 Vgl. VG Lüneburg, Urt. v. 10.10.2011 – 2 A 150/10 – juris, 2. Leitsatz; VG Regensburg, Urt. v. 19.02.2008 – RN 4 K 07.455 – juris, 1. Leitsatz.
55 Vgl. Günther, a. a. O. (Fn. 49), 387 (390 f.).
56 Vgl. Günther, a. a. O. (Fn. 49), 387 (391).
57 Vgl. VGH München, Urt. v. 29.11.2000 – 19 B 97.690 – juris, Rn. 48.

diesem Fall um die Beeinträchtigung einer landwirtschaftlichen Nutzung durch eine Wiederaufforstung ging. Vor dem Hintergrund des Ausbaus der erneuerbaren Energien erscheint eine entsprechende Regelung jedoch durchaus überlegenswert. Zugleich sollte diese jedoch auch mit entsprechenden Ersatzpflanzungen kombiniert werden,[58] um den aus einer solchen Ausnahmeregelung resultierenden Vorrang der Wirtschaftlichkeit vor dem Naturschutz zumindest ausgleichen zu können.

4.2 Berücksichtigung in der Planung und bei der Vorhabenzulassung

Grundsätzlich muss bereits im Rahmen der Aufstellung eines Bebauungsplans bei der Festsetzung von Bäumen und Sträuchern zum Anpflanzen nach § 9 Abs. 1 Nr. 25a BauGB eine mögliche Verschattung mit berücksichtigt werden.[59] Über Abstandsflächen, die Pflanzenauswahl[60] und Pflegemaßnahmen können dabei Beeinträchtigungen bereits im Vorfeld vermieden werden. Darüber hinaus sind bei Pflanzungen die gesetzlich vorgesehenen Grenzabstände in den jeweils geltenden nachbarrechtlichen Vorschriften zu beachten.[61] Werden diese eingehalten, kann eine Beeinträchtigung durch eine Verschattung regelmäßig ausgeschlossen werden. In Bezug auf die Errichtung von Photovoltaikanlagen sind bereits bei der Planung der Anlagen vorsorglich die Möglichkeit der Verschattung und daraus resultierende Leistungseinbußen zu berücksichtigen. Soweit der Schattenwurf von bestehenden Bäumen die Montage verhindert oder unwirtschaftlich macht, ist dies nach der derzeitigen Rechtsprechung regelmäßig hinzunehmen.[62] Ein Rückschnitt oder sogar die Entfernung von Bäumen ist insbesondere dann problematisch, wenn diese über kommunale Baumschutzsatzungen geschützt werden, da die Ausnahme- oder Befreiungstatbestände dies bislang noch nicht vorsehen.

---

58 Vgl. Günther, a. a. O. (Fn. 49), 387 (391).
59 Vgl. Mitschang, Die Belange von Natur und Landschaft, 1995, S. 335.
60 Z.B. über die Wuchshöhe der zu verwendenten Pflanzen, die Verwendung von Laubbäumen, die nur in der Vegetationsperiode belaubt sind unter Berücksichtigung von Austrieb und Blattwurf oder die Verwendung von Nadelbäumen.
61 Vgl. z. B. die nach § 27 NachbG Bln (Nachbarschaftsgesetz Berlin) geregelten Grenzabstände für Bäume und Sträucher sowie für Bäume und Sträucher und Hecken nach § 37 BbgNRG (Brandenburgisches Nachbarrechtsgesetz).
62 Vgl. VG Regensburg, Urt. v. 19.02.2008 – RN 4 K 07.455 – juris, Rn. 22.

VII. Fazit

Vor dem Hintergrund der Stärkung der Innenentwicklung und einer damit verbundenen intensiveren Nutzung von Potenzialen im bebauten Bereich ist der Belang der Verschattung neben anderen Aspekten des Immissionsschutzes nicht zu vernachlässigen. Dies gilt insbesondere in den Fällen, in denen aufgrund bauplanungsrechtlicher Festsetzungen im Bebauungsplan bauordnungsrechtliche Abstandsflächen unterschritten oder die Obergrenzen für das Maß der baulichen Nutzung nach § 17 Abs. 2 BauGB bei einem Vorhaben überschritten werden. In diesen Fällen sind entsprechende Gutachten zu erstellen, mit denen die Verschattung ermittelt und bewertet und eine sachgerechte Abwägung im Rahmen der Bauleitplanung vorgenommen werden kann. Durch eine entsprechende Auseinandersetzung mit dem Aspekt der Verschattung können zum einen Lösung gefunden werden, mit denen erhebliche Beeinträchtigungen vermieden oder zumindest auf ein zumutbares Maß vermindert werden können und zum anderen begründet werden, inwiefern in der konkreten Situation die zusätzliche Verschattung noch zumutbar ist. Dies gilt gleichermaßen für die Berücksichtigung der Verschattung durch Windenergieanlagen oder der Verschattung aus Emissionen von Großkraftwerken, die insbesondere über die Einhaltung von entsprechenden Abstandsflächen oder technische Maßnahmen so beeinflusst werden können, dass erhebliche Beeinträchtigungen vermieden werden. Während sich die Verschattung durch Emissionen auf bestimmte Regionen beschränkt, kann sich die Problematik der Verschattungen durch Pflanzen nahezu überall im Siedlungsbereich ergeben und gewinnt mit dem Ausbau der Photovoltaik eine zusätzliche Aktualität. Während dieser Aspekt in der Planung frühzeitig berücksichtigt werden kann, stellen sich die Probleme jedoch bei entsprechenden Vorhaben an oder auf Gebäuden, die bereits zum Zeitpunkt der Errichtung verschattet werden. Der Konflikt zwischen der Energieerzeugung und dem Naturschutz tritt dann deutlich zutage und wird von der Rechtsprechung bislang eher restriktiv im Hinblick auf die Wirtschaftlichkeit der Anlagen zugunsten des Naturschutzes beurteilt. Eine Lösung könnte hierbei die Ergänzung der lokalen Baumschutzsatzungen um einen entsprechenden Ausnahmetatbestand darstellen, wobei hier jedoch sehr sorgfältig zwischen den Belangen des Naturschutzes und der erneuerbaren Energien abzuwägen ist.

Christian-W. Otto

Geändertes Abstandsflächenrecht der Musterbauordnung 2012 (MBO) – droht das Abstandsflächenrecht im Chaos zu versinken?

Abstract

Die neue Fassung der Musterbauordnung MBO 2012 sieht verschiedene Änderungen vor, die auch das Abstandsflächenrecht betreffen. Eine davon ist die Verdrängung des Abstandsflächenrechts durch das bauplanungsrechtliche Einfügungsgebot nach § 34 BauGB, was zu komplizierten Genehmigungsverfahren führen kann.

The new Model Building Code (Musterbauordnung – MBO) 2012 provides various changes including the legal regulations concerning the required distance between buildings. One of them is the replacement of the legal regulations concerning the required distance between buildings of the Länder by insertion rule, regulated in Par. 34 of the Federal Building Code as a part of planning law. This can lead to complicated building permission procedures.

Einleitung

Die Bauministerkonferenz hat in ihrer Sitzung am 21. September 2012 die Musterbauordnung 2002 geändert. Die neue Fassung der Musterbauordnung, die MBO 2012, sieht zahlreiche mehr oder weniger wichtige Änderungen vor. Zweifellos bedeutende Änderungen betreffen das Abstandsflächenrecht. Die Folgen dieser Änderung nehmen teils bedrohliche Ausmaße an. Sie können der Innenentwicklung sogar im Weg stehen.

1. Das Abstandsflächenrecht und seine Bezüge zum Planungsrecht

Das Abstandsflächenrecht ist ausschlaggebend für den Abstand, mit dem Gebäude zu Außenwänden anderer Gebäude (§ 6 Abs. 1 Satz 1 MBO) oder zu Grundstücksgrenzen (§ 6 Abs. 2 MBO) oder mit dem Wände eines

Gebäudes zu anderen Wänden eines (auch desselben)[1] Gebäudes (§ 6 Abs. 3 MBO) errichtet werden dürfen. Das Abstandsflächenrecht macht also Vorgaben für die bauliche Nutzung eines Grundstücks und der Gestaltung eines Gebäudes, die sich auf konkrete Grundstücksgrenzen, Gebäudeaußenwände und Gebäudeformen beziehen. Damit trifft das Abstandsflächenrecht Aussagen dazu, welche Flächen vor Außenwänden wie bebaubar sind und wo diese Flächen auf dem Baugrundstück liegen müssen. Es begrenzt dadurch die bauliche Ausnutzbarkeit eines Grundstücks hinsichtlich der Bebauung mit Hochbauten. Denn das Gebot des § 6 Abs. 1 MBO, einen Abstand vor der Außenwand eines Gebäudes von einer Bebauung freizuhalten, gilt nur für oberirdische Gebäude, nicht hingegen für solche, die unterirdisch oder mit der Geländeoberfläche bündig abschließend gebaut werden.

Parallel neben dem Abstandsflächenrecht gilt das Bauplanungsrecht. Diese Parallelität ist in der unterschiedlichen Gesetzgebungskompetenz und folglich in der Zielstellung der jeweiligen Regelungen angelegt. Das Bauordnungsrecht ist klassisches Baupolizeirecht.[2] Es dient der öffentlichen Sicherheit und Ordnung. Das Abstandsflächenrecht soll folglich eine ausreichende Belichtung, Belüftung und Besonnung der Gebäude sicherstellen.[3] Das Bauplanungsrecht hingegen knüpft an die Nutzung des Bodens an, ist also klassisches Bodenrecht im Sinne von Art. 74 Abs. 1 Nr. 18 GG.[4] Es gibt die Antwort darauf, ob und wie der Boden baulich genutzt werden darf.[5] Das Bauplanungsrecht regelt die Zuordnung unterschiedlicher konkurrierender und konfligierender Nutzungen zueinander. Die

---

1 Vgl. OVG Münster, Urt. v. 30.11.2010 – 7 A 431/09 – BRS 76 Nr. 120; OVG Münster, Beschl. v. 21.12.2006 – 10 B 2403/06 – Juris.
2 Vgl. Finkelnburg/Ortloff/Otto (Hrsg.), Öffentliches Baurecht, Bd. II, 6. Auflage, München 2010, S. 12 ff.; Hornmann, Hessische Bauordnung, Kommentar, 2. Auflage, München 2011, Einleitung, S. 1 ff.
3 Vgl. BVerwG, BRS 58 Nr. 164; VGH Mannheim, Urt. v. 4.06.2013 – 8 S 574/11 – Juris.
4 Vgl. dazu BVerwGE 129, S. 318 ff.; grundlegendes Rechtsgutachten des Bundesverfassungsgerichts vom 16. 6. 1954, BVerfGE 3, 407, 430 ff.; s. a. Jäde, ZfBR 2010, 34 ff.
5 Vgl. Finkelnburg/Ortloff/Kment, Öffentliches Baurecht, Bd. I, 6. Auflage, München 2011, S. 13 ff.; Hoppe/Bönker/Grotefels, Öffentliches Baurecht, 4. Auflage 2010, S. 2 f.

Anforderungen an die sichere und gefahrlose Nutzung des Bauwerks selbst regelt es jedoch nicht. Diese sind dem Bauordnungsrecht vorbehalten.
Auch wenn die beiden Regelungswerke im Ergebnis die gleiche Aussage treffen können, indem sie bestimmen, ob und in welchem Maße der Boden genutzt werden darf, sind ihre Regelungsziele und -instrumente strikt auseinander zu halten.[6] Es ist daher stets sowohl zu prüfen, ob Vorhaben planungsrechtlich zulässig sind – also auch zu prüfen, ob sie nach den Regelungen der Bauordnung zulässig sind. Die beiden Regelungswerke stehen jedoch nicht unabhängig nebeneinander. So kann etwa ein Bauwerk, dessen Lage und Höhe durch Baulinien und Mindestmaße in einem Bebauungsplan festgesetzt ist, nicht verwirklicht werden, wenn dabei die Abstandsflächen, die von einer Bebauung freizuhalten sind, bebaut werden müssten oder Abstandsflächen des geplanten Gebäudes auf einem anderen Grundstück liegen würden.[7] Die planungsrechtlich mögliche Verdichtung baulicher Nutzungen findet folglich dann ihre Grenzen an den Abständen, die nach der Bauordnung freizuhalten sind. Für den Bebauungsplangeber bedeutet dies, dass er die Vorgaben des Abstandsflächenrechts in der Abwägung beachten muss.[8] Andernfalls wäre der Bebauungsplan, dessen Festsetzungen aufgrund des Abstandsflächenrechts dauerhaft nicht verwirklicht werden könnten, funktionslos.[9] Im Falle eines solchen klassischen Nebeneinanders von Bauordnungs- und Bauplanungsrecht, wie es etwa in Brandenburg der Fall ist, braucht die Gemeinde lediglich zu prüfen, ob die nach den Festsetzungen des Bebauungsplans zulässigen baulichen Anlagen nicht am Bauordnungsrecht scheitern. Dabei hat die Gemeinde auch in den Blick zu nehmen, ob das Vorhaben aufgrund der Erteilung einer Abweichung zulässig sein kann.

---

6 Vgl. BVerwGE 129, S. 318 ff.; s. a. Jäde, ZfBR 2010, S. 34 ff.
7 Etwas anderes gilt, wenn das Bauordnungsrecht den Vorrang planungsrechtlicher Festsetzungen anordnet, vgl. z. B. § 6 Abs. 8 BauO Bln.
8 Vgl. Schrödter, in: Schrödter (Hrsg.), BauGB, Kommentar, 7. Auflage, München 2006, § 9 Rn. 36.
9 Vgl. zur Funktionslosigkeit, BVerwGE 54, 5; BVerwG, NVwZ 1994, 281; BVerwG, BauR 2004, 1128; BVerwG NVwZ 2004, 1244; BVerwG ZfBR 2010, 787; Kalb/Külpmann, in: Ernst/Zinkahn/Bielenberg/Krautzberger (Hrsg.), BauGB, Kommentar, München, § 10 Rn. 407.

Diese Abhängigkeit hat den Gesetzgeber in manchen Ländern, wie etwa in Berlin, vgl. § 6 Abs. 8 BauO Bln,[10] veranlasst zu bestimmen, dass das Bauordnungsrecht hinter das Planungsrecht in der Weise zurücktritt, dass ein Vorhaben immer dann auch abstandsflächenrechtlich zulässig sein soll, wenn es den Festsetzungen des Bebauungsplans nicht widerspricht.[11] Das Spannungsverhältnis von Bauordnungs- und Bauplanungsrecht muss deshalb bereits in der planerischen Abwägung nach § 1 Abs. 7 BauGB vollständig aufgelöst werden. Dies gilt insbesondere für den Fall, dass die Gemeinde in einem Bebauungsplan abweichende Tiefen der Abstandsfläche gem. § 9 Abs. 1 Nr. 2a BauGB festgesetzt hat. Die Abwägung wird dadurch anspruchsvoller. Die Gemeinde muss prüfen, ob die Ziele und Zwecke des Abstandsflächenrechts bei der Planverwirklichung noch erreicht werden können.[12]

Für das Verhältnis zwischen dem Abstandsflächenrecht und der Zulässigkeit nach §§ 34, 35 BauGB gilt Vorstehendes hingegen (bisher) nur eingeschränkt. Im unbeplanten Bereich wird das Abstandsflächenrecht vom Planungsrecht kaum verdrängt. Dies gilt sowohl für das Erfordernis einer Abstandsfläche wie auch für die Tiefe der Abstandsfläche. Nur für den Fall, dass planungsrechtlich eine grenzständige Bebauung zulässig ist, entfällt das Erfordernis einer Abstandsfläche vor den Außenwänden, wenn diese denn auch grenzständig gebaut werden, vgl. § 6 Abs. 1 Satz 3 MBO.[13] Im Übrigen ist das Abstandsflächenrecht uneingeschränkt zu beachten.

2. Neufassung der Musterbauordnung

In der MBO 2012 ist das vorstehend skizzierte Verhältnis von Abstandsflächenrecht und Bauplanungsrecht zugunsten des Planungsrechts verschoben worden. Das Bauordnungsrecht tritt danach deutlich hinter das Planungsrecht zurück. Dies folgt aus zwei Änderungen des § 6 MBO. In § 6 Abs. 1 Satz 3 MBO heißt es:

---

10 Vgl. Löhr, in: Battis/Krautzberger/Löhr, BauGB, 11. Auflage, München 2009, § 9 Rn. 19.
11 Eingehend dazu Otto, Brandenburgische Bauordnung, Kommentar, 3. Auflage, Dresden 2012, S. 520 ff.
12 Vgl. OVG Berlin-Brandenburg, Urt. v. 18.12.2007 – 2 A 3.07 – (Spreedreieck), BRS 71 Nr. 24; s. dazu Boeddinghaus, BauR 2013, S. 1601, 1607 f.
13 Vgl. Schönenbroicher/Kamp, Bauordnung Nordrhein-Westfalen, Kommentar, München 2012, § 6 Rn. 82 f.

Eine Abstandsfläche ist nicht erforderlich vor Außenwänden,
1. *die an Grundstücksgrenzen errichtet werden, wenn nach planungsrechtlichen Vorschriften an die Grenze gebaut werden muss und gebaut werden darf oder*
2. *soweit nach der umgebenden Bebauung im Sinne des § 34 Abs. 1 Satz 1 BauGB abweichende Gebäudeabstände zulässig sind.*

In § 6 Abs. 5 Satz 4 MBO 2012 heißt es:

„*Werden von einer städtebaulichen Satzung oder einer Satzung nach § 86 Außenwände zugelassen oder vorgeschrieben, vor denen Abstandsflächen größerer oder geringerer Tiefe als nach den Sätzen 1 bis 3 liegen müssten, finden die Sätze 1 bis 3 keine Anwendung, es sei denn, die Satzung ordnet die Geltung dieser Vorschriften an.*"

3. Vorrang der grenzständigen Bebauung (§ 6 Abs. 1 Satz 3 MBO 2012)

Mit § 6 Abs. 1 Satz 2 Nr. 1 MBO 2012 findet sich in der MBO zunächst eine bauordnungsrechtlich bereits bewährte Regelung. Hinter dieser Bestimmung steht die planungsrechtliche Vorstellung, dass bei der Festsetzung einer geschlossenen oder abweichenden[14] Bauweise[15] oder – in Richtung auf die vordere Grundstücksgrenze – einer überbaubaren Grundstücksfläche an der Grundstücksgrenze vorgeschrieben oder erlaubt ist,[16] die Gebäude grenzständig zu errichten. In diesen Fällen ist eine Abstandsfläche nicht erforderlich.[17] Abstandsflächenrechtlich ist die geschlossene Bauweise unbedenklich, weil bei einer grenzständigen Bebauung entlang der Nachbargrenzen die Gebäude unmittelbar aneinander stehen. Die Außenwände bleiben deshalb in der Regel ohne Öffnungen, so dass vor diesen Wänden Abstandsflächen bauordnungsrechtlich nicht erforderlich sind. Diese Wände tragen nicht zu einer Belichtung,

---

14 Etwa auch infolge einer Befreiung nach § 31 Abs. 2 BauGB, vgl. Schwarzer/König, Bayerische Bauordnung, 4. Auflage, München 2012, Art. 6 Rn. 24.
15 Die MBO ist insoweit weniger streng als einige Bauordnungen, die das Erfordernis der Abstandsfläche nur bei einer geschlossenen Bauweise fortfallen lassen, vgl. § 6 Abs. 1 Satz 2 a) BauO NRW bzw. ein Anbaugebot enthalten, vgl. § 6 Ab. 1 Satz 2 b) BauO NRW; ebenso z. B. gem. § 6 Abs. 1 Satz 2 HessBO.
16 Vgl. Schwarzer/König, a. a. O. (Fn. 14), Art. 6 Rn. 26; vgl. Otto, a. a. O. (Fn. 11), § 6 Rn. 12 ff.
17 Ebenso z. B. Art. 6 Abs. 1 Satz 3 BayBO oder § 6 Abs. 1 Satz 3 BauO Bln bzw. BbgBO.

Belüftung oder Besonnung bei. Diese Funktionen müssen von anderen Außenwänden und Öffnungen erfüllt werden. Problematisch ist diese Regelung im Hinblick auf die Schutzziele und -zwecke des Abstandsflächenrechts jedoch dann, wenn die Gebäude nicht lediglich entlang der Nachbargrenzen, sondern auch entlang der vorderen Grundstücksgrenze in Richtung Verkehrsfläche grenzständig gebaut werden dürfen oder wenn dies auch bei einer abweichenden Bauweise ohne Sicherung des nachbarlichen Anbaugebots[18] zulässig ist.[19] Denn bei einer solchen Bebauung kann es dazu kommen, dass die Gebäude nicht mehr den für eine ausreichende Belichtung, Belüftung und Besonnung erforderlichen Abstand zu den Gebäuden auf der gegenüberliegenden Straßenseite oder auf dem benachbarten Grundstück wahren.[20] In diesen Fällen beträgt der Abstand zwischen den Gebäuden nicht, wie es an sich vorgesehen ist, die doppelte Abstandsflächentiefe. Die Gesetzgeber der Länder – wie auch die Bauministerkonferenz – in denen ein einseitiger Grenzanbau zulässig ist, haben diese Probleme jedoch nicht veranlasst, das Abstandsflächenrecht insoweit zu verschärfen.

4. Vorrang des Einfügungsgebotes (§ 6 Abs. 1 Satz 3 Nr. 2 MBO 2012)

a) Änderung der MBO und Referentenentwurf zur Brandenburgischen Bauordnung

Das vorstehend beschriebene System des Abstandsflächenrechts haben die Autoren der MBO 2012 um den abstandsflächenrechtlichen Vorrang des § 34 BauGB ergänzt. Für den unbeplanten Innenbereich sieht die MBO 2012 in § 6 Abs. 1 Satz 3 Nr. 2 vor, dass eine Abstandsfläche vor Außenwänden nicht erforderlich ist, soweit nach der umgebenden Bebauung i. S. d. § 34 Abs. 1 Satz 1 BauGB abweichende Gebäudeabstände zulässig

---

18 Vgl. zu derartigen Sicherungen etwa § 6 Abs. 1 Satz 2 b) BauO NRW, ebenso in Hessen.
19 So etwa in Bayern, Berlin, Brandenburg, Hamburg.
20 Darin sieht das OVG Berlin-Brandenburg gewichtige Anhaltspunkte für das Vorliegen ungesunder Wohn- und Arbeitsverhältnisse, vgl. Beschl. v. 18.09.2013 – 2 S 60.13 – Juris.

sind.[21] In dem Referentenentwurf der Brandenburgischen Bauordnung ist dieses Muster aufgegriffen worden für den folgenden Vorschlag, die Brandenburgische Bauordnung zu ändern:[22]

„Eine Abstandsfläche ist nicht erforderlich vor Außenwänden, soweit sich das Vorhaben nach der umgebenden Bebauung i. S. d. § 34 Abs. 1 Satz 1 des BauGB einfügt."

Die Regelung der MBO 2012 und der Vorschlag des Brandenburgischen Ministeriums sind einerseits für die Innenentwicklung hilfreich, weil sie in dem Fall Abstandsflächen ganz entbehrlich machen, indem abweichende Gebäudeabstände nach § 34 Abs. 1 Satz 1 BauGB zulässig sind bzw. sich das Vorhaben nach § 34 BauGB einfügt. Dies haben auch die Autoren der MBO 2012 gesehen, die dazu in ihrer Begründung ausführen:

„Absatz 1 Satz 3 Nr. 2 stellt eine Vorrangregelung für das Bauplanungsrecht gegenüber den bauordnungsrechtlichen Abstandsflächenregelungen dar. Nummer 2 trägt dem Umstand Rechnung, dass es innerhalb im Zusammenhang bebauter Ortsteile im Sinn des § 34 Abs. 1 Satz 1 BauGB sachgerecht ist, wenn sich der Bauherr nicht an den Abstandsflächentiefen nach § 6 Abs. 5 Sätze 1 und 2, sondern an den (Gebäude-) Abständen orientieren muss, die in der das Baugrundstück bauplanungsrechtlich prägenden Nachbarschaft bestehen. Bei der Beurteilung kommt es nicht darauf an, welches andere Maß als 0,4 H bzw. 0,2 H in der Umgebung vorhanden ist, sondern darauf, ob sich das Bauvorhaben im Sinne des § 34 Abs. 1 BauGB insbesondere nach der Grundstücksfläche, die überbaut werden soll, in die Eigenart der näheren Umgebung einfügt. Unzuträgliche Verhältnisse können schon deshalb nicht entstehen, weil § 34 Abs. 1 Satz 2 Halbsatz 1 BauGB die Zulässigkeit auch von Bauvorhaben, die sich im Sinn des § 34 Abs. 1 Satz 1 BauGB in die Eigenart der näheren Umgebung einfügen, dann ausschließt, wenn die Anforderungen an gesunde Wohn- und Arbeitsverhältnisse nicht gewahrt bleiben und somit ein Minimalstandard an Belichtung, Belüftung, Besonnung und Sozialabstand gewahrt ist. Durch die Zurückführung des Nachbarschutzes auf unzumutbare Beeinträchtigungen im Sinn einer nachbarschützend qualifizierten Verletzung des bauplanungsrechtlichen Gebots der Rücksichtnahme wird nicht nur eine erhebliche Flexibilisierung des Abstandsflächenrechts, sondern auch eine Harmonisierung bauordnungsrechtlicher und

---

21 „Eine Abstandsfläche ist nicht erforderlich vor Außenwänden, 2. soweit nach der umgebenden Bebauung im Sinne des § 34 Abs. 1 Satz 1 BauGB abweichende Gebäudeabstände zulässig sind."
22 Der Regierungs-Vorschlag zur Änderung der Bauordnung Baden-Württemberg vom 11.07.2013 sieht eine solche Übernahme der MBO 2012 nicht vor.

bauplanungsrechtlicher Anforderungen erreicht. Auf das Erfordernis einheitlich abweichender Abstandsflächentiefen ist dabei in der Neuregelung bewusst verzichtet worden, um Auslegungsschwierigkeiten in der Praxis zu vermeiden und so Rechtssicherheit zu gewährleisten."

Die Begründung der MBO verdeutlicht, dass das Planungsrecht in weit größerem Umfang als bisher Vorrang vor dem Abstandsflächenrecht erhalten soll, soweit abweichende Gebäudeabstände gem. § 34 Abs. 1 BauGB zulässig sind. Was abweichend in diesem Sinne bedeutet, ist in der MBO allerdings nicht bestimmt. Nach dem Wortsinn muss damit gemeint sein, dass die Gebäudeabstände von den Abständen abweichen, die nach der MBO als Abstandstiefe im Sinne von § 6 Abs. 5 MBO definiert sind. Werden diese Abstände durch zwei benachbarte Gebäude vergrößert oder verkleinert, so ist von abweichenden Gebäudeabständen auszugehen.

Damit bleibt aber noch ungeklärt, weshalb dies gilt, *soweit* eine solche Abweichung nach der Eigenart der näheren Umgebung gegeben ist. Die Relativierung, die in dem Wort „soweit" steckt, ist nicht verständlich, da Abstandsflächen entweder erforderlich oder nicht erforderlich sind und dies darauf zurückzuführen ist, dass entweder abweichende Gebäudeabstände vorzufinden sind oder eben nicht.

Mit der Bezugnahme auf Gebäudeabstände wird in der MBO 2012 auf ein Kriterium abgestellt, das in § 34 BauGB nicht enthalten ist. Denn gem. § 34 BauGB werden Vorhaben im Sinne von § 29 BauGB zugelassen. Diese Vorhaben sind insgesamt zu beurteilen, nicht aber hinsichtlich ihrer einzelnen Bauteile.[23] Nach § 34 BauGB sind nicht Gebäudeabstände als solche zulässig. Gebäudeabstände können sich nur indirekt aus der Bauweise oder aus der überbaubaren Grundstücksfläche ergeben – wobei die Abstände zwischen den Gebäuden die in der Bauordnung bestimmten Mindestabstände nur teilweise beeinflussen. Ob sich im Einzelfall abweichende Gebäudeabstände infolge der Stellung der Gebäude ergeben, beurteilt sich auch nach der Höhe der Gebäude. Dabei spielen insbesondere die Wandhöhe und die Dachneigung eine entscheidende Rolle. So können sich von der Bauordnung abweichende Abstände bereits allein aus der Neigung des

---

23 Vgl. Löhr, a. a. O. (Fn. 10), § 29 Rn. 6; vgl. Rieger, in: Schrödter, BauGB, Kommentar, 7. Auflage, München 2006, § 29 Rn. 5.

Daches und dessen Anrechenbarkeit auf die Wandhöhe ergeben. Bemerkenswert ist in diesem Zusammenhang daher auch, dass die Dachneigung durch § 34 BauGB nicht gesteuert werden kann. Bereits dies verdeutlicht, dass – anders als das zentimetergenaue Abstandsflächenrecht[24] – das Planungsrecht gem. § 34 BauGB in Bezug auf das Maß und die überbaubare Grundstücksfläche recht ungenau ist.

Rechtsfolge der Neuregelung in § 6 Abs. 1 Satz 3 Nr. 2 MBO 2012 ist, dass Abstandsflächen bei abweichenden Gebäudeabständen nicht erforderlich sind. D. h., dass ein geplanter Neubau, aber auch die bereits vorhandenen Gebäude unter diesen Umständen ohne eigene Abstandsflächen bleiben. Die Gebäude sind gleichsam abstandsflächenfrei. Dies ist insofern bemerkenswert, als nach § 6 Abs. 1 Satz 3 Nr. 1 MBO 2012 und den vergleichbaren Regelungen aller Länder nur die Abstandsfläche vor der grenzständigen Wand nicht erforderlich ist. Nach Nr. 2 dieser Regelung entfällt das Abstandsflächenerfordernis hingegen vor allen Außenwänden. Das Gebäude insgesamt braucht bauordnungsrechtlich keinen Abstand mehr zu den Grundstücksgrenzen zu wahren. Es könnte demnach im unbeplanten Innenbereich möglich sein, die Baugrundstücke im Widerspruch zu den eigentlichen Regelungen des Abstandsflächenrechts zu teilen; zumal die Teilung eines Grundstücks, da sie kein Vorhaben im Sinne von § 29 BauGB ist, durch § 34 BauGB nicht verhindert werden kann. Auch das Rücksichtnahmegebot greift in diesen Fällen nicht. Ebenso brauchen die Abstände vor den Wänden desselben Gebäudes (vgl. § 6 Abs. 3 MBO) nicht mehr beachtet zu werden. Zulässigkeitsmaßstab für alles ist allein § 34 BauGB.

b) Das Einfügungsgebot gem. § 34 BauGB

Bei der Anwendung der in § 34 Abs. 1 BauGB genannten vier Zulässigkeitsmerkmale für das Einfügen eines Vorhabens (Art, Maß, überbaubare Grundstücksfläche, Bauweise) ist auf die Eigenart der näheren Umgebung abzustellen. Der Beurteilungsmaßstab ist also großflächig und grundstücksübergreifend. Die Eigenart der näheren Umgebung wird danach

---

24 Vgl. OVG Berlin-Brandenburg, Beschl. v. 19.12.2012 – 2 S 44.12 – NVwZ 2013, S. 400 ff.; vgl. OVG Münster, Beschl. v. 5.03.2007 – 10 B 274/07 – BRS 71 Nr. 124.

bestimmt, wie sich die vorhandene Bebauung in der näheren Umgebung rahmenbildend auf andere zu bebauende Grundstücke auswirkt.[25] Welchen Rahmen die Umgebungsbebauung bildet, ist nicht allein nach dem äußeren Erscheinungsbild der schon vorhandenen Häuser zu beurteilen. Dafür ist die gesamte nähere Umgebung zum Bauvorhaben einer wertenden Betrachtung zu unterziehen.[26] Die Betrachtung muss dabei auf das Wesentliche zurückgeführt werden. Was die vorhandene Bebauung nicht prägt oder in ihr gar als Fremdkörper erscheint, muss außer Acht gelassen werden.[27] Auszusondern sind hiernach auch solche baulichen Anlagen, die von ihrem quantitativen Erscheinungsbild (Ausdehnung, Höhe, Zahl usw.) nicht die Kraft haben, die Eigenart der näheren Umgebung zu beeinflussen, die der Betrachter also nicht oder nur am Rande wahrnimmt.[28]

Wie weit bei dieser Betrachtung die nähere Umgebung im Sinne von § 34 Abs. 1 BauGB reicht, ist in der Rechtsprechung ebenfalls geklärt. Bei der Bestimmung der „näheren Umgebung" i. S. d. § 34 Abs. 2 BauGB ist darauf abzustellen, inwieweit sich einerseits das geplante Vorhaben auf die Umgebung und andererseits die Umgebung auf das Baugrundstück prägend auswirken kann. Die Grenzen der näheren Umgebung lassen sich dabei nicht schematisch festlegen, sondern sind nach der tatsächlichen städtebaulichen Situation zu bestimmen, in die das für die Bebauung vorgesehene Gebäude eingebettet ist.[29] Dabei ist die nähere Umgebung für jedes der in § 34 Abs. 1 Satz 1 BauGB aufgeführten Zulässigkeitsmerkmale gesondert zu ermitteln. Die prägende Wirkung der jeweils maßgeblichen Umstände kann also unterschiedlich weit reichen.[30] Bei der überbaubaren Grundstücksfläche ist der maßgebliche Bereich in der Regel (deutlich)

---

25 Vgl. OVG Berlin-Brandenburg, Urt. v. 13.03.2013 – 10 B 4.12 –; vgl. OVG Berlin-Brandenburg, Beschl. v. 18.09.2012 – 10 N 9.11 –; OVG Magdeburg, Beschl. v. 16.08.2001 – 2 M 52/01 – und Beschl. v. 21.10.2001 – 2 M 87/01 –.
26 Vgl. OVG Magdeburg, Beschl. v. 24.10.2001 – 2 M 87/01 –.
27 Vgl. OVG Magdeburg, Beschl. v. 22.0 6 2006 – 2 L 910/03 –; s. a. BVerwG, Urt. v. 15.02.1990 – 4 C 23.86 – BVerwGE 84, 322.
28 Vgl. BVerwG, Urt. v. 15.02.1990 – 4 C 23.86 – BVerwGE 84, 322, 325; BVerwG, BRS 74 Nr. 95.
29 Vgl. BVerwG, Beschl. v. 28.08.2003 – 4 B 74.03 –; OVG Berlin-Brandenburg, Urt. v. 13.3.2013 – 10 B 4.12 –; OVG Berlin-Brandenburg, Beschl. v. 18.09.2012 – 10 N 9.11 –.
30 Vgl. BVerwG, Beschl. v. 6.11.1997 – 4 B 172.97 –, ZfBR 1998, 164.

enger zu begrenzen als bei der Art der baulichen Nutzung. Die Prägung, die von der für die Bestimmung der überbaubaren Grundstücksfläche maßgeblichen Stellung der Gebäude auf den Grundstücken ausgeht, reicht im Allgemeinen weniger weit als die Wirkungen der Art der baulichen Nutzung.[31] Dies kann im Einzelfall dazu führen, dass für die Beurteilung der überbaubaren Grundstücksfläche nur wenige Grundstücke den maßgeblichen Rahmen bilden.[32] Daneben kann auch die Einheitlichkeit bzw. Unterschiedlichkeit der Bebauung ein Kriterium für die Abgrenzung der näheren Umgebung sein. Die Umgebung kann nach der tatsächlichen städtebaulichen Situation so beschaffen sein, dass die Grenze zwischen näherer und fernerer Umgebung dort zu ziehen ist, wo zwei jeweils in sich einheitlich geprägte Bebauungskomplexe mit voneinander verschiedenen Bau- und Nutzungsstrukturen aneinander grenzen.[33] Der Grenzverlauf der näheren Umgebung ist allerdings nicht davon abhängig, dass die unterschiedliche Bebauung durch eine künstliche oder natürliche Trennlinie (Straße, Schienenstrang, Gewässerlauf, Geländekante etc.) entkoppelt ist. Eine solche Linie hat bei einer beidseitig andersartigen Siedlungsstruktur nicht stets eine trennende Funktion. Ihr Fehlen kann aber auch bedeuten, dass benachbarte Bebauungen stets als miteinander verzahnt anzusehen sind und insgesamt die nähere Umgebung ausmachen.[34] Dabei kann sich die Art der Bau- und Nutzungsstruktur auf den Umkreis der zu berücksichtigenden Umgebung auswirken. Bei einer kleinteiligen Bau- und Nutzungsstruktur kann auf eine Umgebung mit vergleichsweise geringem Umkreis abzustellen sein.[35]

Werden diese Kriterien angewendet, kann für die Beurteilung der planungsrechtlichen Zulässigkeit also ein recht weit gesteckter Rahmen maßgeblich sein. Der Rahmen ist jedenfalls zumeist nicht so eng gesteckt,

---

31 Vgl. OVG Berlin-Brandenburg, Urt. v. 13.03.2013 – 10 B 4.12 –; VGH München, Urt. v. 7.03.2011 – 1 B 10.3042 –; OVG Bautzen, Beschl. v. 29.12.2010 – 1 A 710/09 –; OVG Münster, Urt. v. 9.09.2010 – 2 A 508/09 –; VGH Mannheim, Beschl. v. 15.12.2005 – 5 S 1847/05 –, VBlBW 2006, 191.
32 Vgl. VGH München, Urt. v. 7.03.2011 – 1 B 10.3042 –.
33 Vgl. OVG Münster, Urt. v. 18.11.2004 – 7 A 2726/03 –, ÖffBauR 2005, 64.
34 Vgl. OVG Berlin-Brandenburg, Urt. v. 13.03.2013 – 10 B 4.12 –; OVG Magdeburg, ZfBR 2012, 787 ff.; BVerwG, B. v. 28.08.2003 – 4 B 74.03 –.
35 Vgl. OVG Berlin, Urt. v. 15.08.2003 – 2 B 18/01 –.

dass danach nur ein bestimmter Abstand zwischen den Gebäuden zulässig ist. Vor allem aber ist in der ganz überwiegenden Zahl von Fällen davon auszugehen, dass der Abstand zwischen den vorhandenen Gebäuden nicht dem entsprechen wird, der sich nach den Abstandsflächenregelungen der Bauordnung als dort benannter Mindestabstand ergeben müsste. Oftmals werden die Gebäude zueinander sogar einen größeren Abstand, als er nach der Bauordnung vorgeschrieben ist, wahren. Da auch in diesen Fällen abweichende Abstände im Sinne dieser Vorschrift vorliegen, ist eine Abstandsfläche auch in solchen Gebieten nicht erforderlich.

Die insoweit erkennbare Abkopplung des Planungsrechts vom Bauordnungsrecht hängt im Kern also damit zusammen, dass im Planungsrecht zum einen keine Relation zwischen der Höhe baulicher Anlagen und ihrem Abstand zueinander besteht. Der Innenbereich kann also einerseits hohe und flache Gebäude und andererseits große und geringe Abstände aufweisen, ohne dass dabei den hohen Gebäuden größere und den kleineren Gebäuden geringere Abstände zugeordnet sein müssen. Dem Bauplanungsrecht sind Tiefen der Abstandsflächen im Sinne von § 6 Abs. 5 MBO 2012 unbekannt. Zum anderen ist das Planungsrecht in § 34 BauGB flächenbezogen und rahmenbildend. § 34 BauGB ist ein Planersatz, fungiert aber nicht als Ersatzplanung.[36] Das Einfügungskriterium ist weder zentimetergenau noch auf Grundstücksgrenzen bezogen.

Diese Differenzen sind auch bei der Anwendung von Art. 6 Abs. 5 Satz 4 BayBO sichtbar geworden. Danach gilt Satz 3 dieses Absatzes[37] entsprechend, wenn sich einheitlich abweichende Abstandsflächentiefen aus der umgebenden Bebauung im Sinn des § 34 Abs. 1 Satz 1 BauGB ableiten lassen. Folglich finden Art. 6 Abs. 5 Sätze 1 und 2 BayBO keine Anwendung, wenn sich einheitlich abweichende Abstandsflächentiefen aus der umgebenden Bebauung im Sinn des § 34 Abs. 1 Satz 1 BauGB ergeben.[38]

---

36 Dazu Sendler, in: BBauBl. 1968, 12, 13.
37 Danach finden die Sätze 1 und 2 über die Tiefe der Abstandsfläche keine Anwendung, sofern von einer städtebaulichen Satzung oder einer Satzung nach Art. 81 BayBO Außenwände zugelassen oder vorgeschrieben werden, vor denen Abstandsflächen größerer oder geringerer Tiefe als nach den Sätzen 1 und 2 liegen müssten.
38 Die Vorschrift des Art. 6 Abs. 5 Satz 4 BayBO gilt als missglückt, vgl. Schwarzer/König, BayBO, 4. Auflage, München 2012, Art. 6 Rn. 103 f.; vgl. Molodovsky,

Auch bei der Anwendung dieser Vorschrift kommt es auf die Feststellung an, welche Abstandsflächentiefen sich aus der Eigenart der näheren Umgebung im Sinne von § 34 Abs. 1 BauGB ergeben. Insoweit wird in Literatur und Rechtsprechung zu Recht moniert, dass nicht ohne weiteres zu erkennen sei, wie die „einheitlich abweichenden Abstandsflächentiefen" ermittelt werden sollen. Zudem werde nicht klar ersichtlich, bis zu welcher Bebauungstiefe diese gelten sollen.[39]

c) Gesunde Wohn- und Arbeitsverhältnisse als Abstandsflächenersatz

Sind nach der Eigenart der näheren Umgebung ganz unterschiedliche Abstände zwischen den Gebäuden vorzufinden, so dass Abstandsflächen im Sinne von § 6 Abs. 1 Satz 3 Nr. 2 MBO 2012 nicht erforderlich sind, kann es zu einer immer stärkeren Verdichtung der Bebauung kommen. Die Gebäude können dabei sehr nahe an eine Grundstücksgrenze heranrücken und gleichsam Traufgassen[40] bilden. Der Nachbar kann die heranrückende Bebauung zum Vorbild für die Bebauung seines Grundstücks nehmen, um dieses umfangreicher zu bebauen, so dass die Verdichtung weiter forciert wird. Auch wenn eine solche Verdichtung mit den Zielen und Zwecken des Abstandsflächenrechts nicht vereinbar ist, kann abstandsflächenrechtlich nicht mehr gegengesteuert werden. Fraglich ist in diesen Fällen, ob der Verweis auf § 34 Abs. 1 Satz 2 BauGB, wonach die Anforderungen an gesunde Wohn- und Arbeitsverhältnisse gewahrt bleiben müssen, Abhilfe schafft.

Wo bei einer solchen Entwicklung das Tatbestandsmerkmal der gesunden Wohn- und Arbeitsverhältnisse der Verdichtung eine Grenze setzt, ist

---

in: Koch/Molodovsky/Famers, BayBO, Kommentar, Loseblattsammlung, Heidelberg 2004, Art. 6 Rn. 173b; Dohm, in: Simon/Busse, BayBO 2008, Kommentar, Art. 6 Rn. 333b; Dirnberger, in: Jäde/Dirnberger/Bauer/Weiß, Die neue Bayerische Bauordnung, Art. 6 Rn. 177a; VGH München, Urt. v. 7.03.2013 – 2 BV 11.882 – Juris.
39 Vgl. VGH München, Urt. v. 7.03.2013 – 2 BV 11.882 – Juris; VGH München, Beschl. v. 4.08.2011 – 2 CS 11.997 – Juris.
40 Vgl. Hornmann, a. a. O. (Fn. 2), § 6 Rn. 43 m. w. N.; vgl. Boeddinghaus/Hahn/Schulte, BauO NRW, Kommentar, Loseblattsammlung, § 6 Rn. 61, 127; s. a. OVG Lüneburg, Urt. v. 22.10.2008 – 1 KN 215/07 – BRS 73 Nr. 18.

nicht einfach zu bestimmen. Die Wahrung der allgemeinen Anforderungen an gesunde Wohn- und Arbeitsverhältnisse ist zwar eine Zulässigkeitsvoraussetzung, die grundsätzlich neben dem Erfordernis des Einfügens in die nähere Umgebung i. S. v. § 34 Abs. 1 Satz 1 BauGB selbstständige Bedeutung besitzt.[41] Dieses Tatbestandsmerkmal entzieht sich jedoch einer im übertragenen Sinne zentimetergenauen Definition. Zwar darf zur Konkretisierung der Anforderungen an gesunde Wohn- und Arbeitsverhältnisse auf die Legaldefinition der städtebaulichen Sanierungsmaßnahmen in § 136 Abs. 2 Satz 2 Nr. 1 i. V. m. Abs. 3 BauGB zurückgegriffen werden.[42] § 34 Abs. 1 Satz 2 BauGB ist als äußerste Grenze einer Bebauung im Innenbereich in seiner Anwendung jedoch nur auf die Abwehr städtebaulicher Missstände beschränkt.[43]

Danach beziehen sich die Anforderungen an die Wohn- und Arbeitsverhältnisse, die durch die Bauweise berührt werden können, insbesondere auf die Belichtung, Besonnung und Belüftung der Wohnungen und Arbeitsstätten, vgl. § 136 Abs. 3 Nr. 1a BauGB. Offen bleibt in dieser Vorschrift aber der Maßstab, an dem beurteilt werden kann, ob den Anforderungen im Einzelfall genügt wird. Dieser Maßstab ist jeweils unter umfassender Würdigung der örtlichen Verhältnisse und der sonstigen tatsächlichen Gegebenheiten zu ermitteln.[44] Abzustellen ist dabei auf die städtebaulichen Mindestanforderungen, die neben der Belichtung, Besonnung und Belüftung insbesondere auch an die Wohnruhe, das Erholungsbedürfnis und den ungestörten Schlaf umfassen.[45] Da es sich insoweit nur um Mindestanforderungen handelt, dürfen wünschenswerte oder gar optimale

---

41 Vgl. Söfker, a. a. O. (Fn. 9), § 34 Rn. 66; vgl. Dürr in: Brügelmann, BauGB, Kommentar, § 34 Rn. 77; BVerwG, Urt. v. 12.12.1990 – 4 C 40.87 – ZfBR 1991, 126 ff.; OVG Münster, Urt. v. 29.06.0 1989 – 7 A 2087. 87 – NVwZ 1979, 578.
42 Vgl. BVerwG, Urt. v. 6.06.2002 – 4 CN 4.01 – BVerwGE 116, 296; OVG Berlin-Brandenburg, Urt. v. 18.12.2007 – 2 A 3.07 – Juris.
43 Vgl. BVerwG, Urt. v. 12.12.1990 – 4 C 40.87 – ZfBR 1991, 126 ff; BVerwG, Beschl. v. 18.06.1997 – 4 B 238.96 – ZfBR 1997, 324; VGH München, Urt. v. 19.06.2013 – 1 B 10.1841 – juris; OVG Münster, Urt. v. 22.03.2011 – 2 A 371/09 – Juris.
44 Vgl. Dürr, a. a. O. (Fn. 41), § 34 Rn. 79; OVG Berlin-Brandenburg, Beschl. v. 18.09.2013 – 2 S 60.13 – Juris.
45 Vgl. Söfker, a. a. O. (Fn. 9), § 34 Rn. 67; vgl. Dürr, a. a. O. (Fn. 41), § 34 Rn. 79.

Vorstellungen von städtebaulichen Idealen nicht als Maßstab genommen werden. Für die Frage der Belichtung ist daher auch nicht die DIN 5034-4 über Tageslicht in Innenräumen heranzuziehen, da diese DIN nicht die bauordnungsrechtlichen oder bauplanungsrechtlichen Mindeststandards formuliert.[46] Zudem ist zu berücksichtigen, dass ein Vorhaben, das sich im Sinne von § 34 Abs. 1 Satz 1 BauGB 1 einfügt, auf eine vorhandene Situation trifft, die die Schwelle, bis zu der einem Eigentümer Beeinträchtigungen zugemutet werden dürfen, in einer Weise erhöhen kann, die mit einer Neubausituation nicht verglichen werden darf.[47] Insoweit gilt die Rechtsprechung über die Inhalte der gegenseitigen Rücksichtnahmepflicht.[48]

Stets ist also in jedem Einzelfall anhand der Gesamtumstände zu prüfen, ob in den Wohnungen und Aufenthaltsräumen gesunde Wohn- und Arbeitsverhältnisse möglich sind. Zu prüfen ist für jede Wohnung, ob geringe Gebäudeabstände durch eine architektonische Selbsthilfe kompensiert werden. Denkbar ist, dass durch Öffnungen in den Außenwänden in Richtung umliegender Freiflächen, sich die Belichtung der Innenräume verbessert. Denkbar ist auch, den Lichteinfall durch die das bauordnungsrechtliche Mindestmaß überschreitende Fenstergröße[49] zu vergrößern. Zu prüfen ist auch, ob Mängel der Besonnung, Belichtung und Belüftung von der Lage der Wohnungen in den Geschossen innerhalb des Gebäudes abhängen und welche technischen Vorkehrungen getroffen werden, um derartige Mängel zu beheben. Denkbar ist die Orientierung insbesondere von Wohnräumen nach Süden und die Verlegung weniger sensibler Nutzungen nach Norden.[50] Es ist auch zu prüfen, wie viele Wohn- bzw. Aufenthaltsräume eine Wohnung hat und wie sich die fehlenden oder unzureichenden Abstandsflächen auf diese Räume auswirken.[51]

---

46 Vgl. Begründung zur MBO der Fassung November 2002 –, S. 19 und OVG Berlin-Brandenburg, Beschl. v. 18.09.2013 – 2 S 60.13 – Juris.
47 Vgl. Söfker, a. a. O. (Fn. 9), § 34 Rn. 67; BVerwG, Urt. v. 12.12.1990 – 4 C 40/87 – Juris, ZfBR 1991, S. 126 ff.; OVG Berlin-Brandenburg, Beschl. v. 18.09.2013 – 2 S 60.13 – Juris.
48 Vgl. BVerwG, Beschl. v. 6.12.1996 – 4 B 215.96 – NVwZ-RR 1997, S. 516.
49 Vgl. § 47 Abs. 2 MBO 2012.
50 Vgl. VGH München, Urt. v. 10.09.2001 – 14 B 95.3098 – Juris.
51 Vgl. Krautzberger, a. a. O. (Fn. 9), § 136 Rn. 99; OVG Berlin-Brandenburg, Beschl. v. 18.09.2013 – OVG 2 S 60.13 – Juris.

Erkennbar wird jedenfalls, dass die planungsrechtliche und bauordnungsrechtliche Situation auf den Grundstücken bei einer abstandsflächenfreien Bebauung unübersichtlich wird. Dadurch, dass im unbeplanten Innenbereich die an sich erforderlichen Abstandsflächen wegfallen und nicht mehr auf dem eigenen Grundstück liegen müssen, übt die vorhandene Bebauung verstärkten Einfluss auf die Nachbarbebauung aus. Darauf muss der Nachbar reagieren, ohne dass ihm zwangsläufig ein Abwehrrecht gegen die heranrückende oder die Bestandsbebauung zur Verfügung steht oder er von diesem Recht überhaupt Gebrauch machen will.

d) Konsequenzen für die planende Gemeinde

Problematisch ist die Situation für die planende Gemeinde, wenn sie ein Gebiet mit nach § 6 Abs. 1 Satz 3 Nr. 2 MBO 2012 abstandsflächenfreien Bestandsgebäuden überplanen will. Trifft sie in ihrer Planung auf abweichende Gebäudeabstände im Sinne von § 6 Abs. 1 Satz 3 Nr. 2 MBO 2012 muss die Gemeinde zunächst sorgfältig darauf achten, welche Bebauungsmöglichkeiten sich aus der bestehenden Situation nach § 34 BauGB ohne ggf. Berücksichtigung des Abstandsflächenrechts ergeben. Sodann hat sie zu prüfen, welche Abstandsflächen im Geltungsbereich des künftigen Bebauungsplans erforderlich sein werden. Da § 6 Abs. 1 Satz 3 Nr. 2 MBO 2012 nur im unbeplanten Innenbereich gilt, im Geltungsbereich eines Bebauungsplans aber Abstandsflächen wieder erforderlich sind, wird die abstandsflächenrechtliche Bebauungsmöglichkeit nach Aufstellung eines Bebauungsplans grundlegend geändert. Denn ergeben sich aus den im Bebauungsplan getroffenen Festsetzungen erstmalig Abstandsflächen oder größere Abstandstiefen zwischen den Gebäuden, weil die Bestandsbauten bisher abstandsflächenfrei waren, entzieht die Gemeinde dadurch den Eigentümern möglicherweise Baurechte. Der Bebauungsplan kann im Einzelfall sogar dazu führen, dass die Wertverluste der Grundstücke nach § 42 BauGB zu entschädigen sind.

Problematisch ist nach der Aufstellung eines Bebauungsplans insbesondere, wie mit den Gebäuden umzugehen ist, die zuvor im Regelungsbereich des § 34 BauGB abstandsflächenfrei waren, nach der Aufstellung des Bebauungsplans abstandsflächenpflichtig sind, die erforderlichen Abstände dann aber nicht aufweisen. Die davon betroffenen Bestandsgebäude verlieren folglich ihre materielle Legalität. Dies könnte deren Eigentümer hindern, diese Gebäude umzubauen oder umzunutzen. Denn dann stellt sich die Abstandsflächenfrage neu[52] und müsste ggf. negativ beschieden werden. Auch diese Konsequenzen wird die Gemeinde in ihrer planerischen Abwägung zu berücksichtigen und durch geeignete Festsetzungen zu bewältigen haben.

e) Konsequenzen für die Genehmigungsbehörde

Für die genehmigende Behörde vergrößert sich ebenfalls das Prüfprogramm. Da im Falle abweichender Gebäudeabstände im Sinne von § 6 Abs. 1 Satz 3 Nr. 2 MBO 2012 Abstandsflächen nicht mehr erforderlich sind, liefert das Abstandsflächenrecht keine Indizien dafür, dass Baugrundstück und Gebäude ausreichend belichtet, belüftet und besonnt sind.[53] Auf die Wahrung des Rücksichtnahmegebots kann nicht mehr geschlussfolgert werden.[54] Ebenso kann nicht mehr davon ausgegangen werden, dass die Nachbargrundstücke nicht übermäßig verschattet werden oder einer unzureichenden Belüftung oder Belichtung ausgesetzt sind. Es muss also im Einzelfall umfassend und genau geprüft werden, ob die Anforderungen an gesunde Wohn- und Arbeitsverhältnisse i. S. v. § 34 Abs. 1 Satz 2 BauGB und an das Rücksichtnahmegebot noch gewahrt sind.[55]

Dies alles führt zu schwierigen Einzelfallbetrachtungen, die das Genehmigungsverfahren verzögern und mit detaillierten Angaben zu der Belichtung, Belüftung und Besonnung des geplanten wie auch der umliegenden Gebäude belasten. Bisher brauchten solche Angaben in der Regel nicht

---

52 OVG Berlin-Brandenburg, Beschl. v. 27.01.2012 – 2 S 50.10 –; OVG Bautzen, Beschl. v. 25.03.2009 – 1 B 250.08 –; vgl. Otto, a. a. O. (Fn. 11), § 6 Rn. 74 m. w. N.
53 Vgl. zum Abstandsflächenrecht als Indikator OVG Berlin-Brandenburg, Beschl. v. 27.01.2012 – 2 S 50.10 – Juris; OVG Berlin-Brandenburg, Beschl. v. 3.09.2010 – 2 S 26.10 – m. w. N.
54 Vgl. OVG Berlin-Brandenburg, Beschl. v. 27.02.2012 – 10 S 39.11 – Juris m. w. N.
55 Vgl. dazu grundlegend den sog. Kröpcke-Center-Beschluss des OVG Lüneburg vom 30.03.1999 – 1 M 897/99 – BRS 62 Nr. 190 sowie OVG Lüneburg, Beschl. v. 28.01.2010 – 1 LA 284/07 – BRS 76 Nr. 125.

gemacht zu werden, weil derartige Fragen durch die Beachtung des pauschalen Abstandsflächenrechts „zentimetergenau" beantwortet wurden. Dies wird sich ändern. Das Genehmigungsverfahren wird folglich teurer, die Bauvorlagen umfangreicher und die Unsicherheit, ob die Entscheidung der Genehmigungsbehörde in Bezug auf die Anforderungen des bisher eher im Hintergrund wirkenden § 34 Abs. 1 Satz 2 BauGB zutreffend ist, größer. Beschleunigungseffekte werden dadurch ausgeschaltet.

5. Abweichende Tiefen der Abstandsflächen

Die MBO 2012 hat in § 6 Abs. 5 die Tiefe der Abstandsfläche unverändert gelassen, jedoch erstmals die Möglichkeit geschaffen, die Tiefe der Abstandsfläche durch eine städtebauliche Satzung – also in der Regel durch einen Bebauungsplan – zu ändern. Bisher war in § 86 Abs. 1 Nr. 6 MBO 2002 nur vorgesehen, dass die Tiefe der Abstandsfläche in einer Satzung nach § 86 MBO geändert werden durfte. Für den Bebauungsplan folgt eine solche Festsetzungsbefugnis aus § 9 Abs. 1 Nr. 2a BauGB.

In der MBO 2012 ist damit eine Regelung getroffen, die ihr Vorbild in Art. 6 Abs. 5 Satz 3 BayBO hat. § 6 Abs. 8 BauO Bln kennt, wenn auch ganz anders formuliert, die gleiche Rechtsfolge. Hingegen sehen etwa die Bauordnungen in Nordrhein-Westfalen, Niedersachsen oder Brandenburg ein solches Zurücktreten des Bauordnungsrechts hinter das Planungsrecht bei rein planungsrechtlichen Festsetzungen nicht vor. In Brandenburg und Nordrhein-Westfalen ist eine Verkürzung der Tiefe der Abstandsfläche nur durch örtliche Bauvorschriften möglich, vgl. § 81 Abs. 2 BbgBO und § 86 Abs. 1 Nr. 6 BauO NW.[56] Der Niedersächsischen Bauordnung etwa ist die Verkürzung der Abstandsfläche durch eine örtliche Bauvorschrift unbekannt. Nach dem Bauordnungsrecht in Nordrhein-Westfalen und Brandenburg würden also Festsetzungen im Bebauungsplan, die nur unter Verkürzung der vorgeschriebenen Abstandsflächen verwirklicht werden könnten, dazu zwingen, das für die bebauungsplankonforme Nutzung eine Abweichung vom Abstandsflächenrecht erteilt werden müsste. Ob die Abweichung erteilt wird, bestimmt sich indes allein nach dem

---

56 Wobei anzumerken ist, dass in NRW nur eine Verkürzung unter bestimmten materiellen Voraussetzungen zulässig ist, Brandenburg kennt solche Beschränkungen nicht.

Bauordnungsrecht, nicht aber nach dem Planungsrecht.[57] Die Abweichung wäre in diesen beiden Ländern allerdings entbehrlich, wenn eine örtliche Bauvorschrift die städtebaulichen Vorgaben in das Bauordnungsrecht überträgt und in Gestalt einer örtlichen Bauvorschrift Bestandteil des Bebauungsplans gem. § 9 Abs. 4 BauGB wird.

Die Regelung der MBO 2012 in § 6 Abs. 5 Satz 4 erleichtert folglich den Umgang mit Festsetzungen in städtebaulichen Satzungen, die zu einer Verringerung der Abstandsflächentiefe im Sinne von § 9 Abs. 1 Nr. 2a BauGB führen, da es einer bauordnungsrechtlichen Anpassung mittels einer Abweichung oder einer örtlichen Bauvorschrift nicht bedarf. Diese Neuregelung bietet daher im Hinblick auf das Ziel der Innenentwicklung gewisse Vorteile, weil so ein verdichtetes Bauen erleichtert wird. Baulücken können einfacher überplant und geschlossen werden. Abstandsflächenrechtliche Vorgaben stehen einem planungsrechtlich zulässigen Bauvorhaben dann nicht mehr entgegen. Eine Abweichung nach der Bauordnung ist nicht erforderlich. Andererseits führt diese Regelung dazu, dass die Fragen des Bauordnungsrechts im Planaufstellungsverfahren berücksichtigt werden müssen. Die Gemeinde muss sich darüber im Klaren sein, dass die abstandsflächenrechtlichen Vorgaben nicht mehr gesondert geprüft werden, sondern im Bebauungsplan oder in der örtlichen Bauvorschrift aufgehen. Dies stellt gesteigerte Anforderungen an den Abwägungsvorgang und die Abwägung.[58] Werden die Fragen der Belichtung, Belüftung und Besonnung nicht eingehend im Planaufstellungsverfahren erörtert und abgewogen, drohen Abwägungsdefizite, die zur Unwirksamkeit des Bebauungsplans führen können.

6. Bewertung

Die Änderung der MBO 2012 in § 6 Abs. 1 Satz 3 Nr. 2 und die in diese Richtung zielende Änderung der Brandenburgischen Bauordnung führen in die falsche Richtung. Die klaren, zentimetergenauen Vorgaben des

---

57 Vgl. Otto, a. a. O. (Fn. 11), S. 62 ff.
58 Vgl. VGH Mannheim, Urt. v. 4.06.2013 – 8 S 574/11 – Juris; OVG Berlin-Brandenburg, Urt. v. 18.12.2007 – 2 A 3.07 – BRS 71 Nr. 24 (Spreedreieck); VGH München, BRS 70 Nr. 122; vgl. Schwarzer/König, a. a. O. (Fn. 14), § 6 Rn. 99.

Abstandsflächenrechts werden durch das Einfügungsgebot des § 34 Abs. 1 BauGB sowie durch die vergleichsweise ungenauen Zulässigkeitsmerkmale „gesunde Wohn- und Arbeitsverhältnisse" in § 34 Abs. 1 Satz 2 BauGB ersetzt. Verfassungsrechtlich ist zwar eine solche Verlagerung der Zulässigkeitsbestimmungen möglich, vorteilhaft ist diese Verlagerung nicht.

Gegen einen Verdrängung des Abstandsflächenrechts durch das Einfügungsgebot in § 34 BauGB spricht, dass damit § 34 BauGB als Planersatz überfrachtet wird. Im Bereich des Bebauungsplans ist der Vorrang planungsrechtlicher Festsetzungen deshalb gut zu rechtfertigen, weil die Gemeinde in der Lage ist, im Verfahren zur Aufstellung des Bebauungsplans das Abstandsflächenrecht umfassend zu prüfen und in die Abwägung einzustellen. Die Festsetzungen des Bebauungsplans sind damit zugleich Ergebnis einer abstandsflächenrechtlichen Prüfung. Der Bauherr gerät dadurch in ein rechtssicheres und leicht zu handhabendes Planungsrechtsregime.

Für § 34 BauGB gilt dies nicht. Diese Vorschrift ist nicht darauf ausgerichtet, das Abstandsflächenrecht zu ersetzen. Das, was die planende Gemeinde im Aufstellungsverfahren zu leisten hat, um die Gebietsverträglichkeit von Vorhaben umfassend zu prüfen, wird im unbeplanten Innenbereich regelmäßig auf den Bauantragsteller und die Genehmigungsbehörde verlagert. Diese müssen im Einzelfall sämtliche Voraussetzungen des § 34 BauGB prüfen. Da es die Regel ist, dass im 34er-Gebiet abweichende Gebäudeabstände zu finden sind, wird in den meisten Baugenehmigungsverfahren anhand von in die Bauvorlagen aufzunehmenden Angaben zu prüfen sein, ob die Ziele und Zwecke des Abstandsflächenrechts, nunmehr aber planungsrechtlich von den Tatbestandsmerkmalen des § 34 Abs. 1 Satz 2 BauGB „gesunde Wohn- und Arbeitsverhältnisse" abgelöst, erreicht werden. Dadurch werden der Aufwand für die Erstellung der Bauvorlagen und der Prüfungsaufwand für die Bauaufsichtsbehörde deutlich vergrößert. Umfangreiche Verschattungs- und Belüftungsstudien könnten zu erstellen sein. Mit Nachforderungen zu insoweit relevanten Angaben dürfte oftmals zu rechnen sein. Das Genehmigungsverfahren wird dadurch erheblich teurer sowie zeitlich und inhaltlich umfangreicher. Nicht zuletzt wird der Nachbar gehalten sein, das Genehmigungsverfahren und das genehmigte Vorhaben sehr sorgfältig unter dem Gesichtspunkt des Rücksichtnahmegebots zu prüfen, weil er sich nicht mehr auf die indizielle Wirkung des Abstandsflächenrechts verlassen kann.

Mit dieser Änderung der MBO 2012 ist folglich keinem geholfen. Die ablehnende, gleichwohl fundierte Kommentierung zu einer ähnlichen Regelung der bayerischen Bauordnung sollte den Ländern vor Augen führen, von einer solchen Regelung abzusehen. Andernfalls gefährden sie infolge der Schwierigkeiten im Umgang mit Vorhaben nach § 34 BauGB und den umfangreichen Prüfungen bei der Überplanung von Innenbereichen die Innentwicklung.

Boas Kümper
Zum Anwendungsbereich der Strategischen Umweltprüfung nach dem Urteil des EuGH in der Rechtssache Inter-Environnement Bruxelles

Abstract

Vor dem Hintergrund des Urteil des EuGH In der Rechtssache Inter-Environnement Bruxelles vom 22.03.2012 zur SUP-Pflicht bei völliger oder teilweiser Aufhebung eines Flächennutzungsplans werden die Konsequenzen dieser Entscheidung für das deutsche Planungsrecht aufgezeigt.

Regarding the judgement of the CJEU in the legal matter of Inter-Environnement Bruxelles from 22/03/2012 concerning the Strategic Environment Assessment (SEA) duty in case of complete or partial revocation of a land use plan, the consequences of this decision for German planning law will be shown.

I. Einleitung

Die Europäische Gemeinschaft erkannte schon recht frühzeitig das Problem, dass Umweltbelange in ihren Mitgliedstaaten in ganz unterschiedlicher Weise in behördliche Verfahren für die Zulassung von Projekten Eingang fanden. Bereits im Jahre 1985 wollte sie daher mit Erlass der UVP-Richtlinie den Mitgliedstaaten mit der Umweltverträglichkeitsprüfung ein einheitliches Verfahren zur Verfügung stellen, um Umweltbelange im Rahmen der Projektzulassung zu ermitteln, zu erfassen und zu bewerten.[1] Bald setzte sich allerdings die Erkenntnis durch, dass eine Umweltverträglichkeitsprüfung erst auf der Ebene der Projektzulassung häufig zu spät kommt, weil wichtige Entscheidungen, die erhebliche Umweltfolgen

---

1 Richtlinie 85/337/EWG des Rates vom 27. Juni 1985 über die Umweltverträglichkeitsprüfung, ABl. L 175, S. 40; weiterführende Erläuterungen m. w. N. bei Halama, in: Berkemann/Halama (Hrsg.), Handbuch der Bau- und Umweltrichtlinien der EU, 2. Aufl. 2011, S. 703 ff.

nach sich ziehen können, z. B. eine Standortauswahl, bereits abschließend auf einer vorgelagerten Ebene der Planung getroffen werden.[2] Insbesondere kann eine wirkliche Alternativenprüfung vielfach nur in diesem frühen Stadium stattfinden.[3] Diese Erkenntnis führte nach einem zähen Rechtssetzungsprozess im Jahre 2001 zum Erlass der SUP-Richtlinie.[4] Die durch diese Richtlinie eingeführte Strategische Umweltprüfung (SUP) für Pläne und Programme soll den Mitgliedstaaten ein Verfahren an die Hand geben, das eine möglichst frühzeitige Ermittlung und Berücksichtigung von Umweltfolgen – bereits auf der frühen Ebene der Planung – gewährleistet.[5] In Deutschland wurde die SUP-Richtlinie in zwei Schritten umgesetzt: Zunächst durch das Europarechtsanpassungsgesetz Bau im Jahre 2004 mit der Einführung einer Umweltprüfung in § 2 Abs. 4 BauGB und § 9 ROG, sodann – erst nach Ablauf der Umsetzungsfrist – durch eine Ergänzung des UVP-Gesetzes um Vorschriften über die Strategische Umweltprüfung (§§ 14a-n UVPG).[6]

Ebenso wie die Umweltverträglichkeitsprüfung ist die SUP ein reines Verfahrensinstrument: Es werden lediglich Vorgaben für die Ermittlung, Erfassung und Bewertung von Umweltfolgen für das Verfahren der Erstellung von Plänen und Programmen gemacht. Nicht dagegen werden

---

2 Siehe dazu Schink, NVwZ 2005, 615; Hendler, NVwZ 2005, 977; K. Faßbender, NVwZ 2005, 1122 (1123); Caliess, in: Erbguth (Hrsg.), Strategische Umweltprüfung (SUP), 2006, S. 21; Sydow, DVBl. 2006, 65 (68).
3 In der Alternativenprüfung sieht Ziekow, UPR 1999, 287 (293), den Kern der SUP; daran anschließend Calliess, a. a. O. (Fn. 2), S. 21. Zur Alternativenprüfung im Rahmen der SUP instruktiv Kment, DVBl. 2008, 364 ff.; Wulfhorst, NVwZ 2011, 1099 ff.
4 Richtlinie 2001/42/EG des Europäischen Parlaments und des Rates vom 27. Juni 2001 über die Prüfung bestimmter Pläne und Programme, ABl. L 197, S. 30. Zur Entstehungsgeschichte ausführlich Näckel, Umweltprüfung für Pläne und Programme, 2003, S. 203 ff.; Evers, Die rechtlichen Anforderungen an die EG-Richtlinie zur strategischen Umweltprüfung, 2004, S. 5 ff.; Uebbing, Umweltprüfung bei Raumordnungsplänen, 2004, S. 13 ff.
5 Vgl. nur Calliess, a. a. O. (Fn. 2), S. 21, auch unter Hinweis auf das Vorsorgeprinzip des Art. 191 Abs. 2 Satz 2 AEUV; dazu auch ders., in: Hansmann/Sellner (Hrsg.), Grundzüge des Umweltrechts, 4. Aufl., 2012, Kap. 2 Rn. 67 ff.
6 Zur Umsetzung in das deutsche Recht m. w. N. Halama, a. a. O. (Fn. 1), S. 730 ff.; Kment, in: Hoppe/Beckmann (Hrsg.), UVPG-Kommentar, 4. Aufl., 2012, Einleitung Rn. 36 ff.

materielle Anforderungen an Pläne oder Programme normiert, geschweige denn verschärft.[7] Die SUP-Richtlinie ist auch nicht darauf angelegt, nach dem Motto „viel hilft viel" möglichst viel an Umweltprüfung – etwa eine erschöpfende Umweltprüfung auf allen Ebenen eines mehrstufigen Planungsprozesses – vorzuschreiben. Vielmehr eröffnet die Richtlinie selbst die Möglichkeit einer Abschichtung der Umweltprüfung, indem Art. 5 Abs. 3 SUP-Richtlinie es erlaubt, in mehrstufigen Planungsprozessen auf Informationen zurückzugreifen, die in anderen Planungsstadien gewonnen wurden, so dass Doppel- oder Mehrfachprüfungen vermieden werden können und sollen.[8]

Bei der Bestimmung des Anwendungsbereichs der SUP geht es um zwei Fragenkreise.[9] Zum einen enthält Art. 2 lit. a) der SUP-Richtlinie eine – wenn auch nicht sehr präzise[10] – Definition der „Pläne und Programme", für die die Richtlinie gelten soll. Erfasst sind „Pläne und Programme [...] sowie deren Änderungen, die von einer Behörde auf nationaler, regionaler oder lokaler Ebene ausgearbeitet und/ oder angenommen wurden und die von einer Behörde für die Annahme durch das Parlament oder die Regierung im Wege des Gesetzgebungsverfahrens ausgearbeitet werden und die aufgrund von Rechts- und Verwaltungsvorschriften erstellt werden müssen". In einem zweiten Schritt trifft dann Art. 3 der SUP-Richtlinie eine differenzierte Bestimmung über den Anwendungsbereich der SUP. Dabei ist für bestimmte Pläne und Programme stets eine Umweltprüfung vorgeschrieben (sog. obligatorische SUP), während für andere Pläne und Programme nur dann eine

---

7 Callies, a. a. O. (Fn. 2), S. 31; Kment, a. a. O. (Fn. 6), Einleitung Rn. 21; vgl. auch den 9. Erwägungsgrund der Richtlinie 2001/42/EG, wonach die Richtlinie „den Verfahrensaspekt" betreffen soll; zur UVP-Richtlinie grundlegend BVerwG, Urt. v. 25.01.1996 – 4 C 5.95 – BVerwGE 100, 238 (243); ferner BVerwG, Urt. v. 10.04.1997 – 4 C 5.96 – BVerwGE 104, 236 (242).
8 Zu den Möglichkeiten einer Abschichtung der Umweltprüfung in mehrstufigen Planungsprozessen Sydow, DVBl. 2006, 65 ff.; sowie umfassend Schwarz, Die Umweltprüfung in gestuften Planungsverfahren, Frankfurt am Main 2011; vgl. ferner dens., NuR 2011, 545 ff.
9 Zur Systematik Hendler, in: ders. (Hrsg.), Die strategische Umweltprüfung (sog. Plan-UVP) als neues Instrument des Umweltrechts, 2004, S. 99 (100); Schink, NVwZ 2005, 615 (616 f.); Calliess, a. a. O. (Fn. 2), S. 21 (22 f.).
10 So auch Hendler, DVBl. 2003, 227 (228); ders., NuR 2003, 2; Calliess, a. a. O. (Fn. 2), S. 23; anders Schmidt/Rütz/Bier, DVBl. 2002, 357 (358).

Umweltprüfung durchzuführen ist, wenn die Mitgliedstaaten dies bestimmen (sog. konditionale oder fakultative SUP).[11] In der hier zu analysierenden Entscheidung des EuGH stand der Begriff der Pläne und Programme im Sinne des Art. 2 SUP-Richtlinie – also die erste Stufe des Anwendungsbereichs der SUP – ganz im Vordergrund, so dass die Unterscheidungen des Art. 3 SUP-Richtlinie hier außen vor bleiben sollen.

Für die Fragen um den Anwendungsbereich der SUP ist es von Bedeutung, dass im Rechtssetzungsprozess auf europäischer Ebene die Mitgliedstaaten von Anfang an bestrebt waren, den Geltungsbereich der Richtlinie einzuschränken. Wichtigstes Anliegen der Mitgliedstaaten war es, „politische" Entscheidungen auf Plan- und Programmebene auszuschließen.[12] Deshalb wurde auch die in früheren Entwürfen zur SUP-Richtlinie noch vorgesehene Anwendung der SUP auf „Politiken" – neben Plänen und Programmen – in der Endfassung gestrichen.[13] Auch in der deutschen rechtswissenschaftlichen Literatur, die den Umsetzungsprozess der SUP-Richtlinie begleitete, lassen sich zumindest Tendenzen hin zu einer gewissen Begrenzung der SUP-Pflicht ausmachen.[14] Dem steht nunmehr – zumindest in einigen Punkten – das Urteil des EuGH in der Rechtssache *Inter-Environnement Bruxelles* entgegen.[15]

---

11 Zur Regelung des Art. 3 SUP-RL weiterführend Hendler, NuR 2003, 2 ff.; ders., a. a. O. (Fn. 9), S. 99 (106 ff.); Uebbing, a. a. O. (Fn. 4), S. 56 ff.; Schink, NVwZ 2005, 615 (618 ff.); Calliess, a. a. O. (Fn. 2), S. 23 ff.; Graf, Die Umsetzung der Plan-UP-Richtlinie im Raumordnungsrecht des Bundes und der Länder, Baden-Baden 2006, S. 48 ff.

12 Dazu näher m. w. N. Hendler, a. a. O. (Fn. 9), S. 99 (101); ders., DVBl. 2003, 227 (228 f.); Kment (Fn. 6), Einleitung Rn. 18; zu weiteren Bemühungen der Mitgliedstaaten um eine Einschränkung des Anwendungsbereichs der SUP-Richtlinie Näckel, a. a. O. (Fn. 4), S. 215 ff.

13 Vgl. die früheren Kommissionsentwürfe für eine Richtlinie über die Umweltprüfung bei Politiken, Plänen und Programmen vom 16. August 1990 und vom 04. Juli 1991 (XI/194/90-DE-REV.4 und XII/194/90-DE-REV.4).

14 Dies betrifft vor allem die Beschränkung der SUP-Pflicht auf zwingend vorgeschriebene Pläne und Programme; vgl. dazu vor allem Hendler, DVBl. 2003, 227 (231); sowie dens., a. a. O. (Fn. 9), S. 99 (104 f., 121 f.); ferner Sobotta, NuR 2013, 229 (232); zum Erfordernis einer Planungspflicht noch näher unten, II., III.

15 EuGH, Urt. v. 22.03.2012, Rs. C-567/10 – Inter-Environnement Bruxelles, ZUR 2012, 486.

II. Das Urteil des EuGH

Das Urteil des EuGH erging auf eine Vorlage des belgischen Verfassungsgerichtshofs. Im Ausgangsverfahren war ein nach belgischem Recht sog. besonderer Flächennutzungsplan aufgehoben worden, ohne das dem eine Umweltprüfung vorangegangen war. Das einschlägige belgische Recht sah nämlich vor, die SUP nur bei Erstellung oder Änderung eines derartigen Plans durchzuführen, nicht aber bei dessen vollständiger Aufhebung. Der belgische Verfassungsgerichtshof legte dem EuGH zwei Fragen zur Vorabentscheidung gem. Art. 267 AEUV vor, um die Vereinbarkeit des belgischen Rechts mit der SUP-Richtlinie zu klären:

Zum einen stellte sich dem belgischen Verfassungsgerichtshof die Frage, ob eine SUP-Pflicht auch in den Fällen besteht, in denen die Erstellung eines Plans oder Programms im Ermessen der zuständigen Stelle liegt. Denn in der Entscheidung über die Aufhebung des sog. besonderen Flächennutzungsplans waren die Behörden nach belgischem Recht frei. Der Wortlaut des Art. 2 lit. a) der SUP-Richtlinie lässt sich aber womöglich dahingehend verstehen, dass die SUP-Richtlinie nur für Pläne und Programme gelten soll, zu deren Erlass die zuständigen Stellen verpflichtet sind: Denn danach werden Pläne und Programme als solche Rechtsakte definiert, „die aufgrund von Rechts- und Verwaltungsvorschriften erstellt werden müssen". Die Formulierung „müssen" könnte hier dafür sprechen, dass eine strikte Planungspflicht der jeweiligen Stellen bestehen muss. Die zweite Vorlagefrage betraf das Problem, dass die SUP-Richtlinie nicht ausdrücklich die Aufhebung eines Plans oder Programms der SUP-Pflicht unterwirft, sondern wörtlich nur von der „Ausarbeitung", der „Annahme", der „Änderung" oder der „Erstellung" spricht, so etwa Art. 2 lit. a) SUP-Richtlinie. Dementsprechend hatte das belgische Recht die Umweltprüfung auch nur für diese Fälle vorgesehen.[16]

Der EuGH bejahte beide Vorlagefragen. Zunächst könne die SUP-Pflicht auch für im Ermessen der zuständigen Stellen stehende Planungen eingreifen. Insofern ist es für den EuGH entscheidend, dass eine Reduzierung der SUP-Pflicht auf verpflichtend zu erstellende Pläne und Programme den

---

16 Vgl. die Schilderung bei EuGH, Rs. C-567/10 – Inter-Environnement Bruxelles, ZUR 2012, 486, Tz. 2 ff., 12 ff.

Geltungsbereich der SUP-Richtlinie zu weit einschränken und dieser ihre „praktische Wirksamkeit" nehmen würde. Das Ziel der Richtlinie, ein frühzeitiges Prüfverfahren für Rechtsakte mit voraussichtlich erheblichen Umwelteinwirkungen zu schaffen, könne so nicht effektiv verwirklicht werden. Schließlich könnten auch im Ermessen der zuständigen Stellen stehende Planungen wichtige Entscheidungen für die Bodennutzung festlegen und eine Vielzahl von Projekten betreffen. Auch in diesen Fällen sei es wichtig, die Umweltfolgen frühzeitig zu ermitteln und zu bewerten.[17]

Für den Gerichtshof sind somit teleologische Gesichtspunkte einer effektiven Geltung des Unionsrechts ausschlaggebend vor dem Wortlaut der Richtlinienbestimmung. Dagegen hatte noch Generalanwältin *Kokott* in ihren Schlussanträgen vom 17. November 2011 nach eingehender Analyse des Wortlauts des Art. 2 lit. a) SUP-Richtlinie in verschiedenen Amtssprachen der Union dafür plädiert, die SUP-Richtlinie allein auf diejenigen Pläne und Programme anzuwenden, zu deren Erstellung eine strikte Pflicht besteht.[18] Denn auch diese Sprachfassungen ließen sich ganz überwiegend dahin deuten, dass die Richtlinie eine strikte Planungspflicht fordere. So spricht etwa die englische Fassung der Richtlinie von „required", die französische von „exigés".[19] Der EuGH folgt aber in diesem Punkt den Schlussanträgen der Generalanwältin nicht.[20] Ebenso weicht die Entscheidung des EuGH von der im deutschen rechtswissenschaftlichen Schrifttum ganz überwiegenden Auffassung ab: Auch dort war die Formulierung „müssen" in Art. 2 lit. a) SUP-Richtlinie im Sinne einer strikten Planungspflicht verstanden worden.[21] Und auch der deutsche Gesetzgeber hat sich diese

---

17 EuGH, Urt. v. 22.03.2012, Rs. C-567/10 – Inter-Environnement Bruxelles, ZUR 2012, 486 Tz. 28 ff., insb. Tz. 30, unter Hinweis auf EuGH, Urt. v. 22.09.2011, Rs. C-295/10 – Valčiukienė, ZUR 2012, 298, Tz. 42, dort zu Art. 3 Abs. 2 lit. a) SUP-Richtlinie.
18 Generalanwältin Kokott, Schlussanträge v. 17.11.2011 in der Rs. C-567/10 – Inter-Environnement Bruxelles, Tz. 4 ff., insb. 30.
19 Eingehende Analyse auch der Fassungen weiterer Amtssprachen bei Bunge, NuR 2012, 593 (594).
20 Zur erheblichen Bedeutung der Schlussanträge des Generalanwalts für die Entscheidungen des EuGH vgl. nur Wegener, in: Calliess/Ruffert (Hrsg.), EUV-/AEUV-Kommentar, 4. Aufl., München 2011, Art. 252 AEUV Rn. 3 m. w. N.
21 Siehe etwa Ginzky, UPR 2002, 47 (48); Hendler, a. a. O. (Fn. 9), S. 99 (104 f.); ders., DVBl. 2003, 227 (231 ff.); Näckel, a. a. O. (Fn. 4), S. 221 f.; Uebbing,

Auffassung zu eigen gemacht, wenn er in § 2 Abs. 5 UVPG Pläne und Programme als Rechtsakte definiert, zu deren Ausarbeitung etc. eine Behörde „verpflichtet ist". Die Europäische Kommission hat in ihrem Leitfaden zur Umsetzung der SUP-Richtlinie ebenfalls zwischen freiwilligen und verpflichtend zu erstellenden Plänen und Programmen unterschieden und nur für letztere eine Umweltprüfungspflicht angenommen.[22] Der EuGH versteht aber die Formulierung in Art. 2 Buchstabe a) der SUP-Richtlinie „die aufgrund von Rechts- und Verwaltungsvorschriften erstellt werden müssen" nicht im Sinne einer strikten Planungspflicht, wie es die Formulierung „müssen" vor dem Hintergrund der im deutschen Verwaltungsrecht bestehenden Unterscheidung von gebundenen und Ermessensentscheidungen vielleicht nahe legen würde.[23] Vielmehr sind für ihn „Pläne und Programme, die aufgrund von Rechts- und Verwaltungsvorschriften erstellt werden müssen" solche Pläne und Programme, „deren Erlass in Rechts- und Verwaltungsvorschriften geregelt ist".[24] Diese Planungen müssen also auf irgendeiner normativen Grundlage ergehen, was z. B. bereits der Fall

---

a. a. O. (Fn. 4), S. 47 ff.; Calliess, a. a. O. (Fn. 2), S. 21 (23); Schink, NVwZ 2005, 615 (617); Peters/Balla, UVPG-Kommentar, 3. Aufl., Baden-Baden 2006, § 2 Rn. 60; Verwiebe, Umweltprüfung auf Plan- und Programmebene, 2007, S. 66, 69; Appold, in: Hoppe/Beckmann (Hrsg.), UVPG-Kommentar, 4. Aufl., Köln 2012, § 2 Rn. 105; Sobotta, NuR 2013, 229 (232); anders soweit ersichtlich nur Feldmann, UVP-Report 2000, 109 (110); Töllner, Anwendungsbereich und Umsetzung der Plan-UVP-Richtlinie, 2004, S. 12; sowie Gassner, UVPG-Kommentar, 2006, § 2 Rn. 69 ff.

22 Europäische Kommission, Umsetzung der Richtlinie 2001/42/EG des Europäischen Parlaments und des Rates über die Prüfung der Umweltauswirkungen bestimmter Pläne und Programme, 2003, Nr. 3.1.5.

23 Zur Unterscheidung von Ermessen und gebundener Verwaltungsentscheidung allgemein Jestaedt, in: Erichsen/Ehlers (Hrsg.), Allgemeines Verwaltungsrecht, 14. Aufl., Berlin 2010, § 11 Rn. 10 ff., 27 ff.; Maurer, Allgemeines Verwaltungsrecht, 18. Aufl. 2011, § 7 Rn. 7 ff.; Hoffmann-Riem, in: ders./Schmidt-Aßmann/Voßkuhle (Hrsg.), Grundlagen des Verwaltungsrechts, Bd. I, 2. Aufl., München 2012, § 10 Rn. 70 ff., 81 ff.

24 EuGH, Urt. v. 22.03.2012, Rs. C-567/10 – Inter-Environnement Bruxelles, ZUR 2012, 486, Tz. 31. Ganz in diesem Sinne auch bereits Feldmann, UVP-Report 2000, 109 (110): Es genüge, wenn Pläne und Programme auf Rechts- oder Verwaltungsvorschriften basierten bzw. in einem rechtlich fixierten Verfahren erstellt würden. Anders mit Deutlichkeit Hendler, DVBl. 2003, 227 (231 f.); Schink, NVwZ 2005, 615 (617).

ist, wenn Regelungen über die Zuständigkeit oder das bei der Planerstellung einzuhaltende Verfahren bestehen.[25]

Auch die zweite Vorlagefrage bejahte der EuGH: Eine SUP-Pflicht könne auch vor Aufhebung eines Plans bestehen, auch wenn die SUP-Richtlinie die Aufhebung nicht eigens erwähne. Insofern ist für den Gerichtshof ausschlaggebend – und hier folgt er den Schlussanträgen der Generalanwältin[26] –, dass die Aufhebung eines Plans oder Programms sich qualitativ nicht von der Erstellung oder Änderung unterscheide. Denn auch die Aufhebung eines Plans könne – ebenso wie die Aufstellung oder Änderung – den rechtlichen Bezugsrahmen, die Modalitäten der Bodennutzung etwa, beeinflussen. Dieser veränderte Regelungsrahmen aber könne auch erhebliche Umweltauswirkungen zur Folge haben.[27] Auch mit Blick auf die Aufhebung von Plänen und Programmen sei daher der Kreis, der von der SUP-Richtlinie erfassten Rechtsakte weit auszulegen, um das Ziel der Richtlinie, ein hohes Umweltschutzniveau zu gewährleisten, effektiv zu verwirklichen.[28]

III. Einordnung und Bewertung des Urteils

Insgesamt wird an den Ausführungen des Gerichtshofs deutlich, dass er die Begriffsdefinitionen der SUP-Richtlinie im Zweifel weit verstanden wissen will, wobei er auf eine effektive Verwirklichung der Zielsetzung der Richtlinie größeren Wert legt als auf den Wortlaut der betreffenden Bestimmungen. Ein derartiges, eher weites Begriffsverständnis ist auch bereits in der vorangegangenen Rechtsprechung des EuGH zur SUP-Richtlinie

---

25 EuGH, Urt. v. 22.03.2012, Rs. C-567/10 – Inter-Environnement Bruxelles, ZUR 2012, 486, Tz. 31; ebenso Bunge, NuR 2012, 593 (597).
26 Generalanwältin Kokott, Schlussanträge v. 17.11.2011 in der Rs. C-567/10 – Inter-Environnement Bruxelles, Tz. 35 ff. und 45, die (Tz. 37) auf das aus deutscher Sicht anschauliche Beispiel der Aufhebung eines Bebauungsplans hinweist: der rechtliche Rahmen für die Vorhabenzulassung ändere sich, weil nicht mehr § 30 BauGB, sondern § 34 oder § 35 BauGB für die bauplanungsrechtliche Zulässigkeit gelten.
27 EuGH, Urt. v. 22.03.2012, Rs. C-567/10 – Inter-Environnement Bruxelles, ZUR 2012, 486, Tz. 33 ff., insb. Tz. 38 f.
28 EuGH, Urt. v. 22.03.2012, Rs. C-567/10 – Inter-Environnement Bruxelles, ZUR 2012, 486, Tz. 37, 41.

auszumachen.[29] So hat der EuGH etwa in der Rechtssache *Terre wallone* bestimmte sog. Aktionsprogramme, die nach der Nitrat-Richtlinie[30] der Union zu erstellen sind, als Pläne und Programme qualifiziert, für die gem. Art. 3 Abs. 2 lit. a) SUP-Richtlinie obligatorisch eine Umweltprüfung durchzuführen ist.[31] Dort wie in der Entscheidung *Inter-Environnement Bruxelles* erfolgt die weite Auslegung der Begriffsbestimmung der Pläne und Programme aus teleologischen Gründen einer effektiven Verwirklichung der Zielsetzungen der SUP-Richtlinie.[32] Dieses Effizienzgebot – der *effet utile* – ist ein konstanter Topos in den Begründungen des Gerichtshofs;[33] in dieser Hinsicht ist die Entscheidung Inter-Environnement Bruxelles kaum überraschend.

Der Ansatz und die Entscheidung des EuGH können im Grundsatz überzeugen.[34] Dies gilt zunächst für die Einbeziehung auch der im Ermessen der zuständigen Stellen stehenden Pläne und Programme. Zwar mag in der Tat der Wortlaut der SUP-Richtlinie in den allermeisten Sprachfassungen darauf hindeuten, eine strikte Planungspflicht zu fordern.[35] Doch sind die Umweltauswirkungen eines Plans oder Programms, die mithilfe des durch die SUP-Richtlinie normierten Verfahrens erfasst und bewertet werden sollen, nicht davon abhängig, ob eine strikte Planungspflicht

---

29 So auch Epiney, EurUP 2011, 128 (135); Sobotta, NuR 2013, 229 (232).
30 Richtlinie 91/676/EWG des Rates vom 12. Dezember 1991 zum Schutz der Gewässer vor Verunreinigung durch Nitrat, ABl. L 375, S. 1.
31 EuGH, Urt. v. 17.06.2010, verb. Rs. C-105/09 u. C-110/09, Slg. 2010, I-5611 = ZUR 2010, 475, – Terre wallone, Tz. 35 ff., 42 ff.
32 EuGH, Urt. v. 17.06.2010, verb. Rs. C-105/09 u. C-110/09, Slg. 2010, I-5611 ZUR 2010, 475, – Terre wallone, Tz. 40 f.; überwiegend zustimmend Kahl, JZ 2012, 667 (671); vgl. ferner EuGH, Urt. v. 22.09.2011, Rs. C-295/10 – Valčiukienė, ZUR 2012, 298, Tz. 39 ff.
33 Allgemein weiterführend Streinz, in: Festschrift für Ulrich Everling, 1995, S. 1491 ff.; Calliess, in: ders./Ruffert (Hrsg.), EUV-/AEUV-Kommentar, 4. Aufl. 2011, Art. 5 EUV Rn. 16 ff., insb. Rn. 18 f.; speziell für die SUP-Richtlinie auch EuGH, Urt. v. 22.09.2011, Rs. C-295/10 – Valčiukienė, ZUR 2012, 298 Tz. 39 ff., insb. Tz. 42.
34 Nur aus Gründen einer Effektuierung der Umweltvorsorge zustimmend Bunge, NuR 2012, 593 (596, 602 f.), der das Urteil jedoch in methodischer Hinsicht kritisiert.
35 Ausführlich m. w. N. Bunge, NuR 2012, 593 (594 f.); starke Betonung des Wortlauts bei Hendler, DVBl. 2003, 227 (231 f.).

oder ob ein Ermessen besteht.[36] Auch kann der Wortlaut der Richtlinie gerade im Bereich des Planungsrechts nicht ausschlaggebend sein – zu unterschiedlich sind die verschiedenen Formen der Planung oder Programmsetzung in den Mitgliedstaaten der Union, und deshalb unterscheidet die SUP-Richtlinie auch letztlich nicht zwischen Plänen und Programmen, sondern stellt an beide Erscheinungsformen die selben Anforderungen.[37] Die Unterscheidung von strikten Planungspflichten und Ermessensspielräumen lässt sich aber auch aus Sicht des deutschen Planungsrechts kaum durchhalten. Ein Beispiel bietet bereits die zentrale Vorschrift des § 1 Abs. 3 Satz 1 BauGB, wonach die Gemeinden Bauleitpläne aufzustellen haben, sobald und soweit es für die städtebauliche Entwicklung und Ordnung erforderlich ist. Hier wird den Gemeinden zwar dem Wortlaut nach („haben aufzustellen") eine strikte Planungspflicht auferlegt; bei der Beurteilung der sog. städtebaulichen Erforderlichkeit haben sie aber einen weiten Einschätzungsspielraum – ganz selten, nur in Ausnahmefällen verdichtet sich § 1 Abs. 3 Satz 1 BauGB zu einem unbedingten Planungsgebot.[38] Vor diesem Hintergrund sollte man die Bauleitplanung jedenfalls nicht mit Selbstverständlichkeit als eine verpflichtend zu erstellende Planung einordnen.[39] Und dass der Wortlaut gesetzlicher Bestimmungen auch im deutschen Planungsrecht vielfach eine nur untergeordnete Rolle spielt, zeigt sich z. B. an den verschiedenen „Anpassungs"-pflichten des BauGB: Während das „Anpassen" in § 1 Abs. 4 BauGB im Sinne einer auf umfassende „materielle Konkordanz" von Raumordnung und Bauleitplanung zielende Planungspflicht verstanden wird,[40] soll das selbe Wort in § 7 Satz 1 BauGB

---

36 Darauf weist auch bereits Hendler, DVBl. 2003, 227 (231), hin.
37 Dazu bereits Hendler, DVBl. 2003, 227 (228 f.); Calliess, a. a. O. (Fn. 2), S. 21 (22); nunmehr auch erkennbar EuGH, Urt. v. 17.06.2010, verb. Rs. C-105/09 u. C-110/09, Slg. 2010, I-5611 ZUR 2010, 475, – Terre wallone, Tz. 32 ff.; vgl. dazu auch Epiney, EurUP 2011, 128 (134).
38 Im Einzelnen statt aller Gierke, in: Brügelmann, BauGB-Kommentar, Loseblattsammlung, 78. Lfg. Mai 2011, § 1 Rn. 141 ff., insb. 147 ff.
39 So aber unter Verweis auf § 1 Abs. 3 Satz 1 BauGB etwa Uebbing, a. a. O. (Fn. 4), S. 49 f.; in der Tendenz auch Bunge, NuR 2012, 593 (599).
40 Siehe etwa BVerwG, Urt. v. 17.09.2003 – 4 C 14.01 – BVerwGE 119, 25 (39); ferner Söfker, in: Ernst/Zinkahn/Bielenberg/Krautzberger, BauGB-Kommentar, Loseblattsammlung, 108. Lfg. 2013, § 1 Rn. 67 m. w. N.

inhaltlich dasselbe bedeuten wie das „Entwickeln" in § 8 Abs. 2 Satz 1 BauGB und damit einen – zumindest vermeintlich – weiteren Gestaltungsspielraum eröffnen.[41]

Vor allem jedoch entspricht die Einbeziehung auch der Ermessensplanungen in den Anwendungsbereich der SUP dem Regelungsansatz des Unionsrechts.[42] Die SUP-Richtlinie kann den Mitgliedstaaten schließlich nicht eine bestimmte Unterscheidung von gebundenen und im Ermessen stehenden Planungen vorgeben, zumal entsprechende dogmatische Differenzierungen auf europäischer Ebene – jedenfalls in dieser Form – (noch) nicht ausgeprägt sind.[43] Will die SUP-Richtlinie allen Mitgliedstaaten gleichermaßen ein einheitliches Verfahren zur Erfassung und Bewertung von Umweltfolgen an die Hand geben,[44] kann sie sich nicht auf ein bestimmtes Verständnis der „Planungspflicht" festlegen. Deshalb lässt sich auch das Erfordernis einer zwingenden Rechtspflicht zur Planung nicht ohne weiteres mit dem Anliegen der Mitgliedstaaten im Rechtssetzungsprozess begründen, „politische" Entscheidungen von der SUP-Pflicht auszunehmen, und darauf verweisen, allein die freie Entscheidung über die Aufstellung eines Plans oder Programms sei bereits „Kennzeichen des Politischen".[45] Denn aufgrund der planerischen Gestaltungsfreiheit weist letztlich jede Planungsentscheidung einen

---

41 BVerwG, Urt. v. 24.11.2010 – 9 A 13.09, BVerwGE 138, 227 Rn. 36; Paetow, UPR 1990, 321 (323); Kraft, BauR 1999, 829 (832 f.); weitere Nachweise bei Kümper, UPR 2013, 7 (13); anders nur Gierke, a. a. O. (Fn. 38), § 7 Rn. 101c, der einen Gleichlauf zu § 1 Abs. 4 BauGB befürwortet.

42 Allgemein zu den verschiedenen Regelungsansätzen des europäischen Umweltsekundärrechts Calliess, a. a. O. (Fn. 5), Rn. 169 ff.

43 Zu den Schwierigkeiten, aus unionsrechtlicher Sicht eine Rechts- oder Handlungsform der Planung zu konturieren, Gärditz, Europäisches Planungsrecht, 2009, S. 3 ff.; zur mangelnden dogmatischen Ausdifferenzierung administrativer Entscheidungs- und Gestaltungsfreiheit im Unionsrecht ebenda, S. 71 f.; vgl. ferner Hoffmann-Riem, a. a. O. (Fn. 23), § 10 Rn. 73 ff. Mit Blick auf die auffällige „geringe Detailschärfe" der Begriffsbestimmung in Art. 2 lit. a) SUP-Richtlinie auch bereits Hendler, DVBl. 2003, 227 (228): Diese Konzeption der Richtlinie verbiete es, in die allgemeine Begriffsbestimmung zusätzliche Merkmale hineinzulesen.

44 Zu dieser Zielsetzung der SUP-Richtlinie nur Kment, a. a. O. (Fn. 6), Einleitung Rn. 18, 20.

45 So vor allem Hendler, a. a. O. (Fn. 9), S. 99 (104); vgl. auch dens., DVBl. 2003, 227 (229, 231 f.); Näckel, a. a. O. (Fn. 4), S. 222.

„politischen" Charakter auf, weil es um eine „volitive Prioritätensetzung" mit Blick auf kollidierende, typischerweise durch den Gesetzgeber in ihrem Gewicht noch nicht abschließend bewertete Interessen geht.[46] Vor diesem Hintergrund ist es berechtigt, die Auslegung des Begriffs „Pläne und Programme" an einer materiellen, am Ziel der Richtlinie orientierten Sicht auszurichten. Der Ausschluss „politischer" Pläne und Programme betrifft dann allein die „allgemeinen politischen Entscheidungen an der Spitze der Entscheidungshierarchie", wie es in der Begründung zur ursprünglichen Fassung des Art. 2 lit. a) SUP-Richtlinie hieß.[47]

Desweiteren überzeugt es, die SUP-Pflicht im Grundsatz auch auf die Aufhebung von Plänen und Programmen zu erstrecken. Denn die Auswirkungen auf Umweltbelange können bei der Planaufhebung ebenso erheblich sein wie bei der Planaufstellung; insofern ist es in der Tat entscheidend, dass auch die Aufhebung eines Plans den rechtlichen Bezugsrahmen für die Zulassung von Vorhaben mit Blick auf die Umweltfolgen maßgeblich verändern kann. Natürlich erlaubt auch die SUP-Richtlinie den Mitgliedstaaten den „Ausstieg" aus einer Planung oder Planungsebene; sie schreibt den Mitgliedstaaten nicht etwa eine Mehrzahl von Planungsebenen, nicht einmal das Rechtsinstitut der „Pläne und Programme" vor.[48] Die Staaten könnten die Bodennutzung womöglich auch allein über das Verfahren der Vorhabenzulassung regeln. Erlassen aber die Mitgliedstaaten Pläne und Programme und schlagen somit den Weg dieser Steuerungsmöglichkeit ein, so müssen sie eine Umweltprüfung nicht nur im Falle der Planaufstellung oder Planänderung, sondern auch vor Aufhebung eines Plans oder Programms durchführen.

IV. Folgerungen für das deutsche Planungsrecht

Die Entscheidung des EuGH in der Rechtssache *Inter-Environnement Bruxelles* ist aus der Sicht des deutschen Umwelt- und Planungsrechts bisher vor allem dahingehend interpretiert worden, sie führe zu einer erheblichen

---

46 Gärditz, a. a. O. (Fn. 43), S. 10; im Anschluss an Schmidt-Aßmann, in: Festschrift für Otto Schlichter, 1995, S. 3 (11).
47 Vorschlag für eine Richtlinie des Rates über die Prüfung der Umweltauswirkungen bestimmter Pläne und Programme, KOM (96), 511 (endg.). Deutlich weiteres Verständnis des „Politischen" bei Hendler, DVBl. 2003, 227 (232).
48 In diese Richtung auch Bunge, NuR 2012, 593 (598).

Ausweitung des Anwendungsbereichs der SUP.[49] So richtig diese Einschätzung in den vielen Punkten ist (1.), eröffnet jedoch der Argumentationsansatz des EuGH, führt man ihn konsequent fort, auf der anderen Seite auch Ansatzpunkte für eine Begrenzungen der SUP-Pflicht (2.).

1. Erweiterungen des Anwendungsbereichs der SUP

Zunächst führt das Urteil zu einer nicht unerheblichen Ausweitung des Anwendungsbereichs der SUP, weil die SUP-Pflicht sich nun grundsätzlich auch auf die im behördlichen Ermessen stehenden Planungen erstrecken kann. Die Mitgliedstaaten können vor diesem Hintergrund Pläne und Programme nicht mehr dadurch von der Umweltprüfung freistellen, dass sie die Entscheidung über den Erlass, die Änderung oder die Aufhebung eines Plans den zuständigen Stellen mehr oder weniger überlassen.[50] Den Mitgliedstaaten bliebt lediglich die – wenn auch eher theoretische – Möglichkeit, die SUP-Pflicht für bestimmte Pläne und Programme auszuschließen, indem sie die Planung nicht durch abstrakt-generelle Vorschriften regeln bzw. einschlägige Rechts- und Verwaltungsvorschriften aufheben.[51] Denn der Gerichtshof versteht unter Plänen und Programmen im Sinne des Art. 2 lit. a) SUP-Richtlinie solche Pläne und Programme, „deren Erlass in Rechts- oder Verwaltungsvorschriften geregelt ist", das heißt eine normativ nicht geregelte, gleichsam „gesetzesfreie" Planung unterliegt weiterhin nicht der SUP-Pflicht. „Gesetzesfreie" Planung erscheint aber jedenfalls aus der Perspektive des deutschen Rechts nur in Ausnahmefällen möglich oder auch nur sinnvoll: Zum einen ist ein normativer Rahmen für die Planung in vielen Fällen rechtlich – auch verfassungsrechtlich – geboten (sog. Vorbehalt des Gesetzes).[52] Zum anderen ist die Verwaltungspraxis auf das Bestehen beispielsweise von Zuständigkeits- oder Verfahrensregelungen im Interesse einer Rationalisierung des Planungsverfahrens angewiesen.[53]

---

49 So das Ergebnis der eingehenden Analyse von Bunge, NuR 2012, 593 (598 ff.).
50 Dazu oben, III.; ferner Bunge, NuR 2012, 593 (597 f.).
51 Ebenso bereits Bunge, NuR 2012, 593 (598).
52 Allgemein zu den rechtsstaatlichen Anforderungen an die Planung vor allem Schmidt-Aßmann, DÖV 1974, 541 ff.; Berkemann, in: Festschrift für Otto Schlichter, 1995, S. 27 ff.
53 Darauf weist zu Recht Bunge, NuR 2012, 593 (598), hin.

Infolge der Erstreckung des Anwendungsbereichs der SUP auf im behördlichen Ermessen stehende Pläne und Programme sind nun verschiedene Planungen der Umweltprüfung zu unterziehen, die nach bisherigem Verständnis nicht SUP-pflichtig waren. Für die Bauleitplanung – die wegen § 1 Abs. 3 Satz 1 BauGB einer Ermessensplanung jedenfalls nahe kommt[54] – stellt sich dieses Problem allerdings nicht in großer Schärfe, weil § 2 Abs. 4 BauGB die Umweltprüfung einheitlich für alle Bauleitpläne anordnet, wobei der deutsche Gesetzgeber mit dieser Entscheidung über die Vorgaben der SUP-Richtlinie weit hinausgegangen ist.[55] Ebenso wirkt sich die Erstreckung der SUP-Pflicht auf die Planaufhebung nicht auf die Bauleitplanung aus, weil für diese bereits § 1 Abs. 8 BauGB die Aufhebung von Bauleitplänen deren Aufstellung und Änderung gleichstellt. Eine entsprechende Regelung trifft auch § 7 Abs. 7 ROG, nicht aber § 2 Abs. 4 UVPG, der die Aufhebung eines Plans oder Programms nicht ausdrücklich erwähnt.

Praktisch wie dogmatisch bedeutsam ist die Erstreckung der SUP-Richtlinie auf im behördlichen Ermessen stehende Pläne und Programme jedoch für die Schutzgebietsausweisungen z. B. nach Naturschutzrecht (§§ 20 ff. BNatSchG) oder Wasserhaushaltsrecht (§§ 51 ff. WHG). Unterfielen diese wegen des bestehenden behördlichen Ermessens auf der Grundlage der bisher herrschenden Auffassung nicht der SUP-Richtlinie,[56] greift diese Einschränkung aufgrund des EuGH-Urteils nun nicht mehr. Zwar wird der Planungscharakter von Schutzgebietsfestsetzungen im deutschen rechtswissenschaftlichen Schrifttum bisweilen mit der Begründung bestritten, bei diesen Entscheidungen bestehe kein planerischer Gestaltungsspielraum, sondern lediglich ein „normales Verwaltungsermessen".[57] Diese

---

54 Dazu vorstehend, sub III.
55 Vgl. etwa Halama, a. a. O. (Fn. 1), S. 730 f.; Schink, NVwZ 2005, 615; deutliche Kritik an dieser „überschießenden" Umsetzung bei K. Faßbender, NVwZ 2005, 1122 (1128).
56 Ausdrücklich für Schutzgebietsausweisungen Peters/Balla, UVPG-Kommentar, 3. Aufl., Baden-Baden 2006, § 2 Rn. 60; zum allgemeinen Ausschluss der SUP-Pflicht für Ermessensplanungen vgl. die Nachweise in Fn. 21.
57 So etwa Obermayer, VVDStRL 18 (1960), S. 144 (148 f.); Kühling/Herrmann, Fachplanungsrecht, 2. Aufl., Neuwied 2000, Rn. 11. Den Planungscharakter von Schutzgebietsfestsetzungen aus Sicht des deutschen Rechts dagegen bejahend: Schmidt-Aßmann, DÖV 1986, 985 f.; Peters, DVBl. 1987, 990 (991); ders., UPR 1988, 325 (328); Hoppe/Beckmann/Kauch (Hrsg.), Umweltrecht, 2.

Diskussion hat im deutschen Recht Bedeutung für das Maß an gerichtlicher Kontrolldichte, ist aber für die Frage nach der Anwendbarkeit der SUP nicht von Belang. Vielmehr verlangt die SUP-Richtlinie eine autonome, europarechtliche Auslegung des Begriffs „Pläne und Programme",[58] und insofern kann es auf die im Unionsrecht nicht bekannte Unterscheidung von „Planungsermessen" und „Verwaltungsermessen" nicht ankommen. Entscheidend für den Planungscharakter der Schutzgebietsausweisungen ist aus Sicht der SUP-Richtlinie, dass jene einen rechtlichen Rahmen für die Nutzung der betreffenden Gebiete setzen, der nicht allein die Zulassung eines einzelnen Projekts betrifft, sondern dieser gerade vorgelagert ist.[59]

Desweiteren dürften nunmehr auch bodenschutzrechtliche Sanierungspläne, die nach § 14 BBodSchG behördlich erstellt oder nach § 13 Abs. 6 BBodSchG behördlich für verbindlich erklärt werden können, dem Anwendungsbereich der SUP-Richtlinie unterfallen. Weil der Begriff der Pläne und Programme i. S. d. SUP-Richtlinie autonom unionsrechtlich, also unabhängig von der Handlungsformenlehre des deutschen Rechts, zu bestimmen ist, ist es auch insofern unschädlich, dass die bodenschutzrechtlichen Sanierungspläne bzw. die Verbindlicherklärung als Verwaltungsakte zu qualifizieren sind;[60] entscheidend ist lediglich, dass es sich funktional um Planungen handelt, weil sie auf einer der Projektzulassung vorgelagerten Ebene ansetzen und mehrere Maßnahmen der Sanierung koordinieren sollen.[61]

Aufl., München 2000, § 7 Rn. 24 ff., Durner, Konflikte räumlicher Planungen, Tübingen 2005, S. 64.

58 Zum unionsrechtlichen Gebot der autonomen Begriffsauslegung bereits EuGH, Urt. v. 23.03.1982, Rs. C-53/81, Slg. 1982, I-1035, Tz. 11 – Levin; EuGH, Urt. v. 03.07.1986, Rs. C-66/85, Slg. 1986, I-2121, Tz. 16 – Lawrie Blum.

59 Den Planungscharakter der Schutzgebietsausweisungen offen lassend Bunge, NuR 2012, 593 (600).

60 Dazu näher Spieth, in: Beck'scher Online-Kommentar Umweltrecht, Stand 01.04.2013, § 14 BBodSchG Rn. 19 f.; zu den bodenschutzrechtlichen Sanierungsplänen weiterführend Scherer-Leydecker, in: Hansmann/Sellner (Hrsg.), Grundzüge des Umweltrechts, 4. Aufl., Berlin 2012, Kap. 9 Rn. 148 ff.

61 Überzeugend Bunge, NuR 2012, 593 (600); ein Einzelfallbezug schließt das Vorliegen eines Plans oder Programms i. S. d. SUP-Richtlinie nicht aus: vgl. bereits EuGH, Urt. v. 22.09.2011, Rs. C-295/10 – Valčiukienė, ZUR 2012 Tz. 39 ff.

Neben diesen – hier lediglich beispielhaft aufgezählten – Rechtsakten sind infolge des EuGH-Urteils zahlreiche weitere fakultative Pläne und Programme des deutschen Rechts daraufhin durchzumustern, ob sie nicht einer Umweltprüfung bedürfen, obwohl eine Planungspflicht im strikten Sinne nicht besteht. Insofern ist es wichtig, zu beachten, dass sich der Anwendungsbereich der SUP über den Begriff der Pläne und Programme nach Art. 2 lit. a) SUP-Richtlinie nun zwar auch grundsätzlich auf Ermessensplanungen erstreckt, zur Begründung der SUP-Pflicht aber stets in einem zweiten Schritt die Voraussetzungen des Art. 3 SUP-Richtlinie zu prüfen sind.[62] Das Urteil des EuGH führt also nicht etwa dazu, dass nunmehr alle rechtlich geregelten freiwilligen Pläne und Programme der SUP-Pflicht unterliegen.[63] Bei der Prüfung der SUP-Pflicht wird in Fortführung des Begründungsansatzes des EuGH vorrangig auf den Zweck der SUP-Richtlinie abzustellen sein, „ein Prüfverfahren für Rechtsakte zu schaffen, die voraussichtlich erhebliche Umweltauswirkungen haben, die Kriterien und Modalitäten der Bodennutzung festlegen und normalerweise eine Vielzahl von Projekten betreffen, bei deren Durchführung die in diesen Rechtsakten vorgesehenen Regeln und Verfahren einzuhalten sind".[64] Es sollen möglichst vollständig diejenigen Pläne und Programme erfasst werden, die voraussichtlich erhebliche Umweltauswirkungen haben.[65] Dies führt einerseits zu einem tendenziell offenen und weiten Verständnis der Begriffe „Pläne und Programme", die in der Richtlinie gerade nicht präzise definiert wurden,[66] ggf. auch der obligatorischen Prüfungspflicht nach Art. 3 SUP-Richtlinie.[67] Andererseits führt eine an der Zielsetzung der Richtlinie orientierte Auslegung aber auch dazu, dass

---

62 Zur Systematik bereits oben, sub I., sowie die Nachweise in Fn. 9.
63 Klarstellend auch Bunge, NuR 2012, 593 (598).
64 EuGH, Urt. v. 22.03.2012, Rs. C-567/10 – Inter-Environnement Bruxelles, ZUR 2012, 486, Tz. 30; unter Verweis auf Art. 1 SUP-Richtlinie; dazu auch Kment, a. a. O. (Fn. 6), Einleitung Rn. 20.
65 So bereits Hendler, a. a. O. (Fn. 9), S. 99 (122); zuletzt Sobotta, NuR 2013, 229 (232) ; zum „Schlüsselbegriff" der „voraussichtlich erheblichen Umweltauswirkungen" ausführlich Graf, a. a. O. (Fn. 11), S. 43 ff.
66 Dazu auch Hendler, DVBl. 2003, 227 (228 f.).
67 In diese Richtung EuGH, Urt. v. 17.06.2010, verb. Rs. C-105/09 u. C-110/09, Slg. 2010, I-5611 = ZUR 2010, 475, – Terre wallone, Tz. 35 ff., 42 ff.; EuGH, Urt. v. 22.09.2011, Rs. C-295/10 – Valčiukienė, ZUR 2012, 298, Tz. 39 ff.

nur diejenigen Pläne und Programme als SUP-pflichtig anzusehen sind, die voraussichtlich erhebliche Umweltauswirkungen haben. Ob daher etwa Sanierungssatzungen (§ 142 BauGB) oder Abrundungssatzungen (§ 34 Abs. 4 BauGB), die aufgrund der in ihnen getroffenen Regelungen oder aufgrund ihres geringen räumlichen Geltungsbereichs jedenfalls regelmäßig nur geringe Umweltauswirkungen haben, von der SUP-Pflicht erfasst werden, erscheint zweifelhaft.[68] Diese Planungen können nach dem Urteil des EuGH in der Rechtssache *Inter-Environnement Bruxelles* zwar nicht mehr mit der Begründung von der SUP freigestellt werden, sie stünden im behördlichen Ermessen; doch greift der Zweck der Umweltprüfung bei ihnen nicht.

Ein kurzer Ausblick sei an dieser Stelle auf die Frage nach dem rechtlichen Schicksal von Plänen und Programmen geworfen, die – etwa aufgrund behördlichen Ermessens – vermeintlich keiner SUP-Pflicht unterlagen und deshalb einer Umweltprüfung nicht unterzogen wurden. Es fragt sich, ob derartige den nunmehr durch den EuGH geklärten Vorgaben der SUP-Richtlinie widersprechende Rechtsakte stets als unwirksam bzw. unanwendbar[69] anzusehen sind oder ob sie unter bestimmten Voraussetzungen womöglich vorübergehend weiterhin Anwendung finden können. Vor dem Hintergrund der Diskussion um die Unionsrechtskonformität nationaler Regelungen über die Veranstaltung von Sportwetten wurde die Auffassung entwickelt, unionsrechtswidriges nationales Recht könne unter bestimmten Voraussetzungen in Ausnahmefällen vorläufig weiterhin zur Anwendung kommen, wenn andernfalls eine inakzeptable Rechtslücke entstünde, d. h. ein Zustand, der dem Unionsrecht noch ferner stünde als eine zeitlich begrenzte weitere Anwendung nationalen Rechts.[70]

---

68 Für eine SUP-Pflichtigkeit von Abrundungs- und Sanierungssatzungen daher Bunge, NuR 2012, 593 (599).
69 Allgemein zur Unterscheidung von Anwendungs- und Geltungsvorrang des Unionsrechts Oppermann/Classen/Nettesheim (Hrsg.), Europarecht, 4. Aufl., München 2010, § 11 Rn. 27 ff.; Streinz, Europarecht, 9. Aufl., Heidelberg 2012, Rn. 201 ff.
70 Grundlegend Ehlers/Eggert, JZ 2008, 585 ff. (insb. 589 ff.); vgl. ferner Beljin, NVwZ 2008, 156 ff.; sowie m. w. N. Willers, Verfassungsgerichtliche Übergangsfristen im Mehrebenensystem, Berlin 2011, insb. S. 73 ff., 87 ff.

Diesem Gedanken ist der EuGH nunmehr auch in seinem Urteil in der Rechtssache *Inter-Environnement Wallonie und Terre wallone* gefolgt, das wenige Wochen vor der Entscheidung *Inter-Environnement Bruxelles* erging.[71] Das Ausgangsverfahren betraf ein nach der Nitrat-Richtlinie 91/676/EWG erstelltes Aktionsprogramm, das einer Umweltprüfung nicht unterzogen worden war; hätte das vorlegende Gericht jedoch dieses Programm für unwirksam bzw. unanwendbar erklärt, so hätten bis zur Inkraftsetzung eines neuen, der SUP-Pflicht genügenden Aktionsprogramms die Vorgaben der Nitrat-Richtlinie nicht umgesetzt werden können. Die Sanktionierung des Verstoßes gegen die SUP-Richtlinie hätte also den Verstoß gegen eine andere unionsrechtliche Vorgabe nach sich gezogen. Der Gerichtshof entschied, ein nationales Gericht könne in einem solchen Falle ausnahmsweise berechtigt sein, die Wirkungen eines unionsrechtswidrigen Rechtsakts aufrechtzuerhalten, sofern durch dessen Nichtigkeit „ein rechtliches Vakuum geschaffen würde, das insofern noch nachteiliger für die Umwelt wäre, als die Nichtigerklärung zu einem geringeren Schutz der Gewässer vor Verunreinigungen durch Nitrat führen würde und damit dem wesentlichen Zweck dieser Richtlinie zuwiderliefe". Allerdings komme dies nur für den Zeitraum in Betracht, der „zwingend notwendig" sei, um das neue, den Anforderungen der SUP-Richtlinie genügende Programm in Kraft zu setzen.[72]

2. Teleologische Einschränkungen der SUP-Pflicht in „Planungshierarchien"

Neben der nicht zu bestreitenden Ausweitung des Anwendungsbereichs der SUP enthält das Urteil des EuGH in der Rechtssache *Inter-Environnement Bruxelles* aber auch eine Passage, die Möglichkeiten einer signifikanten Einschränkung der SUP eröffnet. Der EuGH führt nämlich mit Blick auf die SUP-Pflichtigkeit einer Aufhebung von Plänen und Programmen aus,

---

71 EuGH, Urt. v. 28.02.2012, Rs. C-41/11 – Inter-Environnement Wallonie und Terre wallone, ZUR 2012, 359 ff.
72 EuGH, Urt. v. 28.02.2012, Rs. C-41/11 – Inter-Environnement Wallonie und Terre wallone, ZUR 2012, 359 insb. Tz. 58 ff.; vgl. auch die Schlussanträge der Generalanwältin Kokott v. 08.12.2011 in der Rs. C-41/11, Tz. 36 ff., insb. Tz. 43.

eine Umweltprüfung sei im Rahmen der Planaufhebung nicht erforderlich, „wenn der aufgehobene Rechtsakt Teil einer Hierarchie von Raumordnungsrechtsakten ist, sofern diese Rechtsakte hinreichend genaue Bodennutzungsregelungen vorsehen, selbst Gegenstand einer Umweltverträglichkeitsprüfung waren und davon ausgegangen werden kann, dass die durch die Richtlinie 2001/42 geschützten Interessen in diesem Rahmen hinreichend berücksichtigt worden sind".[73] Der EuGH hält demzufolge den Verzicht auf eine Umweltprüfung unter bestimmten Voraussetzungen für zulässig, wenn die durch das Verfahren der Umweltprüfung geschützten Belange auf einer höheren Planungsebene Berücksichtigung gefunden haben.[74] Dahinter mag die Überlegung stehen, dass die Entscheidung über die Aufhebung eines Plans oder Programms dann keine erheblichen Umweltauswirkungen haben kann, wenn neben dem aufgehobenen Rechtsakt im wesentlichen vergleichbare Raumnutzungsregelungen bestehen bleiben.[75] In diesem Falle gebietet der Zweck der SUP-Richtlinie nicht die Durchführung einer Umweltprüfung.

Ausdrücklich bezieht sich der EuGH in dieser Passage zwar nur auf die Aufhebung von Plänen und Programmen. Es wäre aber inkonsequent, den Gedanken der gegenseitigen Ergänzung von Planungsebenen innerhalb einer Planungshierarchie auf die Planaufhebung zu beschränken. Wird die effektive Verwirklichung des Ziels der SUP-Richtlinie bereits durch eine Umweltprüfung auf einer höheren Planungsebene erreicht, ist nicht einzusehen, weshalb dies nicht auch im Rahmen der Aufstellung oder Änderung von nachgeordneten Plänen und Programmen gelten soll. Eine konsequente am Ziel der Richtlinie ausgerichtete Auslegung müsste sowohl die Ausweitung als auch – gewissermaßen als teleologische Reduktion – eine Eingrenzung der SUP-Pflicht tragen.

Folgen hätte dies beispielsweise für die SUP-Pflichtigkeit sog. akzessorischer Pläne: Diese Pläne sind als Folgepläne eines höherstufigen sog. Primärplans zu erlassen, sobald sich eine Behörde zur Aufstellung jenes

---

73 EuGH, Urt. v. 22.03.2012, Rs. C-567/10 – Inter-Environnement Bruxelles, ZUR 2012, 486, Tz. 42.
74 In diese Richtung auch bereits Sydow, DVBl. 2006, 65 (71), für das Verhältnis von rahmensetzender Planung und Zulassungsverfahren.
75 So auch Bunge, NuR 2012, 593 (597).

höherstufigen Plans entschließt; sie ergehen also ausschließlich in Verbindung mit dem sog. Primärplan. Zum Beispiel sind bei der Festsetzung naturschutzrechtlicher Schutzgebiete vielfach bestimmte Pflege- und Entwicklungspläne aufzustellen (vgl. etwa § 16 NatSchG LSA). Vor dem Urteil des EuGH in der Rechtssache *Inter-Environnement Bruxelles* stellte sich in derartigen Konstellationen für die im deutschen Schrifttum herrschende Auffassung das Problem, dass der Erlass der Schutzgebietsfestlegungen im behördlichen Ermessen lag, während die akzessorischen Folgepläne im Falle einer Schutzgebietsausweisung zwingend zu erlassen waren. Nach vorherrschender Interpretation der SUP-Richtlinie unterfielen aufgrund des bestehenden behördlichen Ermessens die Gebietsfestlegungen nicht der SUP. Hier wollte man den Wertungswiderspruch vermeiden, dass lediglich die akzessorische Pflege- oder Entwicklungsplanung SUP-pflichtig wäre, während diese doch durch die höherstufige Gebietsausweisung maßgeblich vorgeprägt war. Daher wurde überwiegend die Auffassung vertreten, auch die akzessorischen Pläne unterfielen nicht der SUP-Richtlinie, obwohl ihr Erlass zwingend vorgeschrieben war; das behördliche Ermessen erstrecke sich nicht nur auf den Primärplan, sondern auch auf den mit diesem in Verbindung stehenden akzessorischen Plan.[76]

Derartige Wertungswidersprüche können nun auf der Grundlage des EuGH-Urteils aufgelöst werden: Nunmehr besteht eine SUP-Pflicht auch für die Schutzgebietsfestsetzungen als Ermessensentscheidungen. Doch bedeutet dies nicht, dass eine Umweltprüfung sowohl für den höherstufigen als auch für den akzessorischen Plan durchzuführen wäre.[77] Vielmehr lässt sich der Gedanke der „Planungshierarchie" als Begründung dafür nutzbar machen, dass die akzessorischen Pläne nicht der SUP-Pflicht unterfallen: Da die maßgebliche Bodennutzungsentscheidung auf der Ebene der Schutzgebietsfestlegung getroffen wird und dort eine Umweltprüfung durchzuführen ist, entfällt für die Aufstellung akzessorischer Pflege- und Entwicklungspläne die SUP-Pflicht. Dies wird auch dem Ziel der SUP-Richtlinie gerecht, möglichst frühzeitig eine Erfassung und

---

76 Hendler, DVBl. 2003, 227 (232 f.); zustimmend Bunge, NuR 2012, 593 (599).
77 So aber wohl Bunge, NuR 2012, 593 (598): Nun müsse „auch" der Primärplan einer Umweltprüfung unterzogen werden.

Berücksichtigung der Umweltfolgen zu ermöglichen. Damit würde im Übrigen der Ansatz des EuGH, dem Wortlaut neben dem Zweck der SUP-Richtlinie keine allzu große Bedeutung beizumessen,[78] konsequent fortgeführt: Nicht nur die Ausweitung der SUP auf die Ermessensplanungen wird von der Zielsetzung der Richtlinie gedeckt, sondern der teleologische Ansatz kann auch dazu führen, dass Planungen, die im Sinne des Richtlinienwortlauts erstellt werden „müssen", nicht der SUP-Pflicht unterliegen.

V. Fazit

Das Urteil des EuGH in der Rechtssache *Inter-Environnement Bruxelles* führt einerseits zu einer signifikanten Ausweitung des Anwendungsbereichs der SUP: Zum einen werden im Ermessen der zuständigen Stellen stehende Pläne und Programme, die nach bisherigem – auch in der deutschen Rechtswissenschaft vorherrschendem – Verständnis nicht der SUP unterlagen, in den Geltungsbereich der Richtlinie einbezogen. Zum anderen unterliegt auch die von der SUP-Richtlinie nicht ausdrücklich geregelte Aufhebung eines Plans oder Programms der Pflicht zur Umweltprüfung. Zum anderen eröffnet die Entscheidung des EuGH den Mitgliedstaaten aber auch Möglichkeiten zu einem Verzicht auf die SUP, soweit Pläne oder Programme in eine „Hierarchie von Planungsrechtsakten" eingebunden sind und eine Umweltprüfung bereits in hinreichender Weise auf einer höheren Planungsebene stattgefunden hat. Der EuGH hat sich in seiner Entscheidung insofern zwar allein auf die Aufhebung eines Plans bezogen. Doch muss man den Gedanken der „Planungshierachie" auch auf die Aufstellung oder Änderung von Plänen und Programmen erstrecken. Denn schließlich sind sowohl die aufgezeigten Ausweitungen als auch die möglichen Begrenzungen der SUP-Pflicht Ausdruck einer konsequent am Ziel der SUP-Richtlinie orientierten Auslegung.

---

78 Vgl. EuGH, Urt. v. 22.03.2012, Rs. C-567/10 – Inter-Environnement Bruxelles, ZUR 2012, 486, Tz. 24 ff.; sowie oben, II.

Wolfgang Schrödter
Haftung bei Veränderungssperren und der Zurückstellung von Baugesuchen

Abstract

Die Ausarbeitung behandelt die Haftungsrisiken für Gemeinden bei Veränderungssperren und der Zurückstellung von Baugesuchen nach §§ 14 und 15 BauGB.

This paper deals with the liability risks of municipalities within development freezes and postponement of building applications according to Par. 14 and 15 of the Federal Building Code.

Einleitung

Der Erlass einer Veränderungssperre nach § 14 BauGB[1] kann ein „schmerzhafter" Eingriff in die Rechtspositionen der Planbetroffenen, insbesondere von Eigentümern und Investoren, sein, da diese mögliche Baurechte während der Geltungsdauer der Veränderungssperre nicht ausüben können. Da eine Veränderungssperre unter den Voraussetzungen des § 17 Abs. 2 BauGB auf maximal vier Jahre verlängert werden kann, führt dieses „Bauverbot" nicht selten zu erheblichen Vermögensnachteilen der Planbetroffenen. Zu nennen ist beispielhaft der sog. Verzögerungsschaden, der erhöhte Baukosten, den entgangenen Gewinn sowie den Verlust von Miet- und Einnahmen umfasst (ausführlich unten I. 5) a). Vergleichbare Vermögensnachteile können in den Fällen entstehen, in denen Bauanträge nach § 15 Abs. 1 und 3 BauGB rechtswidrig zurückgestellt werden.

Die damit zusammenhängenden schwierigen Rechtsfragen werden in der Praxis nicht selten unterschätzt, zumal viele Gemeinden und kommunale Genehmigungsbehörden zu Unrecht davon ausgehen, dass die kommunalen Haftpflichtversicherungen für alle Vermögensschäden

---

[1] I. d. F. vom 11.06.2013, BGBl. I S. 1548.

uneingeschränkt eintreten, die durch rechtswidrige Planungs- und Genehmigungsentscheidungen verursacht werden.[2]

Im Folgenden soll im Wege einer praxisbezogenen Übersicht dargestellt werden, ob eine Gemeinde nach den Grundsätzen der Amtshaftung nach Art. 34 GG i. V. m § 839 BGB haftet, wenn sie schuldhaft und rechtswidrig eine Veränderungssperre beschlossen hat (im Folgenden I.). Es folgen Ausführungen zu der Frage, ob auch den Bau- und Immissionsschutzbehörden Haftungsrisiken drohen, wenn sie auf Antrag der Gemeinde ein Projekt nach § 15 Abs. 1 oder 3 BauGB zurückgestellt haben, obwohl die Voraussetzungen hierfür nicht erfüllt waren (im Folgenden II.). Nicht erörtert werden in diesem Beitrag Ansprüche wegen enteignungsgleichen Eingriffes sowie Fragen einer Entschädigung nach § 18 BauGB.

I. Grundlage eines möglichen Amtshaftungsanspruches bei Erlass einer schuldhaft rechtswidrigen Veränderungssperre nach § 14 Abs. 1 BauGB

1) Die „gemeindefreundliche" Rechtsprechung des BGH zur Amtshaftung der Gemeinde wegen fehlerhafter Bauleitplanung

Nach ständiger Rechtsprechung des BGH erfüllt die Gemeinde die Aufgabe der Bauleitplanung regelmäßig allein in dem öffentlichen Interesse, eine rechtmäßige, dem Wohl der Allgemeinheit entsprechende bauliche und sonstige Nutzung von Grund und Boden zu gewährleisten.[3] Erleidet

---

2 Ausführlich zu Haftungs- und Entschädigungsfragen bei der Steuerung von Windkraftanlagen Schrödter, Auswirkungen von windkraftbezogenen Zielen der Raumordnung auf Bauleitpläne unter besonderer Berücksichtigung von Haftungs- und Entschädigungsfragen, ZfBR 2013, 535, abgedruckt in dieser Schriftenreihe Band 20, S. 71.

3 Grundlegend BGH, Urt. v. 24.06.1982 – 3 ZR 169/80 – BGHZ 84, 292, 301 zum Verstoß gegen das Entwicklungsgebot; eine umfassende und z. T. kritische Würdigung der Rechtsprechung des BGH findet sich bei Hebeler, Rechtsprechung zur Drittbezogenheit der Amtspflichtverletzung im Baurecht, VerwArch. 98 (2007), S. 136 f.; zur Amtshaftung im Baurecht ausführlich Greim/Michel, Grundfälle zur Staatshaftung im Baurecht, JURA 2012, 372, sowie die Rechtsprechungsübersichten von Schlick, NJW 2013, 3142 und 3349 mit Rückverweisungen auf die Übersichten aus den Vorjahren sowie derselbe, BauR 2008,

somit ein Planbetroffener infolge einer formell und/ oder materiell rechtswidrigen Bauleitplanung einen Vermögensschaden, haftet die Gemeinde in diesen Fällen grundsätzlich nicht nach Amtshaftungsgrundsätzen. Eine Ausnahme gilt nach der Rechtsprechung des BGH nur bei der Überplanung von Altlasten[4] sowie in den seltenen Fällen, in denen unter Verletzung des Gebotes zur Rücksichtnahme „in qualifizierter und zugleich erkennbar individualisierter Weise auf schutzwürdige Interessen eines erkennbar abgegrenzten Teiles Dritter" keine Rücksicht genommen wurde.[5]

Diese „gemeindefreundliche" Rechtsprechung des BGH hat im Schrifttum überwiegend Zustimmung gefunden.[6] Einige Autoren vertreten aber mit beachtlichen Argumenten die Auffassung, die Gemeinde habe planbetroffenen Dritten gegenüber auch die Amtspflicht, einen formell und materiell rechtmäßigen Bauleitplan aufzustellen mit der Folge, dass sie bei einem Verstoß gegen diese Amtspflicht nach Amtshaftungsgrundsätzen zum Schadensersatz verpflichtet sein kann.[7]

2) Keine Übertragung dieser Rechtsprechung auf den Erlass einer rechtswidrigen Veränderungssperre

Für eine Veränderungssperre gelten aber abweichende Grundsätze. Die Veränderungssperre ist nämlich nach einer einprägsamen Formulierung von Wöstmann ein „Maßnahmegesetz", mit dem ein grundsätzlich zulässiges Vorhaben befristet verhindert werden soll. Die Grundlage dieser Amtspflicht beschreibt Wöstmann, Vorsitzender Richter an dem

---

290; W. Schrödter, in: Schrödter u. a. (Hrsg.), BauGB, 8. Auflage 2014, § 1 Rn. 609–639 (erscheint im August 2014 im Nomos-Verlag).
4 BGHZ, Urt. v. 26.01.1989 – 3 ZR 194/87 – BGHZ 106, 323.
5 BGH, Urt. v. 28.06.1994 – 3 ZR 35/38 – BGHZ 92, 43, 51; bestätigt durch BGH, Urt. v. 21.12.1998 – 3 ZR 49/88 – BGHZ 110, 1 (Ausweisung eines allgemeinen Wohngebietes neben einem asbestverarbeitenden Betrieb).
6 Etwa Staudinger/Wöstmann, BGB Kommentar, 2013, § 839 Rn. 553; de Witt/Krohn, in: Hoppenberg/de Witt (Hrsg.), Handbuch des öffentlichen Baurechts, Kapitel M Rn. 315 f.; Wurm, JA 1992, 1.
7 So schon Degenhart, NJW 1981, 266 f.; Hebeler, VerwArch. 1998 (2007), S. 136, 152; Greim/Michl, Grundfälle zur Staatshaftung im Baurecht JURA, 2012, 373, 376 f. sowie neuerdings Bracher in Bracher/Reidt/Schiller, Bauplanungsrecht, 8. Auflage 2014, Stuttgart, Rn. 1292 f.

für das Entschädigungsrecht zuständigen Senat des BGH (?), prägnant wie folgt:[8]

> *„Allerdings hat die Gemeinde in diesen Fällen die selbstverständliche Amtspflicht, bei der inhaltlichen Gestaltung der Veränderungssperre deren Rechtmäßigkeitsvoraussetzungen zu wahren. Verletzt sie diese Amtspflicht, können Amtshaftungsansprüche des in seiner Baufreiheit beeinträchtigten Bauherrn begründet sein. Diese Ansprüche können nicht etwa daran scheitern, dass die wahrzunehmenden Amtspflichten nicht drittgerichtet im Sinne des § 839 Abs. 1 Satz 1 gewesen wären. Denn die Veränderungssperre hat insoweit den Charakter eines „Maßnahmegesetzes" zu Lasten des betroffenen Bauherren, wenn damit ein bestimmtes Bauvorhaben verhindert werden soll."*

Geht man mit dieser Meinung davon aus, dass die Gemeinde eine Amtspflicht hat, eine formell und materiell rechtmäßige Veränderungssperre aufzustellen, kann somit ein Amtshaftungsanspruch gegen die Gemeinde begründet sein, wenn einem Planbetroffenen durch das auf der Veränderungssperre beruhende Bauverbot ein Vermögensschaden entstanden ist. Diese Haftungsrisiken werden aber dadurch beschränkt, dass vom Schutzbereich dieser Amtspflicht nur Dritte begünstigt werden, die in dem Zeitpunkt, in dem die Veränderungssperre in Kraft getreten ist, bereits einen Bau- oder Genehmigungsantrag gestellt hatten, der uneingeschränkt nach den Vorschriften des öffentlichen und auch des privaten Rechtes zu genehmigen war.[9] Entgegen einer im Schrifttum vertretenen Auffassung[10] ist ein Drittbezug dieser Amtspflicht zur Aufstellung einer rechtmäßigen Veränderungssperre aber nicht nur in den Fällen zu bejahen, in denen sich, dieses ist grundsätzlich zulässig, eine rechtswidrige Veränderungssperre gezielt gegen einen Bauantrag richtet.[11]

---

8 Staudinger/Wöstmann, a. a. O (Fn. 6), § 839 Rn. 568; ähnlich de Witt/Krohn, in: Hoppenberg/de Witt (Hrsg.), a. a. O (Fn. 6), Teil M Rn 142; Greim/Michl, a. a. O (Fn. 7), 373, 377 f; Enders/Bendermacher ZfBR 2002, 29, 32 sowie grundlegend Schenke, WiVerw 1994, 253, 343.
9 Greim/Michl, a. a. O. (Fn. 7), 373, 378; de Witt/Krohn, in: Hoppenberg/de Witt (Hrsg.), a. a. O. (Fn. 6), Kapitel M Rn. 165.
10 Schlick, BauR 2008, 290, 294 und Ernst/Zinkahn/Bielenberg/Krautzberger/Runkel (Hrsg.), BauGB, Stand April 2009, § 18 Rn. 21.
11 Wie hier Greim/Michl, a. a. O (Fn. 7), 373, 378.

Für die Praxis ist jedenfalls festzustellen, dass der Erlass einer schuldhaft rechtswidrigen Veränderungssperre in jedem Fall mit Haftungsrisiken verbunden ist, wenn diese Bauanträge oder Bauvoranfragen „sperrt", die im Zeitraum der rechtswidrigen Veränderungssperre uneingeschränkt hätten genehmigt werden müssen. Keinen Amtshaftungsanspruch können somit Planbetroffene durchsetzen, die im Vertrauen auf den planungsrechtlichen „status quo" Aufwendungen gemacht haben, die durch die rechtswidrige Veränderungssperre „sinnlos" geworden sind. Hat ein Eigentümer, um ein Beispiel zu nennen, sein Grundstück als Bauland entsprechend dem im Zeitpunkt des Kaufvertrages maßgeblichen Festsetzungen verkauft, kann er von der Gemeinde keinen Schadensersatz verlangen, wenn der Käufer wegen der – später gerichtlich korrigierten oder von der Gemeinde aufgehobenen rechtswidrigen – Veränderungssperre vom Kaufvertrag zurückgetreten ist.

Im Folgenden sollen daher einige Hinweise für die Praxis gegeben werden, wie haftungsrechtlich weitreichende Fehler bei der Aufstellung einer Veränderungssperre vermieden werden können.

3) Wesentliche Voraussetzungen einer rechtmäßigen Veränderungssperre

Eine umfangreiche Rechtsprechung zeigt, dass Veränderungssperren immer wieder im Normenkontrollverfahren nach § 47 Abs. 1 Nr. 1 VwGO oder im Rahmen einer gerichtlichen Inzidentkontrolle für unwirksam erklärt werden müssen, da die notwendigen formellen und materiellen Voraussetzungen einer Veränderungssperre nicht beachtet wurden. Ohne Anspruch auf Vollständigkeit sind insbesondere die folgenden typischen Fehlerquellen zu erwähnen.[12]

---

12 Zu den Rechtmäßigkeitsvoraussetzungen einer Veränderungssperre ausführlich Rieger, in: Schrödter u.a., a. a. O. (Fn. 3), § 14 Rn. 8 f.; Jäde, Gemeinde- und Baugesuch, Einvernehmen-Veränderungssperre-Zurückstellung, 3. überarbeitete Auflage Stuttgart 2009, Rn. 168 f. mit Darstellung der bis Anfang Oktober 2008 veröffentlichten Rechtsprechung.

a) Aufstellungsbeschluss und öffentliche Bekanntmachung dieses Beschlusses

Ein Bauleitplan kann in Kraft treten, ohne dass das Verfahren mit einem förmlichen Aufstellungsbeschluss und dessen öffentlicher Bekanntmachung eingeleitet wurde.[13] Eine Veränderungssperre setzt dagegen nach § 14 Abs. 1 i. V. m. § 2 Abs. 1 Satz 2 BauGB zwingend einen förmlichen Aufstellungsbeschluss voraus, der bis zum Inkrafttreten der Veränderungssperre ortsüblich veröffentlicht werden muss. Fehlt dieser Beschluss oder wurde er nicht öffentlich bekannt gemacht, „infizieren" diese Fehler die Veränderungssperre und begründen somit die materielle Rechtswidrigkeit.[14] Dieser Beschluss muss von dem zuständigen kommunalrechtlichen Organ, im Regelfall der Gemeindevertretung, getroffen sein und alle Anforderungen der jeweiligen Kommunalgesetze erfüllen. Nur beispielhaft ist zu erwähnen, dass der Aufstellungsbeschluss zwingend in einer öffentlichen Sitzung getroffen werden muss und nicht gegen die jeweiligen landesrechtlichen Mitwirkungsverbote verstoßen darf, soweit diese Verstöße landesrechtlich beachtlich sind.[15] Außerdem sind die nach den Gemeindeordnungen der Länder gebildeten besonderen Gremien, die Interessen von Stadt- und Ortsteilen einer Gemeinde vertreten, zu beteiligen. Beispielhaft zu nennen sind die Ortsräte in Niedersachsen (§ 90f NKomVG), die Ortsbeiräte in Hessen (§ 81 HGO) sowie die Ortschaftsräte in Baden-Württemberg (§ 68 GO BW). Wurden diese Gremien an dem die Veränderungssperre vorbereiteten Aufstellungsbeschluss des zuständigen Gemeindeorgans nicht nach den landesrechtlichen Vorgaben formal beteiligt, ist die Veränderungssperre regelmäßig rechtswidrig.[16] Angesichts dieser Rechtslage ist den Gemeinden dringend zu raten, den Aufstellungsbeschluss nach den kommunalrechtlichen Bestimmungen mit äußerster Sorgfalt und ohne Zeitdruck vorzubereiten. Vor einem „Dringlichkeitsbeschluss"

---

13 Grundlegend BVerwG, Urt. v. 15.04.1988 – 4 N 4.87 – BVerwGE 79, 200.
14 BGH, Urt. v. 10.02.1972 – III ZR 188/69 – BGHZ 58, 124, 127 f.
15 Jäde, a. a. O (Fn. 12), Rn. 169 f.
16 VGH Mannheim, Urt. v. 24.09.1999 – 5 S 2519/98 – ZfBR 1999, 2000, 143 für einen Bebauungsplan; OVG Saarlouis, Urt. v. 21.08.1996 – 2 N 1/96 – UPR 1997, 160 für eine Vorkaufssatzung.

zur Aufstellung einer Veränderungssperre ist in diesem Zusammenhang zu warnen, da die kommunalrechtlichen Voraussetzungen regelmäßig nicht erfüllt sein dürften.[17]

Die zweite Voraussetzung für den Erlass einer Veränderungssperre, nämlich die ortsübliche Bekanntmachung des Aufstellungsbeschlusses, bestimmt sich ebenfalls nach den Kommunalgesetzen der Länder und den Hauptsatzungen der Gemeinden. Unter Hinweis auf ein Grundsatzurteil des OVG Lüneburg zur ortsüblichen Bekanntmachung der Auslegung nach § 3 Abs. 2 BauGB ist darauf hinzuweisen, dass eine ortsübliche Bekanntmachung allein im Internet nicht die Voraussetzungen der Ortsüblichkeit erfüllt, da viele Haushalte bisher über keinen Internetanschluss verfügen.[18] Zu warnen ist ebenfalls vor dem Aushang als Form einer ortsüblichen Bekanntmachung einer Veränderungssperre. Auch hier bestätigt ein Blick in die umfangreiche Rechtsprechung zum Aushang die Warnung von Kuschnerus, auf den Aushang als Medium einer ortsüblichen Bekanntmachung im Städtebaurecht zu verzichten.[19]

Der Aufstellungsbeschluss und die Veränderungssperre können gleichzeitig bekannt gemacht werden.[20] Wird der Aufstellungsbeschluss nach der Veränderungssperre bekannt gemacht, ist die Veränderungssperre unwirksam. Dieser Fehler kann aber dadurch geheilt werden, dass ohne einen erneuten Beschluss über die Veränderungssperre der Aufstellungsbeschluss erneut bekannt gemacht wird.[21] Für die Praxis ist zu empfehlen, dass nach Möglichkeit ein „Sicherheitsabstand"

---

[17] Zum Erlass einer Veränderungssperre durch einen Dringlichkeitsbeschluss OVG Münster, Urt. v. 23.04.1996, – 10 A 620/91 – Juris; OVG Schleswig, Urt. v. 15.03.2001 – 1 L 107/97 – NordÖR 2002, 155.

[18] OVG Lüneburg, Beschl. v. 4.05.2012 – 1 MN 218/11 – ZfBR 2012, 470.

[19] Kuschnerus, Der sachgerechte Bebauungsplan, Bonn 2010, Rn. 1048; ausführlich zu den vielfältigen Problemen der Bekanntmachung von kommunalen Satzungen in Nordrhein-Westfalen Wahlhäuser, NWVBl. 2007, 338 sowie allgemein W. Schrödter, in: Schrödter u.a. (Hrsg.), a. a. O. (Fn. 3), § 10 Rn. 40ff.

[20] OVG Saarlouis, Urt. v. 27.02.2008 – 2 B 450/04 – BRS 73 Nr. 113; Rieger, in: Schrödter u. a. (Hrsg.), a. a. O. (Fn. 3), § 14 Rn. 10.

[21] Dazu BVerwG, Urt. v. 6.08.1992 – 4 N 1.92 – NVwZ 1993, 471; BGH, Urt. v. 25.03.2004 – III ZR 227/02 – NVwZ 2004, 1143; ausführlich Rieger, in: Schrödter u. a. (Hrsg.), a. a. O. (Fn. 3), § 14 Rn. 8 f.

zwischen dem Aufstellungsbeschluss und seiner öffentlichen Bekanntmachung und der Veröffentlichung der Veränderungssperre eingehalten wird.

b) Konkretisierung der zu sichernden Planung als weitere Voraussetzung einer rechtmäßigen Veränderungssperre

Eine Veränderungssperre ist materiell nur rechtmäßig, wenn die von ihr zu sichernde künftige Planung ein Mindestmaß dessen erkennen lässt, was Inhalt der künftigen Planung sein soll.[22] Diese Konkretisierung der Planung ist somit eine Rechtmäßigkeitsvoraussetzung, da nur bei einer Konkretisierung der Planung entschieden werden kann, ob eine Ausnahme von der Veränderungssperre nach § 14 Abs. 2 BauGB in Betracht kommt.[23] Auch diese Voraussetzungen einer rechtmäßigen Veränderungssperre werden in der Praxis nicht immer eingehalten.[24]

Abgelehnt wurde eine ausreichend konkretisierte Planung von der Rechtsprechung zum Beispiel in den folgenden Fällen:

- Schutz von Entwicklungsfreiräumen im Zusammenhang mit dem Bau einer Umgehungsstraße;[25]
- Antrag der Gemeindevertretung, zu prüfen, mit welchen Festsetzungen ein Bebauungsplan aufgestellt werden soll;[26]
- Planung eines großflächigen Erholungsschwerpunktes, das dem Vogelschutz- und Naturschutz dienen soll und zugleich für den Rohstoffabbau offen ist;[27]
- Beseitigung eines städtebaulich nicht erwünschten Zustandes.[28]

---

22 Grundlegend BVerwG, Urt. v. 10.09.1976 – BVerwG IV C 39.74, BVerwGE 51, 121; aus der neuen Rechtsprechung etwa BVerwG, Beschl. v. 22.01.2013 – 4 BN 7/13 – Juris.
23 BVerwG, Urt. v. 1.10.2009 – 4 BN 34.09 – NVwZ 2010, 42.
24 Instruktiv mit vielen Beispielen Rieger, in: Schrödter u.a. (Hrsg.), a. a. O. (Fn. 3), § 14 Rn. 13 f. sowie Jäde, a. a. O. (Fn. 6), Rn. 172 f.
25 OVG Lüneburg, Urt. v. 10.03.2004 – 1 KN 276/03 – BauR 2004, 1121.
26 Rieger, in: Schrödter u.a. (Hrsg.), a. a. O. (Fn. 3), § 14 Rn. 13.
27 OVG Koblenz, Urt. v. 24.04.2012 – 1 C 101062/11 – BauR 2012, 1360.
28 BVerwG, Urt. v. 5.02.1990 – 4 B 191.89 – DÖV 1990, 467.

c) Sicherungsbedürfnis für die Planung als Voraussetzung einer rechtmäßigen Veränderungssperre

Eine Veränderungssperre ist im Übrigen nur rechtmäßig, wenn sie der Sicherung einer künftigen Planung dient.[29] Zwar ist es nicht notwendig, in diesem Verfahrensstadium schon zu prüfen, ob die zu sichernde und ausreichend konkretisierte Planung in Kraft treten kann, da die Aufgabe der Veränderungssperre gerade darin besteht, künftige städtebauliche Planungsvorstellungen zu sichern. Eine „antizipierte" Normenkontrolle der zu sichernden Planung ist in dieser Phase jedoch nicht durchzuführen, um ein Sicherungsbedürfnis nachzuweisen.[30] Steht allerdings fest, dass die beabsichtigte Planung wegen eines eindeutigen Verstoßes gegen zwingendes Recht, etwa gegen ein nicht im Wege einer Ausnahme oder Zielabweichung nach § 6 ROG überwindbares Ziel der Raumordnung nach § 1 Abs. 4 BauGB, nicht in Kraft treten kann, bestehen erhebliche Zweifel, ob hier noch eine künftige Planung gesichert wird. Auch eine Veränderungssperre für eine Planung, die erst nach 20 Jahren realisiert werden kann, wurde für unzulässig erklärt.[31]

Nur vorsorglich ist darauf hinzuweisen, dass eine Veränderungssperre nur eine Planung sichern darf, die städtebauliche Funktionen erfüllt, also der bodenrechtlichen Nutzung von Grundstücken dienen soll. In der Praxis besteht leider immer wieder die Neigung, dass gerade die vielfältigen planungsrechtlichen Instrumente zur Steuerung des großflächigen Einzelhandels, auch dazu eingesetzt werden, bestehende Betriebe vor unerwünschter Konkurrenz zu schützen.[32] Zu beachten ist in diesem Zusammenhang, dass die städtebauliche Funktion der zu sichernden Planung nicht nur in der öffentlichen Sitzung der Gemeindevertretung sowie in den Verwaltungsvorlagen zu begründen ist. Dem Verfasser dieses Beitrages ist ein Fall bekannt, in dem eine Veränderungssperre zur Steuerung des großflächigen Einzelhandels nach der Verwaltungsvorlage zwar städtebaulich begründet war. Aus der Niederschrift über die nicht öffentliche Sitzung

---

29 Ausführlich Söfker, Das Sicherungsbedürfnis beim Erlass von Veränderungssperren, Festschrift für Weyreuther, 1993, S. 377 f.
30 OVG Koblenz, Urt. v. 17.10.2012 – 1 C 10493/12 – NVwZ 2013, 258.
31 VGH München, Urt. v. 3.03.2003 – 15 N 02.593 – BauR 2003, 1691.
32 Zur Unzulässigkeit derartiger Planungen etwa BVerwG, Urt. vom 9.5.1994–4 NB 18.94- BauR 1994, 492.

des in Niedersachsen zwingend zu beteiligenden Verwaltungsausschusses ergab sich aber, dass das eigentliche Motiv der Veränderungssperre darin bestand, Einzelhandelsbetriebe in der Innenstadt vor „unerwünschter" Konkurrenz zu schützen. Diese Niederschrift war das „Todesurteil" für die Veränderungssperre.

d) Rechtswidrige Verlängerung einer Veränderungssperre auf vier Jahre (§ 17 Abs. 2 BauGB)

Angesichts der schwierigen Rechtsfragen vieler Bauleitplanverfahren ist in der gemeindlichen Praxis eine Tendenz zu erkennen, eine Veränderungssperre im Wege einer sog. zweiten Verlängerung nach § 17 Abs. 2 BauGB um ein weiteres Jahr und damit auf vier Jahre zu verlängern, obwohl keine „besonderen Umstände" im Sinne dieser Bestimmung vorliegen. Die Rechtsprechung verlangt für diese zweite Verlängerung strenge Voraussetzungen, die nur in atypischen Fällen erfüllt sind.[33] Das OVG Lüneburg hat in einer Entscheidung vom 6.08.2012 zu Recht darauf hingewiesen, dass „besondere Umstände" i. S. d. § 17 Abs. 2 BauGB regelmäßig nicht vorliegen, wenn die Gründe für die Verzögerung in der „Sphäre" der Gemeinde liegen.[34] Auf der gleichen Linie liegt ein neues Urteil des OVG Lüneburg, in dem das Gericht, bezogen auf die Aufstellung eines einfachen Bebauungsplans zur Steuerung der Tierhaltung im Außenbereich, zu den besonderen Umständen nach § 17 Abs. 2 BauGB überzeugend ausgeführt hat:[35]

„1. Einer Gemeinde ist es bereits als die besonderen Umstände i. S. d. § 17 Abs. 2 BauGB ausschließendes Fehlverhalten anzurechnen, wenn sie das Verfahren in einem frühen Stadium ohne Not so zögerlich betrieben hat, dass sie auf neue Erkenntnisse im Rahmen der Öffentlichkeits-und Behördenbeteiligung nach §§ 3 Abs. 2, 4 Abs. 2 BauGB nicht mehr bis zum Ende einer ersten Veränderungssperre reagieren kann.

---

33 Beispiele aus der Rechtsprechung: OVG Berlin, Urt. v. 31.01.1997 – 2 A 5.96 – BRS 59 Nr. 98 (besondere Umstände bejaht für die Überplanung eines Mauergrundstückes); VGH München, Urt. v. 30.07.2008 – 1 805.616 – BeckRS 2010, 53406 (besondere Umstände verneint für eine Planung zur Steuerung der Ansiedlung von Mobilfunkstationen); ausführlich zu § 17 Abs. 2 BauGB Brügelmann/Sennekamp, BauGB, § 17 Rn. 52 sowie Rieger, in: Schrödter u.a. (Hrsg.), a. a. O. (Fn. 3), § 17 Rn. 10.
34 OVG Lüneburg, Urt. v. 16.08.2012 – 1 KN 21/09 – NordÖR 2013, 274.
35 OVG Lüneburg, Urt. v. 10.01.2014 – 1 MN 190/13 – ZUR 2014, 245.

2. Es fällt regelmäßig in die Verantwortungssphäre einer planenden Gemeinde, sich selbst über die rechtlichen Rahmenbedingungen ihrer Planung umfassend und früh zu informieren und etwaige eigene Wissenslücken aktiv durch Einholung von Rechtsrat zu schließen."

Aus dieser Rechtsprechung ergibt sich, dass insbesondere Entscheidungsschwäche der Gemeinde, überforderte Gutachter und Planer, eine schlechte personelle Besetzung der Gemeinde sowie ein Wechsel der politischen Mehrheit ebenso wenig besondere Umstände im Sinne des § 17 Abs. 2 BauGB rechtfertigen können wie Proteste der Bürgerschaft, mehrfach durchgeführte freiwillige Bürgerbeteiligungen oder auch eine Mediation nach § 4b BauGB 2013.

Angesichts dieser strengen Voraussetzungen einer Verlängerung nach § 17 Abs. 2 BauGB ist der Gemeinde in jedem Fall zu empfehlen, die besonderen Umstände besonders sorgfältig zu begründen und diese Argumente auch aktenkundig machen.[36] Außerdem ist zu berücksichtigen, dass § 17 Abs. 2 BauGB für eine zweite Verlängerung eine „Höchstfrist" bestimmt („bis zu einem Jahr"). Der notwendige Zeitraum kann daher deutlich kürzer sein als ein Jahr.[37] Eine pauschale Verlängerung um ein weiteres Jahr ist in jedem Fall rechtlich zweifelhaft.

4) Hinweise zum Verschulden der Gemeinde

In Amtshaftungsprozessen wegen fehlerhafter Bauleitplanung der Gemeinde wird sich regelmäßig die Frage nach dem Verschulden der Gemeindebediensteten und auch der Mitglieder der kommunalen Gremien stellen. Dass Mandatsträger „Beamte" im haftungsrechtlichen Sinne sind, ist anerkannt.[38] Für sie gelten, ähnlich wie für die Gemeindebediensteten, die insgesamt sehr strengen Grundsätze zum Sorgfaltsmaßstab bei kommunalen Entscheidungen. Der BGH verlangt von der Verwaltung und den Mandatsträgern, dass sie vor der Entscheidung über schwierige Planungen Stellungnahmen von Juristen und technischen Sachverständigen einholen. Hat eine Gemeinde ein qualifiziertes Planungsbüro mit der

---

36 So zu Recht Lemmel, in: Schlichter/Stich/Driehaus/Paetow (Hrsg.), Berliner Kommentar zum BauGB, § 17 Rn. 7.
37 Rieger, in: Schrödter u. a. (Hrsg.), a. a. O. (Fn. 3), § 17 Rn. 29.
38 BGH, Urt. v. 22.01.1989 – III ZR 149/87 – BGHZ, 106, 323.

Erarbeitung des Plans beauftragt, liegt ein Verschulden nur vor, wenn konkrete Anhaltspunkte dafür bestehen, dass die Gemeinde sich nicht auf die Richtigkeit der Entwürfe hätte verlassen dürfen.[39] Entsprechendes gilt, wenn ein Träger öffentlicher Belange eine fehlerhafte Stellungnahme abgegeben hat. Die Gemeinde ist nicht verpflichtet, diese Stellungnahmen „ins Blaue hinein" zu überprüfen, wenn keine Anzeichen dafür vorliegen, dass die Stellungnahmen rechtlich falsche Aussagen enthielten.[40]

5) Möglicher Umfang des Amtshaftungsanspruches

a) Ersatz des Verzögerungsschadens

Der bereits eingangs erwähnte, durch eine schuldhaft rechtswidrige Veränderungssperre verursachte Vermögensschaden umfasst die durch die Verzögerung eines Projektes nach gerichtlicher Aufhebung der Veränderungssperre entstehenden erhöhten Baukosten, den entgangenen Gewinn sowie entgangene Miet- und Pachtkosten. Soweit Anlagen rechtswidrig „verhindert" wurden, für die eine Vergütung nach dem EEG[41] zu zahlen war, ist auch diese Vergütung als Verzögerungsschaden zu ersetzen. Bereits oben (I. 2.) wurde allerdings ausgeführt, dass ein Anspruch auf Ersatz des Vermögensschadens nach Amtshaftungsgrenzen nur in Betracht kommt, wenn in dem Zeitpunkt, in dem die Veränderungssperre ein Bauverbot begründet hat, bereits ein uneingeschränkter Anspruch auf Erteilung der beantragten Baugenehmigung bestanden hat. Der Antrag muss daher vollständig gewesen sein und im Übrigen auch nach den Fachgesetzen, etwa dem BImschG oder dem BNatSchG, einen uneingeschränkten Anspruch auf Genehmigung begründet haben.

---

39 LG Münster, Urt. v. 17.04.2009 – 011 O 167/08 – BADK-Information 2009, 140, 142; zum fehlenden Verschulden bei rechtlichen Zweifelsfragen LG Lüneburg, Urt. v. 5.10.2011 – 2 280/10 – BADK-Information 2012, 54.
40 BGH Urt. v. 14.6.1984 – III ZR 68/83, BRS 42 Nr. 173.
41 Gesetz für den Vorrang Erneuerbarer Energien (Erneuerbare-Energien-Gesetz) vom 25.10.2008, BGBl. I S. 2074, i. d. F. v. 20.12.2012.

b) Amtshaftung wegen „Totalausfalls" eines Projektes

Dieser Amtshaftungsanspruch kann einen besonders hohen Umfang erreichen, wenn in dem Zeitraum, in dem das beantragte Vorhaben rechtswidrig gesperrt wurde, neues Recht in Kraft getreten ist, das dazu führt, dass das rechtswidrig „gesperrte", also ohne den Erlass der Veränderungssperren zu genehmigende Projekt nicht mehr genehmigt werden kann. In der Praxis spielen gegenwärtig die Fälle eine Rolle, in denen neue Ziele der Raumordnung nach § 1 Abs. 4 BauGB in Kraft getreten sind, die die Genehmigung von Anlagen nach § 35 Abs. 1 Nr. 2 bis 6 BauGB, insbesondere von Windkraftanlagen, ausschließen. In diesem Fall eines „Totalausfalls" des Projektes ist der Investor so zu stellen, als wäre ihm die Genehmigung erteilt worden. Neben dem Verzögerungsschaden sind somit alle Vermögensnachteile zu ersetzen, die ihm durch den dauerhaften Entzug eines Baurechtes, also den haftungsrechtlich besonders riskanten „Totalausfall" des beantragten Projektes, entstanden sind.[42]

c) Beteiligung der kommunalen Haftpflichtversicherungen

Den Gemeinden ist schon aus versicherungsrechtlichen Gründen zu empfehlen, im Falle eines drohenden Amtshaftungsanspruches wegen einer schuldhaft rechtswidrigen Veränderungssperre frühzeitig mit der jeweils zuständigen kommunalen Haftpflichtversicherung Verbindung aufzunehmen, um Möglichkeiten einer Schadensminderung zu erörtern. Dabei übersehen die Gemeinden gelegentlich, dass diese kommunalen Haftpflichtversicherungen nicht bei jeder Amtspflichtversicherung unbeschränkten Deckungsschutz gewährleisten. Vielmehr ist der Deckungsschutz ausgeschlossen, wenn „Aufwendungen aufgrund von Ansprüchen wegen Vermögensschäden, die auf bewusst gesetzwidriges Handeln – oder vorschriftswidrigen Handelns zurück zuführen sind", zu ersetzen sind.[43]

---

[42] Zum Umfang dieses Anspruches ausführlich de Witt/Krohn, in: Hoppenberg/de Witt (Hrsg.), a. a. O. (Fn. 6), Kapitel M, Rn. 165; sowie Schrödter, ZfBR 2013, 535, 538 mit weiteren Beispielen.

[43] So § 2 Abs. 2 Nr. 17 der Satzung und Verrechnungsgrundsätze des kommunalen Schadensausgleich Hannover, Stand 1.01.2010 (im Internet unter www.KSAHannover.de Zugriff am 26.06.2014).

d) Ansprüche wegen enteignungsgleichen Eingriffs aufgrund einer rechtswidrigen, nicht schuldhaft erlassenen Veränderungssperre

Ist der Gemeinde wegen einer besonders schwierigen Rechtslage kein Verschulden am Erlass einer rechtswidrigen Veränderungssperre vorzuwerfen, kann eine Pflicht zur Entschädigung nach den Grundsätzen des enteignungsgleichen Eingriffs in Betracht kommen. Dieser umfasst zwar nicht den entgangenen Gewinn, sondern „nur" die Höhe des Wertverlustes des Baugrundstückes, der durch den Entzug des Baurechtes entstanden ist. Allerdings haften die kommunalen Haftpflichtversicherungen der Gemeinden nicht für diese Entschädigung aus enteignungsgleichem Eingriff.[44]

6) Ausschluss der Amtshaftung nach § 839 Abs. 3 BGB

Der Amtshaftungsanspruch ist ausgeschlossen, wenn der möglicherweise geschädigte Antragsteller entgegen § 839 Abs. 3 BGB kein Rechtsmittel gegen die von ihm beanstandete Veränderungssperre bzw. die aufgrund der Veränderungssperre abgelehnten Baugenehmigungen bzw. Bauanfragen eingelegt hat. Daraus folgt nach zutreffender Auffassung, dass er auch versuchen muss, im Rahmen eines Normenkontrollverfahrens nach § 47 Abs. 1 Nr. 1 VwGO gegen die Veränderungssperre auch eine Entscheidung des OVG nach § 47 Abs. 6 VwGO zu erreichen, die Anwendung der Veränderungssperre auszusetzen.[45]

II. Mögliche Amtshaftung gegen die Genehmigungsbehörden im Zusammenhang mit der rechtswidrigen Aussetzung bzw. Zurückstellung von Baugesuchen nach § 15 Abs. 1 und Abs. 3 BauGB

1) Mögliche Amtshaftung bei der Anwendung einer rechtswidrigen Veränderungssperre

In der Praxis stellt sich immer wieder die Frage, wie die zuständige Genehmigungsbehörde auf eine nach ihrer Auffassung eindeutig rechtswidrige

---

44 Ausführlich Schrödter, ZfBR 2013, 535, 539 mit Hinweisen zur Abgrenzung zwischen der Amtshaftung und dem enteignungsgleichen Eingriff.
45 So zu Recht Staudinger/Wöstmann, a. a. O. (Fn. 6), § 839 Rn. 546.

Veränderungssperre reagieren soll.⁴⁶ Zum Teil wird im Schrifttum die Auffassung vertreten, eine Genehmigungsbehörde habe für eine rechtswidrige städtebauliche Satzung, insbesondere einen Bebauungsplan und eine Veränderungssperre, grundsätzlich keine sog. Normverwerfungskompetenz.⁴⁷ Eine Genehmigungsbehörde ist somit nach dieser Auffassung nicht berechtigt, eine Veränderungssperre zu „verwerfen", wenn sie diese für rechtswidrig hält. Andere Autoren vertreten dagegen die Auffassung, die Bindung der Verwaltung an Recht und Gesetz nach Art. 20 Abs. 3 GG verpflichte die Genehmigungsbehörde, eine rechtswidrige Satzung und damit auch eine rechtswidrige Veränderungssperre nicht anzuwenden, also eine der rechtswidrigen Veränderungssperre widersprechende Baugenehmigung zu erteilen, soweit die Voraussetzungen der §§ 29 bis 35 BauGB erfüllt sind.⁴⁸ Dieser Auffassung hat sich im Jahr 1999 das OVG Lüneburg, bezogen auf eine Veränderungssperre, angeschlossen.⁴⁹

Das BVerwG hat, soweit ersichtlich, bisher ausdrücklich offen gelassen, ob Genehmigungsbehörden bei der Anwendung einer rechtswidrigen Satzung und damit auch einer Veränderungssperre eine Verwerfungskompetenz haben. In einem Beschluss vom 31. Januar 2001 hat das BVerwG allerdings ausgeführt, dass eine Naturschutzbehörde von der Nichtigkeit eines Bebauungsplanes ausgehen könne, wenn u. a. „die Nichtigkeit des

---

46 Ausführlich zu den damit zusammenhängenden Fragen Ernst/Zinkahn/Bielenberg/Krautzberger (Hrsg.), a. a. O. (Fn. 10), § 10 Rn. 365 f.; Schrödter, in: Schrödter u. a. (Hrsg.), a. a. O. (Fn. 3), § 10 Rn. 10–39 sowie Bracher/Reidt/Schiller/Bracher, a. a. O. (Fn. 7), Rn. 1169 f.; Battis/Krautzberger/Löhr/Reidt, BauGB, 12. Auflage 2013, § 10 Rn. 10 f.
47 So etwa Staudinger/Wöstmann, a. a. O. (Fn. 6), § 839 Rn. 564; de Witt/Krohn, in: Hoppenberg/de Witt (Hrsg.), a. a. O. (Fn. 6), Kapitel M Rn. 103; W. Schrödter, in: Schrödter u.a. (Hrsg.), a. a. O. (Fn. 3), § 10 Rn. 13 f.
48 Gierke, in: Brügelmann (Hrsg.), BauGB, § 10 Rn. 499 f; Gaentzsch, in: Schlichter/Stich/Driehaus/Paetow (Hrsg.), a. a. O. (Fn. 36), § 10 Rn. 39 f.; Rabe, ZfBR 2003, 329, 330 f. für die Widerspruchsbehörde; Bracher/Reidt/Schiller, a. a. O. (Fn. 6), Rn. 1170 f.; mit weiteren Nachweisen in Fn. 5; differenzierend Ernst/Zinkahn/Bielenberg/Krautzberger/Runkel (Hrsg.), a. a. O. (Fn. 10), § 10 Rn. 398.
49 Beschluss v. 15.10.1999 – 1 M 3614/99 – NVwZ 2000, 1061; ähnlich OVG Koblenz, Urt. v. 14.05.2000 – 8 A 10048 – NVwZ – RR 2013, 747 für einen funktionslosen Bebauungsplan.

Bebauungsplanes in einen Verwaltungsrechtsstreit [...] von einem Gericht festgestellt worden ist".[50] Der BGH hatte diese Frage zwar in seiner früheren Rechtsprechung offen gelassen.[51] In einem Urteil vom 25.10.2012[52] hat der BGH aber ausgeführt,

> *„dass nach der Rechtsprechung des Senats [...] der Genehmigungsbehörde grundsätzlich keine Kompetenz zur Verwerfung eines von ihr als unwirksam erkannten Bebauungsplanes zusteht [...] Damit steht jedoch nicht fest, dass die Bauaufsichtsbehörde im Rahmen der Prüfung der Erteilung der beantragten Baugenehmigung und – damit in Zusammenhang stehend – der Ersetzung des gemeindlichen Einvernehmens einen von ihr für wirksam gehaltenen Plan zu Grunde zu legen oder eine auf diesen Plan gestützte Verweigerung des Einvernehmens zu beachten hat. Vielmehr handeln die Bediensteten der Baugenehmigungsbehörde amtspflichtwidrig, wenn sie einen unwirksamen Bebauungsplan anwenden."*

Der BGH bejaht somit zumindest eine im Grunde selbstverständliche „Normprüfungskompetenz" für eine rechtswidrige städtebauliche Satzung und damit auch für einen Bebauungsplan oder eine Veränderungssperre.

Angesichts dieser für die Praxis eher unbefriedigenden Rechtslage stehen die Genehmigungsbehörden daher insbesondere bei den von einer rechtswidrigen Veränderungssperre betroffenen Großprojekten, etwa Industriebetrieben, großflächigen Einzelhandelsbetrieben und Windkraftanlagen, vor dem Dilemma, wie sie unter dem Druck der für die Genehmigung maßgeblichen Fristen, insbesondere auch nach § 16 Abs. 6 BImSchG, auf eine nach ihrer Auffassung eindeutig rechtswidrige Veränderungssperre reagieren sollen. Ein wohl rechtssicherer Weg besteht darin, als „Behörde" nach § 47 Abs. 1 Nr. 1 VwGO ein Normenkontrollverfahren gegen die Veränderungssperre einzuleiten und zugleich zu versuchen, im Wege eines Antrags nach § 47 Abs. 6 VwGO eine Aussetzung der Veränderungssperre zu erreichen.[53] Dieses Verfahren hat den großen Vorteil, dass innerhalb relativ kurzer Fristen das zuständige

---

50 BVerwG, Urt. v. 31.01.2001 – 6 CN 2.00 – BRS 64 Nr. 210.
51 BGH, Urt. v. 25.03.2004 – III ZR 227/02 – 2004, 458, 459 für eine Veränderungssperre sowie BGH, Urt. v. 19.03.2008 – III ZR 49/07 – ZfBR 2008, 575 für einen formell fehlerhaften Flächennutzungsplan.
52 BGH, Urt. v. 25.10.2012 – III ZR 29/11 – NVwZ 2013, 167, 168.
53 BGH, Urt. v. 25.10.2012 – III ZR 29/11 – NVwZ 2013, 167, 168.

Oberverwaltungsgericht die Rechtmäßigkeit einer Veränderungssperre nach § 47 Abs. 6 VwGO beurteilen muss.[54] Nach Ablauf der Jahresfrist für ein Normenkontrollverfahren nach § 47 Abs. 2 Satz 1 VwGO hat die Genehmigungsbehörde allerdings nur die Möglichkeit, in Kooperation mit der zuständigen Kommunalaufsichtsbehörde darauf hinzuwirken, dass die nach ihrer Auffassung rechtswidrige Veränderungssperre im Wege einer nach § 80 Abs. 2 Nr. 4 VwGO für sofort vollziehbar erklärten kommunalrechtlichen Anordnung bzw. Ersatzvornahme aufgehoben wird. Sollte die Gemeinde gegen diese Entscheidung Rechtsmittel einlegen, also beantragen, die aufschiebende Wirkung wieder herzustellen, wird das Gericht regelmäßig kurzfristig über die Rechtmäßigkeit auch der Veränderungssperre entscheiden.[55]

Ob die hier dargestellten Optionen der Genehmigungsbehörde als Amtspflicht gegenüber der Gemeinde oder dem Investor einzuordnen sind, kann zweifelhaft sein und wurde bisher, soweit ersichtlich, von der Rechtsprechung nicht entschieden. Die Genehmigungsbehörde vermindert in jedem Fall mögliche Haftungsrisiken, wenn sie die Gemeinde frühzeitig über die mögliche Rechtswidrigkeit der Veränderungssperre und die damit verbundenen Haftungsrisiken informiert und der Gemeinde damit die Gelegenheit gibt, die Veränderungssperre aufzuheben oder den Fehler zu korrigieren.[56] Im Übrigen ist grundsätzlich auch eine Pflicht der Genehmigungsbehörde zu bejahen, den Investor darüber zu informieren, dass eine Baugenehmigung aufgrund einer nach Auffassung der Genehmigungsbehörde rechtswidrigen Veränderungssperre versagt werden soll.[57] Diese Information ist schon deshalb notwendig, damit der Investor mögliche Vermögensdispositionen unterlässt und ggf. Rechtsmittel gegen die Veränderungssperre einlegen kann.[58]

---

54 Zum Antragsrecht von Behörden sowie zum Verfahren nach § 47 Abs. 6 Rieger, in: Schrödter u.a. (Hrsg.), a. a. O. (Fn. 3), § 10 Rn. 78 ff und, zu § 47 Abs. 6 VwGO, Rn 96 f.
55 Zu dieser Konstellation bei Windkraftanlagen lesenswert VG Magdeburg, Urt. v. 25.09.2012 – 9 B 120/12 – NVwZ-RR 2013, 2002=BeckRS 2012, 57537 und 30.10.2012 – 2 A 140/12 – BeckRS 2013, 46892.
56 BGH, Urt. v. 19.03.2008 – III ZR 49/07 – NVwZ 2008, 115.
57 Bracher/Reidt/Schiller, a. a. O. (Fn. 7), Rn. 1172 unter Hinweis auf BGH, Urt. v. 12.12.1990 – III ZR 179/98 – BRS 93 Nr. 52 ähnlich.
58 So Battis/Krautzberger/Löhr/Reidt, a. a. O. (Fn. 46), § 10 Rn. 12.

2) Amtshaftung wegen rechtswidriger Zurückstellung nach § 15 Abs. 1 und 3 BauGB

a) „Normverwerfungspflicht" für rechtswidrige Zurückstellungs-anträge

Anders ist die Rechtslage, wenn eine Gemeinde bei der zuständigen Genehmigungsbehörde eine Aussetzung nach § 15 Abs. 1 bzw. eine Zurückstellung nach § 15 Abs. 3 BauGB beantragt hat, obwohl nach Auffassung der Genehmigungsbehörde die Voraussetzungen einer Zurückstellung nicht erfüllt sind.[59] Die Genehmigungsbehörde ist zwar grundsätzlich verpflichtet, im Rahmen der Rechtsanwendung uneingeschränkt zu überprüfen, ob die Voraussetzungen einer Zurückstellung erfüllt sind. Insoweit hat sie, anders als bei einer Veränderungssperre, eine Art „Prüfungskompetenz" für den Fall, dass die formellen oder materiellen Voraussetzungen einer Zurückstellung nach § 15 Abs. 1 oder Abs. 3 nicht erfüllt sind.[60] Die Genehmigungsbehörde kann sich somit über einen Antrag auf eine Zurückstellung hinwegsetzen und die beantragte Genehmigung erteilen. Sie muss aber nach allgemeinen Grundsätzen der Gemeinden vorher die Gelegenheit geben, den nach Auffassung der Genehmigungsbehörde rechtswidrigen Antrag auf Zurückstellung zurückzunehmen. Außerdem ist der Antragsteller über die rechtlichen Zweifel zu unterrichten, da die Möglichkeit besteht, dass die Gemeinde gegen die Erteilung der Genehmigung trotz des Zurückstellungsantrages ein Rechtsmittel einlegen kann und dadurch eine Verzögerung in Betracht kommt.[61]

Soweit die Gemeinde beantragt, die Jahresfrist für die Zurückstellung für die Genehmigung von Windkraftanlagen nach dem mit dem BauGB 2013 geänderten § 15 Abs. 3 wegen „besonderer Umstände" um ein weiteres Jahr zu verlängern, ist entgegen den Vorstellungen der kommunalen Praxis darauf hinzuweisen, dass auch diese Verlängerung nur unter den besonders strengen Voraussetzungen des § 17 Abs. 2 BauGB zulässig ist, die

---

59 Zu den vielfältigen Fragen einer Zurückstellung nach § 15 Abs. 3 Rieger, ZfBR 2012, 430 und Scheidler ZNER 2012, 368.
60 So zu Recht Bracher/Reidt/Schiller, a. a. O. (Fn. 7), Rn. 2597.
61 VGH Kassel, Urt. v. 10.7.2009 -4 B 426/09 –NVwZ-RR 2009, 790.

für eine Verlängerung einer Veränderungssperre um ein weiteres Jahr gelten. Insoweit wird auf die obigen Ausführungen unter I. 3) d) hingewiesen.

b) Anordnung der sofortigen Vollziehung des Zurückstellungsbescheides

Erfahrungen aus der Praxis zeigen, dass die Genehmigungsbehörden nicht immer die sofortige Vollziehung der Zurückstellung von Bauanträgen nach § 15 Abs. 1 und 3 BauGB anordnen. Auch dieser Umstand kann zur Amtshaftung nach Art. 34 GG i. V. m. 839 BGB führen. Legt nämlich der Investor ein Rechtsmittel gegen die rechtswidrige Zurückstellung ein, hat dieses nach § 80 Abs. 1 VwGO aufschiebende Wirkung.[62] Daraus folgt, dass die Genehmigungsbehörde trotz der Zurückstellung über die Anträge innerhalb der baurechtlichen bzw. nach § 10 Abs. 6a BImSchG maßgeblichen Fristen zu entscheiden hat, also bei UVP-pflichtigen Projekten innerhalb von sieben Monaten und bei vorprüfungspflichtigen Projekten innerhalb von drei Monaten. Die Anträge müssen somit nach Einlegung des Rechtsmittels zügig und nach den Vorgaben des § 10 Abs. 6a BImSchG bearbeitet und abgeschlossen werden. Verstößt die Genehmigungsbehörde gegen diese Verpflichtung, kann auch insoweit ein Verzögerungsschaden oder, bei fehlendem Verschulden, ein Entschädigungsanspruch wegen enteignungsgleichen Eingriffs entstehen.[63] Für diese Ansprüche gelten die Ausführungen unter I. 5) entsprechend.

Zusammenfassung

Diese Übersicht über die vielfältigen Rechtsfragen, die mit dem Erlass einer rechtswidrigen Veränderungssperre bzw. der Aussetzung oder Zurückstellung von Baugesuchen nach § 15 Abs. 1 und 3 BauGB verbunden sind, zeigt, dass diese weitreichenden Sicherungsinstrumente außerordentlich sorgfältig vorbereitet werden müssen. Die Gemeinden müssen besonders sorgfältig die drei Gebote „einer rechtmäßigen Veränderungssperre", also den ortsüblich zu veröffentlichen Aufstellungsbeschluss, die

---

[62] Grundlegend BGH, Urt. v. 26.07.2001 – III ZR 206/00 – NVwZ 2002, 123 sowie de Witt/Krohn, in: Hoppenberg/de Witt (Hrsg.), a. a. O. (Fn. 6), Kapitel M Rn. 150.

[63] Staudinger/Wöstmann, a. a. O. (Fn. 6), § 839 Rn. 573.

Konkretisierung der Planung sowie die Sicherungsfunktion der Veränderungssperre nachweisen. In Amtshaftungsprozessen ist zu erwarten, dass diese Voraussetzung besonders streng überprüft werden. In jedem Fall muss die Gemeinde gewährleisten, dass eine Veränderungssperre nur aus städtebaulichen Gründen, nicht aber aus sonstigen Gründen, etwa zum Schutz von einheimischen Betrieben, erlassen wird. Insbesondere Veränderungssperren, die der Steuerung von Windkraftanlagen dienen oder die insbesondere nach § 9 Abs. 2a bzw. 9 Abs. 2b BauGB zur Steuerung des großflächigen Einzelhandels bzw. von Vergnügungsstätten getroffen werden, sind in jedem Fall „schadensgeneigt".[64]

---

64 Zu Haftungsfragen bei der Steuerung des großflächigen Einzelhandels lesenswert Tychzewski/Freund, BauR 2007, 491 sowie W. Schrödter, in: Schrödter u.a (Hrsg.), a. a. O. (Fn. 3), § 9 Rn. 281 ff.

Michael Krautzberger

Aktuelle Rechtsprechung zu § 13a BauGB

Abstract

Der Autor behandelt die aktuelle Rechtsprechung zum Bebauungsplan der Innenentwicklung nach § 13a BauGB. Der Fokus liegt dabei auf dem Anwendungsbereich des Bebauungsplans der Innenentwicklung und den Heilungsvorschriften nach § 214 Abs. 2a BauGB.

The author discusses the current case-law relating to the binding land use plan of inner-city development according to Par. 13a of the Federal Building Code, focusing on the scope of binding land use plans of inner development and the regulations according to Par. 214 (2a) of the Federal Building Code.

I. § 13a BauGB: Bebauungsplan der Innenentwicklung[1]

1. Inhalt der Regelung

Für Bebauungspläne der Innenentwicklung ist in § 13a durch die BauGB-Novelle 2007 – Gesetz zur Erleichterung von Planungsvorhaben für die Innenentwicklung der Städte vom 21.12.2006 (BGBl. I S. 3316) – zum 1. Januar 2007 in Anlehnung an die Regelungen über die vereinfachte Änderung eines Bauleitplans in § 13 BauGB ein „beschleunigtes Verfahren" eingeführt worden. Das Gesetz benennt als Beispiele für die Innenentwicklung: die Wiedernutzbarmachung von Flächen, der Nachverdichtung oder anderen Maßnahmen der Innenentwicklung. Das Gesetz enthält keine Einschränkung hinsichtlich der vorgesehenen Planung, d. h. es kommen (namentlich nach Art und Maß) alle Inhalte in Betracht, die das BauGB und die BauNVO zulassen.

Die Bebauungspläne der Innenentwicklung bedürfen keiner förmlichen Umweltprüfung. Sie dürfen im Hinblick auf die Vorgaben der EU-UP-

---

[1] Vgl. zum Folgenden und zu den Nachweisen der Rechtsprechung Krautzberger, in: Ernst/ Zinkahn/Bielenberg/ Krautzberger, Baugesetzbuch Kommentar, Loseblattsammlung, Stand: 93 Lfg. Oktober 2009, § 13a.

Richtlinie in ihrem Geltungsbereich grundsätzlich nur eine Grundfläche von weniger als 20.000 m² festsetzen. Bei einer Grundfläche von 20.000 m² bis weniger als 70.000 m² muss die Gemeinde auf Grund einer Vorprüfung des Einzelfalls zu der Einschätzung gelangt sein, dass der Bebauungsplan voraussichtlich keine erheblichen Umweltauswirkungen hat. Zudem darf der Bebauungsplan nicht die Zulässigkeit von Vorhaben begründen, die einer Pflicht zur Umweltverträglichkeitsprüfung unterliegen und es dürfen auch keine Anhaltspunkte für Beeinträchtigungen von Gebieten von gemeinschaftlicher Bedeutung nach der Fauna-Flora-Habitat-Richtlinie und von Vogelschutzgebieten nach der Vogelschutzrichtlinie bestehen.

2. Zweck der Regelung

Das rechtspolitische Ziel, das mit § 13a BauGB angestrebt wird, ist eine Begünstigung einer Entwicklung des Gemeindegebiets „nach innen", d. h. von Bebauungsplänen zugunsten der Innenentwicklung. Dieses Ziel liegt dem Städtebaurecht wie eine Leitvorstellung zugrunde; sie ist kennzeichnend für das europäische Stadtverständnis, sieht sich aber angesichts massiver Wachstumstendenzen und einer Siedlungsentwicklung in die Fläche und das Umland der Städte und Gemeinden seit Jahrzehnten erheblichen Gefährdungen ausgesetzt: Wachstum der Städte in die Fläche hinein, Zersiedelung der Landschaft, Gefahr disperser Siedlungs- und Stadtstrukturen, peripherer „Einfamilienhausbrei" und periphere, die gewachsenen urbanen Zentren gefährdende Handelszentren, die bis auf die „Grüne Wiese" außerhalb der Städte reichen. Zu den bis zum EAG Bau 2004 geschaffenen städtebaurechtlichen Akzenten zugunsten der Innenentwicklung sind mit dem BauGB 2007 zusätzliche Akzente gesetzt worden, namentlich mit dem neuen städtebaulichen Belang der Erhaltung und Entwicklung zentraler Versorgungsbereich (§ 1 Abs. 6 Nr. 4 BauGB), die Festsetzungen zentraler Versorgungsbereiche (§ 9 Abs. 2a BauGB), die erweiterte Wohnnutzung bei Gemengelagen im Innenbereich (§ 34 Abs. 3a BauGB) oder auch die privaten Initiativen der Stadtentwicklung (§ 171f BauGB).

Durch die BauGB-Novelle 2013 wurde die Innenentwicklung noch ein Stück schärfer als Ziel der städtebaulichen Planung definiert. Nach dem neuen § 1 Abs. 5 Satz 3 BauGB „soll die städtebauliche Entwicklung vorrangig durch Maßnahmen der Innenentwicklung erfolgen".

Mit dem beschleunigten Verfahren wird, anstelle oder unbeschadet möglicher gesetzlicher und sonstiger Restriktionen einer Außenentwicklung, ein Instrument zur deutlichen Erleichterung der Innenentwicklung bereitgestellt. Damit soll es den Gemeinden auch erleichtert werden, neben den Zielen einer Verminderung des Fläschenverbrauchs, auch die Entwicklung der Stadt- und Ortsteilzentren in ihrer prägenden Bedeutung für die Stadt- und Ortsentwicklung zu stärken.

Das BVerwG hat sich sehr früh zur Bedeutung der in § 13a BauGB zum Ausdruck kommenden städtebaupolitischen Konzeption und gesetzgeberischen Wertung geäußert[2], und zwar im Zusammenhang mit dem Trennungsgrundsatz (§ 50 BImSchG): Die Durchsetzung dieses Trennungsgrundsatzes – so das BVerwG – stoße „auf Grenzen, vor denen auch der Gesetzgeber nicht die Augen verschließt. So soll nach § 1a Abs. 2 Satz 1 BauGB mit Grund und Boden sparsam umgegangen werden, wobei in diesem Zusammenhang unter anderem die Nachverdichtung sowie andere Maßnahmen zur Innenentwicklung besonders hervorgehoben werden. In dicht besiedelten Gebieten [...] wird es häufig nicht möglich sein, allein durch die Wahrung von Abständen zu vorhandenen Straßen schädliche Umwelteinwirkungen auf Wohngebiete zu vermeiden." Das BVerwG verweist sodann auf eine gebotene intensive Abwägung, um eine sachgerechte Lösung zu finden.

3. Praxis

In der städtebaulichen Praxis hat die Anfang 2007 eingeführte Regelung offenbar rasch und zunehmend „Anklang und Anwendung" gefunden.[3] In manchen Städten und Gemeinden ergibt sich derzeit – sicher auf Grund der aktuellen demographischen, ökonomischen und damit städtebaulichen Ausgangslage – ohnehin eine starke Tendenz zu kleineren und „nach innen" gerichteten Siedlungstätigkeit, für die § 13a BauGB vielfach das zielgenaue Verfahren darstellen kann.[4] Eine offene Frage war auch die europarechtliche Beurteilung der Vorschrift.

---

2 Vgl. Urteil vom 22.03.2007 – 4 CN 2/06 – BVerwGE 128, 238.
3 So bereits die Studie zur Planungspraxis von Jachmann/Mitschang, in: BauR 2009, S. 913/926.
4 Zurückhaltend demgegenüber z. B. Gierke in: Kohlhammer-Komm., § 13a BauGB, Rn. 10.

II. Zur Rechtsprechung

Zu der relativ „jungen" Vorschrift des § 13a BauGB liegt inzwischen eine beachtliche Zahl von höchstrichterlichen Entscheidungen vor. Im Folgenden werden Hinweise zu Bereichen gegeben, die in der Rechtsprechung wiederholt eine Rolle spielten:

1. § 13a Abs. 1 BauGB: Anwendungsbereich

a) Begriff der Innenentwicklung

Unbeschadet dieser stadtentwicklungspolitischen und fachlichen Aspekte ist der Begriff der Innenentwicklung ein unbestimmter Rechtsbegriff.[5] Das ergibt sich schon daraus, dass das Vorliegen eines Bebauungsplans der Innenentwicklung rechtliche Voraussetzung ist, z. B. die naturschutzrechtliche Eingriffsregelung außer Anwendung zu stellen (vgl. § 13a Abs. 2 Nr. 4 BauGB), von der Umweltprüfung abzusehen (vgl. § 13a Abs. 2 Nr. 1 BauGB i. V. m. § 13 Abs. 3 Satz 2 BauGB) oder dafür, von einem bestehenden Flächennutzungsplan abzuweichen (vgl. § 13a Abs. 2 Nr. 2 BauGB). Der Begriff ist gerichtlich nachprüfbar.

Freilich ist die konkrete Ausfüllung des Begriffs der Innenentwicklung zugleich Aufgabe der planenden Gemeinde, d. h. es handelt sich immer auch um eine planerische Aufgabe, bei der die Gemeinde aus ihrer Verantwortung für die städtebauliche Ordnung und Entwicklung des Gemeindegebiets Gestaltungsräume dabei hat, das, was Innenentwicklung für das Gemeindegebiet bedeutet, im Rahmen der Vorgaben des § 13a Abs. 1 Satz 1 BauGB auszuformen. Zwar wird durch eine entsprechende (z. B. informelle Planung, aber auch durch eine Darstellung im Flächennutzungsplan, die eine vorgesehene bauliche Entwicklung z. B. ausdrücklich aus der Zugehörigkeit zu dem Bereich der Innenentwicklung ableitet) die Innenbereichsqualität per se nicht im Rechtssinne „geschaffen". Die Gemeinde kann aber in einem solchen Plan zum Ausdruck bringen, dass die bauliche und sonstige Nutzung bestimmte Flächen nach ihrer planerischen Konzeption eine Innenentwicklung der Gemeinde ist. Die konkrete Bestimmung

---

5   Vgl. OVG Koblenz, Urt. v. 12.01.2012 – 1 C 10546/11 –; vgl. hierzu auch Seidler, in: NZBau 2008, 495; Spangenberger, in: UPR 2009, 217; Tomerius, in: ZUR 2008, 1; krit. zum Begriff Schrödter, in: ZfBR 2010, 332.

der baulichen und sonstigen Nutzung erfolgt aber gerade nicht – und das ist der grundsätzliche Unterschied zum Innenbereich nach § 34 BauGB – kraft Gesetzes, sondern durch den Bebauungsplan nach § 13a BauGB. Innenbereich i. S. d. § 34 BauGB und Innenentwicklung i. S. d. § 13a BauGB sind daher in der rechtlichen Anforderung klar voneinander zu entscheiden.[6] Erster begründet einen Rechtsanspruch zur baulichen Nutzung, letzterer bezeichnet einen potenziell der Bebauungsplanung zugänglichen Planungsraum. Gerade weil in den Fällen des § 13a der Bebauungsplan nicht notwendigerweise aus dem Flächennut- zungsplan zu entwickeln ist, kann man die „Innenentwicklung" auch im weiteren Kontext der „geordneten städtebaulichen Entwicklung" (vgl. § 13a Abs. 2 Nr. 2 BauGB) als eine faktische, aber planungsähnliche Vorgabe sehen.

b) „Außenbereiche im Innenbereich"

Der Begriff der Innenentwicklung i. S. d. § 13a Abs. 1 Satz 1 BauGB bezieht sich aber auch auf die sog. „Außenbereiche im Innenbereich"[7], also Flächen, die von einer baulichen Nutzung umgeben sind, also innerhalb des Siedlungsbereichs liegen, deren Bebaubarkeit aber sich aus § 34 BauGB ergebende Gründe entgegenstehen.[8] Diese „Inselbereiche" sind als solche planungsrechtlich dem Außenbereich zuzurechnen. Dazu zählen auch innerhalb des Siedlungsbereichs befindliche brachgefallene, unbebaute oder bauplanungsrechtlich nicht bebaubare Flächen, auch wenn zweifelhaft sein könnte, dass sie noch einen im Zusammenhang bebauten Ortsteil darstellen.[9]

---

6 Vgl. BayVerfGH, Entsch. v. 13.07.2009 – Vf. 3-VII/09 –; OVG Koblenz, Urt. v. 12.01.2012 – 1 C 10546/11 –.
7 Vgl. BVerwG, Urt. vom 1.12.1972 – 4 C 6.71 –.
8 So z. B. BayVerfGH, Entsch. v. 13.07.2009 – Vf. 3-VII/09 –; OVG Berlin, 19.10.2010 – 2 A 15.09 –; OVG Saarlouis, Urt. v. 4.10.2012 – 2 C 305/1 –; OVG Saarlouis, Beschl. v. 11.10.2012 – 2 B 276/12 –; OVG Saarlouis, Beschl. v. 11.10.2012 – 2 B 272/12 –; so auch Jaeger, in: Beck OK BauGB, § 13a Rn. 9; a. A. Gierke, a. a. O. (Fn. 4), § 13a Rn. 43 ff., allerdings – wie schon beim Begriff der Innenentwicklung – wegen der Position, die letztlich für die Flächen nach § 13a BauGB eine Baulandqualität fordert, und zwar unter Hinweis auf die Notwendigkeit einer Umweltprüfung.
9 Vgl. BayVerfGH, Entsch. v. 13.07.2009 – Vf. 3-VII/09 –.

Entscheidend ist vielmehr, ob nach der Verkehrsauffassung unter Berücksichtigung der siedlungsstrukturellen Gegebenheiten das betreffende nicht oder nicht mehr baulich genutzte Gebiet dem Siedlungsbereiche zuzurechnen ist oder nicht.[10] Auch größere Grünflächen kommen daher, sofern die übrigen Voraussetzungen vorliegen, für die Anwendung des § 13a BauGB in Betracht.[11] Daraus ergibt sich aber auch, dass das (künftige) Plangebiet eine gewisse bauliche Vorprägung hat.

c) Abrundungsflächen

Auch Abrundungsflächen, die räumlich in den Außenbereich hineinragen, können Gegenstand eines Bebauungsplans der Innenentwicklung sein.[12] Isoliert in den Außenbereich vorstoßende Flächen können demgegenüber nicht als Bebauungspläne der Inntwicklung und damit im beschleunigten Verfahren des § 13a BauGB beplant werden.[13]

d) Einzelfälle

Ein Vorhabengrundstück wurde in der Vergangenheit großteils als Betriebsgrundstück eines Bauunternehmens und als Abstellplatz für Lkw einer Speditionsfirma benutzt, was in der konkreten Lage ein städtebaulich unerwünschter Zustand war. Nach der Aufgabe der letztgenannten Nutzung stellte sich für den Eigentümer die Frage der Wiedernutzbarmachung des ausgedehnten, inmitten der im Zusammenhang bebauten Ortslage gelegenen Geländes. Eine Planung, die diese Zielsetzung verfolgt, ist von § 13a Abs. 1 Satz 1 BauGB gedeckt.[14] Das OVG Saarlouis weist in diesem Zusammenhang darauf hin, dass es sich in einer solchen Konstellation für räumlich begrenzte Flächen, die künftig von einem Bauherrn für ein bestimmtes Bauvorhaben benutzt werden sollen, „die zulässige Kombination

---

10 So zutreffend OVG Koblenz, Urt. v. 24.02.2010 – 1 C 10852/09 –.
11 So auch Roeser, in: Berliner Kommentar, § 13a, Rn. 6.1; a. A. Schmidt-Eichstaedt, in: BauR 2007, S. 1148.
12 Vgl. zu vom Ansatz her vergleichbaren Fragestellungen bei Abrundungssatzungen im nicht beplanten Innenbereich BVerwG, Urt. v. 18.05.1990 – 4 C 37.87 –; BVerwG, Beschl. v. 16.03.1994 – 4 NB 34.93 –.
13 Vgl. Battis, in: Battis/Krautzberger/Löhr, BauGB, § 13a, Rn. 4; vgl. Bienek/Krautzberger, in: UPR 2008, S. 81.
14 So OVG Saarlouis, Urt. v. 4.10.2012 – 2 C 305/10 –.

mit einem über die allgemein bloße Angebotsplanung hinaus eine Realisierungspflicht begründenden vorhabenbezogenen Bebauungsplan nach § 12 BauGB" anbieten könne.[15] Der Wiedernutzbarmachung einer Brachfläche dient i. S. d. § 13a Abs. 1 Satz 1 BauGB ein Bebauungsplan, der eine Stadtbrache, nämlich eine nicht mehr benötigte Bahnfläche innerhalb eines Ortsteils, einer neuen Nutzung zuführen soll.[16]

e) Wiedernutzbarmachung, Nachverdichtung, andere Maßnahmen der Innenentwicklung

Die Wiedernutzbarmachung von Flächen betrifft die Fälle, in denen ein Gebiet, das baulich nicht mehr genutzt wird, einer neuen Nutzung zugeführt wird. In Betracht kommen hierfür die sog. Konversionsflächen wie z. B. Gewerbe- und Industriebrachen, aufgegebene Bahnliegenschaften sowie aufgegebene militärische Liegenschaften, die einer neuen baulichen und sonstigen Nutzung zugeführt werden sollen. Das Gesetz zielt dabei insbesondere auf Gebiete ab, die im Zusammenhang bebaute Ortsteile im Sinne des § 34 BauGB darstellen und auf innerhalb des Siedlungsbereichs befindliche brach gefallene Flächen oder Flächen, die aus anderen Gründen einer neuen Nutzung zugeführt sollen. Die Wiedernutzbarmachung von Flächen beschreibt insbesondere die Überplanung brachgefallener Flächen mit aufgegebener Vornutzung.

Beispiele: Ein Vorhabengrundstück wurde in der Vergangenheit großteils als Betriebsgrundstück eines Bauunternehmens und als Abstellplatz für Lkw einer Speditionsfirma genutzt, was in der konkreten Lage ein städtebaulich unerwünschter Zustand war. Nach der Aufgabe der letztgenannten Nutzung stellte sich für den Eigentümer die Frage der Wiedernutzbarmachung des ausgedehnten, inmitten der im Zusammenhang bebauten Ortslage gelegenen Geländes. Eine Planung, die diese Zielsetzung verfolgt, ist von § 13a Abs. 1 1 BauGB gedeckt.[17] Das OVG Saarlouis weist in diesem Zusammenhang darauf hin, dass es sich in einer solchen Konstellation für räumlich begrenzte Flächen, die künftig von einem Bauherrn für ein bestimmtes Bauvorhaben benutzt werden sollen, „die zulässige Kombination

---

15 Ähnlich OVG Saarlouis, Beschl. v. 4.04.2011 – 2 B 20/11 –.
16 Vgl. OVG Berlin, Urt. v. 15.11.2012 – OVG 10 A 10.09 –.
17 So OVG Saarlouis, Urt. v. 4.10.2012 – 2 C 305/10 –.

mit einem über die allgemein bloße Angebotsplanung hinaus eine Realisierungspflicht begründenden vorhabenbezogenen Bebauungsplan nach § 12 BauGB" anbieten könne.[18]

Der Wiedernutzbarmachung einer Brachfläche dient i. S. d. § 13a Abs. 1 Satz 1 BauGB ein Bebauungsplan, der eine Stadtbrache, nämlich eine nicht mehr benötigte Bahnfläche innerhalb eines Ortsteils, einer neuen Nutzung zuführen soll.[19]

Allerdings ist die Wiedernutzbarmachung von Flächen nicht notwendigerweise eine Innenentwicklungsmaßnahme, wenn man z. B. an im Außenbereich gelegene Truppenübungsplätze denkt. Das Gesetz hat vielmehr die Vorstellung, dass solche Flächen im Kontext der Siedlungsentwicklung einen Fall der Innenentwicklung darstellen, d. h. es muss die überplante Fläche dem Siedlungsbereich zuzurechnen sein,[20] wonach es letztlich einer Einzelfallprüfung bedarf, ob auch eine aufgegebene Konversionsfläche nach § 13a BauGB zu beurteilen sei; dabei ist darauf abzustellen, ob die Konversionsfläche nach den vorhandenen versiegelten und bebauten Flächen den Siedlungsbereich vorprägt.[21]

f) Verbesserung der Situation

Auch Siedlungsbereiche, die – zumindest nachträglich betrachtet – städtebaulich fragwürdig erscheinen oder aber zeitgemäßen städtebaulichen Vorstellungen nicht entsprechen, können als Gebiete im Sinne des § 13a Abs. 1 BauGB in Betracht kommen.

Als Beispielsfälle kann hier – neben den unmittelbaren Konversionsfällen – an überdimensionierte und ggf. städtebaulich verfehlte Einkaufskomplexe auf der „Grünen Wiese" gedacht werden, die aufgrund einer Bebauungsplanung entstanden oder gem. § 34 BauGB zu beurteilen sind.

- Ebenso kann dies für überdimensionierte und z. T. leerstehende Großsiedlungen in Betracht kommen.

---

18 Ähnlich OVG Saarlouis, Beschl. v. 4.04.2011 – 2 B 20/11 –.
19 Vgl. OVG Berlin, Urt. v. 15.11.2012 – OVG 10 A 10.09 –.
20 Vgl. Battis, a. a. O. (Fn. 13), § 13a, Rn. 4; vgl. Bienek/Krautzberger, in: UPR 2008, S. 81; vgl. hierzu auch zutr. Roeser, a. a. O (Fn. 11), § 13a, Rn. 8; vgl. Uechtritz, in: BauR 2007, 476/478.
21 So Roeser, a. a. O (Fn. 11), § 13a.

- Auch Siedlungsgebiete, die aufgrund demographischer Veränderungen schon teilweise leerstehen und zur Neubestimmung der zukünftigen städtebaulichen Ordnung einer Planung bedürfen.
- Auf Grund einer Bauleitplanung, etwa auch im beschleunigten Verfahren, können solche Gebiete „saniert" oder sonst an die städtebaulichen Erfordernisse herangeführt werden.

Ebenso ist im Unterschied zur Abgrenzung des Innen- vom Außenbereich die Gemeindegrenze, die dem letzten unbebauten Grundstück des Ortsteils nach der Rechtsprechung des BVerwG die Innenbereichsqualität nehmen kann, keine Grenze, die der Zugehörigkeit zu Flächen für eine Innenentwicklung entgegensteht, sofern nur die sonstigen Voraussetzungen, namentlich die einer organischen Abrundung, gegeben sind. Die o. g. Rechtsprechung wird ja maßgeblich damit begründet, dass die Wahrung der Planungshoheit einer Gemeinde dadurch „unterlaufen" würde, dass bei der Anwendung des § 34 BauGB die Bebauung in der Nachbargemeinde „zulasten" des eigenen Gebiets miteinbezogen würde. Die Überlegung entfällt schon deshalb, weil § 13a BauGB gerade den Fall einer gemeindlichen Planung und damit einer von ihr so gewollten Entwicklung betrifft.

2. UVP-Pflicht und Angebotsplanung (§ 13a Abs. 1 Satz 4 BauGB)

Angebotsplanung

Die Prüfung kann nicht abstrakt aller denkbaren Varianten einer bauplanerischen Festsetzung, sondern im Hinblick auf die konkreten planerischen Festsetzung getroffen werden. Das ein Gebiet als MK, GE oder GI-Gebiet für UVP-pflichtige Vorhaben in besonderer Weise in Betracht kommen kann, bedeutet nicht, dass Bebauungspläne mit solchen Artfestsetzungen für ein beschleunigtes Verfahren nicht in Betracht kommen. Vielmehr ist auf die Konkretisierungen im Plan abzustellen. Ist danach kein UVP-pflichtiges Vorhaben (also z. B. in einem MK-Gebiet kein großflächiger Einzelhandelsbetrieb i. S. der Anlage 1 Nr. 18.6) geplant, ist das Verfahren nach § 13a BauGB nicht deshalb unzulässig; sollte in diesem Bebauungsplangebiet dann zu einem späteren Zeitpunkt eine Nutzungsänderung beabsichtigt sein, die – im Rahmen der MK-Festsetzung bleibend – die Zulässigkeit eines UVP-pflichtigen Vorhabens begründet, dann ist ggf. dieses Vorhaben UVP-pflichtig, d. h. es stellt sich dann die Frage der

Durchführung einer UVP für das Vorhaben. Aus der Rechtsprechung: So im Ergebnis auch OVG Koblenz, Urt. v. 8.06.2011 – 1 C 11239/10 –: Das beschleunigte Verfahren gemäß § 13a BauGB sei wegen Unterlassen einer Umweltverträglichkeitsprüfung nicht ausgeschlossen, wenn es sich hinsichtlich etwaiger UVP-pflichtiger Gewerbeansiedlungen lediglich um eine **Angebotsplanung** ohne konkrete planerischen Festsetzungen handelt, deren nähere Prüfung einem künftigen Genehmigungsverfahren vorbehalten bleiben könne.

Einzelfälle mit Bejahung des Vorliegens der Voraussetzungen des § 13a Abs. 1 Satz 4 BauGB: VGH München, Beschl. v. 27.10.2009 – 15 CS 09.2130 –; VGH München, Urt. v. 3.08.2010 – 15 N 09.1106 –; OVG Koblenz, Urt. v. 8.06.2011 – 1 C 11239/10 –; VGH München, Urt. v. 3.03.2011 – 2 N 09.3058 –.

3. Vereinfachtes Verfahren (§ 13a Abs. 2 Nr. 1, Abs. 5 BauGB)

§ 13a Abs. 2 Nr. 1 BauGB regelt die wichtigste Besonderheit des beschleunigten Verfahrens: den Verzicht auf eine Umweltprüfung. Diese Abweichung von der Grundregel des § 2 Abs. 4 BauGB erfolgt durch Verweisung auf die entsprechende Anwendung des vereinfachten Verfahrens nach § 13 Abs. 3 Satz 1 BauGB. Mit der Umweltprüfung entfallen Instrumente, die das Verfahren der Umweltprüfung unterstützen, nämlich

- der Umweltbericht nach § 2a BauGB,
- die Angaben dazu, welche Arten umweltbezogener Informationen verfügbar sind (§ 3 Abs. 2 Satz 2 BauGB) sowie
- die zusammenfassende Erklärung zum Bebauungsplan (§ 10 Abs. 4 BauGB).
- Die Überwachung der erheblichen Umweltauswirkungen nach § 4c BauGB (Monitoring), die an die Umweltprüfung anknüpft, entfällt im beschleunigten Verfahren ebenfalls.

Die Gemeinde ist allerdings nicht gehindert, Verfahrensschritte aus der Umweltprüfung „freiwillig" anzuwenden. Dies kann z. B. in Betracht kommen, wenn solche Verfahren in der Gemeinde eingespielt, in der Öffentlichkeit akzeptiert sind oder erwartet werden. Da Eingriffe in Bürgerrechte damit nicht verbunden sind und es hierfür einer gesetzlichen Ermächtigung nicht bedarf, kann die Gemeinde diese Schritte auch im beschleunigten

Verfahren durchführen, zumal sie dann ggf. verfahrenserleichternd wirken können. Das kann z. B. nahe liegen für die der Transparenz und damit Akzeptanz dienenden Angaben dazu, welche Arten umweltbezogener Informationen verfügbar sind (§ 3 Abs. 2 Satz 2 BauGB) sowie für die zusammenfassende Erklärung zum Bebauungsplan (§ 10 Abs. 4 BauGB).

Vergleiche zu einer bei Durchführung eines beschleunigten Verfahrens gleichwohl beschlossenen öffentlichen Auslegung (vgl. § 13a Abs. 2 Nr. 1 BauGB i. V. m. § 13 Abs. 2 Nr. 2 BauGB) VGH Mannheim, Urt. v. 2. 8.2012 – 5 S 1444/10 – und Urt. v. 28.11.2012 – 3 S 2313/10.

4. § 13a Abs. 2 Nr. 1 BauGB: Umweltbelange

§ 13a Abs. 2 Nr. 1 BauGB befreit vom Verfahren der Umweltprüfung, nicht aber von der materiellen Pflicht, die Umweltbelange gem. § 1 Abs. 6 Nr. 7, Abs. 7, § 1a BauGB in der Abwägung zu berücksichtigen. So gesehen wird für den Anwendungsbereich des Bebauungsplans der Innenentwicklung der Rechtszustand wiederhergestellt wie er bis zum Inkrafttreten des EAG Bau 2004 bestand. Die Annahme, dass im Anwendungsbereich von Bebauungsplänen der Innenentwicklung Umweltprobleme tendenziell geringer sein können als bei der Außenentwicklung, rechtfertigt lediglich die pauschale Abstandnahme von der Umweltprüfung.[22] Die Berücksichtigung der Umweltbelange in der Abwägung hat dessen ungeachtet in keiner Hinsicht einen geringeren Stellenwert als in den Fällen der Anwendung der Umweltprüfung.[23]

5. § 13a Abs. 2 Nr. 2 BauGB: Flächennutzungsplan und geordnete städtebauliche Entwicklung des Gemeindegebiets

Die geordnete städtebauliche Entwicklung des Gemeindegebiets darf hierbei nicht beeinträchtigt werden. Vielfach wird der Bebauungsplan der Innenentwicklung die geordnete städtebaulichen Entwicklung nicht oder „positiv" berühren. Ein beschleunigtes Verfahren ist nach § 13a Abs. 2 Nr. 2 BauGB aber ausgeschlossen, wenn der Inhalt des Bebauungsplans der Innenentwicklung die geordnete städtebauliche Entwicklung des

---

22 Darauf weist auch Uechtritz, in: BauR 2007, S. 481 hin.
23 Vgl. hierzu Krautzberger, in: UPR 2011, 62.

Gemeindegebietes beeinträchtigen würde. Eine allzu hohe Hürde ist hier aber nicht zu erkennen, muss doch jeder materiell gültige Bebauungsplan nach den städtebaulichen Prinzipien des § 1 Abs. 1 und 3 BauGB sowie des § 1 Abs. 5, 6 und 7 BauGB den städtebaulichen Ordnungsprinzipien entsprechen. Ein Bebauungsplan, der die städtebauliche Entwicklung des Gemeindegebiets beeinträchtigt, kann auch sonst nicht rechtmäßig sein.

Die Aussage ist also auch dahin zu verstehen, dass der Bebauungsplan der Innenentwicklung die sich aus der gewachsenen gemeindlichen Entwicklung ergebende Situation aufgreift und angemessen berücksichtigen muss. Er muss sich also mit der gewachsenen Siedlungsstruktur ebenso auseinandersetzen wie mit deren organischen Fortentwicklung.

Die schließt übrigens auch ein, dass sich der Bebauungsplan mit den vom Flächennutzungsplan vorgegebenen Grundzügen der Planung auseinandersetzt. Er kann vom Flächennutzungsplan abweichen, aber er muss sich mit der vorgefundenen und im Flächennutzungsplan vorgegebenen Entwicklungslinie auseinandersetzen und die Abweichung begründen.

Das Urteil geht auf die Frage ein, ob die über den Bereich des Bebauungsplans hinausgehenden, übergeordneten Darstellungen des Flächennutzungsplans beeinträchtigt werden können.[24] In diesem Zusammenhang sei zu prüfen, welches Gewicht der planerischen Abweichung vom Flächennutzungsplan im Rahmen der Gesamtkonzeption des Flächennutzungsplans zukomme. „Maßgeblich ist, ob der Flächennutzungsplan seine Bedeutung als kommunales Steuerungsinstrument der städtebaulichen Entwicklung im „Großen und Ganzen" behalten oder verloren hat.

Das gilt auch für die Aussagen des Flächennutzugsplans aufgrund dessen Umweltprüfung oder der Darstellungen für Ausgleichsflächen i. S. d. § 1a Abs. 3 BauGB. Diese und andere planerische Grundzüge und Darstellungen des Flächennutzungsplans sind nicht unüberwindbare „Hürden" für den Bebauungsplan der Innenentwicklung. Er kann darüber aber ebenso wenig hinweg gehen wie die Bauleitplanung nach § 1 Abs. 6 Nr. 11 BauGB einen vorgegebenen informellen städtebaulichen Plan – sei es ein städtebaulicher Rahmenplan, sei es ein städtebauliches Gesamtkonzept – in die planerische Abwägungsentscheidung einzubeziehen hat. Für

---

24 Vgl. hierzu OVG Berlin, Urt. v. 19.10.2010 – 2 A 15.09 –.

den Flächennutzungsplan als räumlichen Gesamtplan gilt dies umso mehr. Was der Bebauungsplan am Flächennutzungsplan ändert, müsste bei „regulärer" Änderung eines Flächennutzungsplans „planbar" sein; dies gilt freilich nicht uneingeschränkt, weil bei einer (selbstständigen) Änderung des Flächennutzungsplans – abgesehen von der Umweltprüfung – die naturschutzrechtliche Eingriffsregelung nach § 1a Abs. 3 BauGB zu beachten wäre, was ggf. zu Darstellungen für Ausgleichsflächen führen würde (§ 5 Abs. 2a BauGB), was aber einem beschleunigten Verfahren entfällt (vgl. unten zu § 13a Abs. 2 Nr. 4 BauGB). Das Ordnungssystem des Flächennutzungsplans muss in die Abwägung einbezogen werden, Abweichungen müssten also planbar sein, wobei allerdings der Ausschluss der naturschutzrechtlichen Eingriffs- und Ausgleichsregelung (§ 13a Abs. 2 Nr. 4 BauGB) auch insoweit durchschlägt.

6. § 13a Abs. 2 Nr. 4 BauGB: Eingriffsregelung

§ 13a Abs. 2 Nr. 4 BauGB übernimmt diese Fiktion für alle Fälle der Bebauungspläne der Innenentwicklung, soweit sie unter der in § 13 Abs. 1 Satz 2 Nr. 1 genannten Schwelle bleiben. Das Gesetz behandelt diese Fälle ebenso im Sinne einer „Interpretation", indem es vor allem darauf abzielt, dass Fälle der Innenentwicklung in der Mehrzahl zu geringeren oder keinen Eingriffen führen als Bebauungspläne der Außenentwicklung; darauf heben auch die Begründung des Regierungsentwurfs und der Ausschussbericht zum BauGB 2007 ab.[25] Da der Begriff der Innenentwicklung auch in gewissem Umfang Außenbereichsflächen umfasst, ist die Regelung daher besser als eine Fiktion als eine Ausnahme und zwar so zu lesen, dass für die Bebauungspläne nach § 13a Abs. 1 Satz 2 Nr. 1 BauGB die naturschutzrechtliche Eingriffsregelung nicht anzuwenden ist.[26]

Europarechtlich ist die Regelung unbedenklich.[27] Die Eingriffsregelung nach § 148 ff., 18 BNatSchG (ab 1.03.2010: §§ 14 ff. BNatSchG), i. V. m § 1a Abs. 3 BauGB ist europarechtlich nicht vorgesehen und damit nationales Naturschutzrecht. Der Rechtszustand ist hinsichtlich der

---

25 Vgl. BTDrucks. 16/2496, S. 2; BTDrucks. 16/3308, S. 18.
26 Zur verfassungsrechtlichen Beurteilung vgl. BayVerfGH Entsch. v. 13.07.2009 – Vf. 3-VII/09 –.
27 So auch Gierke, a. a. O. (Fn. 4), § 13a Rn. 133.

naturschutzrechtlichen Eingriffsregelung insoweit auf die Zeit vor dem Investitionserleichterungs- und Wohnbaulandgesetz vom 22.04.1993 (BGBl. I S. 466) zurückgeführt worden; rechnet man die damals bereits in einzelnen Ländern bestehenden landesnaturschutzrechtlichen Regelungen hinzu, dann wird auf den Rechtszustand vor 1987 (Erlass des BauGB) bzw. 1976 (Erlass des BNatSchG) zurückgeführt.

Es bleibt allerdings bei der – uneingeschränkten – Beachtung des Naturschutzes in der Abwägung (vgl. § 1 Absatz 6 Nr. 7a BauGB).[28] Es entfällt jedoch die Kompensationspflicht, als sich an die Abwägung stellende spezifische Aufgabe aus der naturschutzrechtlichen Eingriffsregelung des § 18 (ab 1.03.2010: § 14 BauGB) BNatSchG.[29]

Auch entfällt damit die Rechtsgrundlage für eine Kostenübernahme evtl. von der Gemeinde angestrebter Ausgleichsmaßnahmen nach §§ 1a Abs. 3 Satz 2 bis 4, 135a bis 135c BauGB. Diese Rechtsfolge müssen die Gemeinden bei der Entscheidung „pro" § 13a BauGB bedenken. Der Standard der Abwägung im Hinblick auf die Umweltbelange ist dadurch allerdings nicht verändert. Es bedarf allerdings bei den Bebauungsplänen i. S. d. § 13a Abs. 1 Satz 2 Nr. 1 BauGB keiner Ermittlung, ob und ggf. in welchem Umfang sich bei der Durchführung dieses Bebauungsplans die in seinem Geltungsbereich ohnehin bereits erfolgten oder zulässigen Eingriffe noch intensivieren und wie sie ausgeglichen werden sollen. Der Mustereinführungserlass der ARGEBAU zur Novelle 2007 nennt als Beispiele: im Rahmen einer Anpassung oder eines Umbaus erhöht sich die zuvor zulässige Grundfläche geringfügig; eine größere Gebäudehöhe wird ermöglicht.

Zwar kann die Prüfung der Kompensationserfordernisse einerseits nach Lage der Dinge auch bei Bebauungsplänen der Innenentwicklung Gegenstand der Abwägung sein. Eine allgemeine Kompensationsverpflichtung besteht andererseits nicht. Der Gemeinde bleibt es aber unbenommen, nach den Grundsätzen des § 1 Abs. 3, 6 und 7 BauGB und des § 9 BauGB auch im Geltungsbereich dieses Bebauungsplans der Innenentwicklung Festsetzungen über Grünflächenbepflanzungen, Maßnahmen für die Entwicklung für Natur und Landschaft und dergleichen zu treffen.

---

28 Hierzu BayVerfGH a. a. O.
29 So auch Mitschang, in: ZfBR 2007, S. 433; vgl. Uechtritz, in: BauR, 2007, 476; sowie Gierke, a. a. O. (Fn. 4), § 13a, Rn. 134.

Der Gemeinde bleibt es im Übrigen unbenommen, nach den allgemein geltenden Grundsätzen die Gestaltungsmöglichkeiten aus städtebaulichen Verträgen nutzbar zu machen. Die Eingriffsregelung als solche kann allerdings nicht vertraglich übergestülpt werden, d. h. eine generelle Annahme der Ausgleichspflicht wie sie § 15 BNatSchG vorsieht, ist beim beschleunigten Verfahren gerade entfallen.[30] Aber in einem städtebaulichen Vertrag können Regelungen zur Umsetzung der legitimen kommunalpolitischen städtebaulichen Aufgaben und Ziele der Gemeinden getroffen werden (§ 11 Abs. 1 Satz 2 Nr. 2 BauGB). Nicht die naturschutzrechtliche Kompensationsmaßnahme kann Inhalt solcher städtebaulicher Verträge sein, sondern ein kommunales Konzept z. B. über Mindeststandards an Grünflächen u. a. Folgemaßnahmen wegen baulicher Vorhaben. Die Streichung der naturschutzrechtlichen Kompensationsregelung kann nicht dazu führen, dass zugleich auch die konzeptionellen planerischen Gestaltungsmöglichkeiten der Städte und Gemeinden über Bord geworfen werden.

Oberhalb der Schwelle, also in den Fällen des § 13a Abs. 1 Satz 2 Nr. 2 BauGB, bleibt es bei den allgemeinen Regeln, also bei der uneingeschränkten Anwendung auch der Kompensationspflichten des § 1a Abs. 3 BauGB. Die Ausgleichspflicht ist voll anzuwenden, d. h. es können nicht die „ersten 20.000 m²" aus § 13a Abs. 1 Satz 2 Nr. 1 BauGB gewissermaßen „abgeschrieben" werden.

7. Unbeachtlichkeitsvorschriften: § 214 Abs. 2a BauGB

a) BVerwG, Urt. v. 04.08.2009 – 4 CN 4/08 –

Die entsprechende Anwendung der internen Unbeachtlichkeitsklausel des § 214 Abs. 1 Satz 1 Nr. 2 BauGB setzt jedoch voraus, dass die Durchführung einer Umweltprüfung und damit auch die Erstellung eines Umweltberichts (Art. 5 Abs. 1 PlanUP-RL) nicht gemeinschaftsrechtlich geboten waren. Ob und inwieweit das Gemeinschaftsrecht nationalen Rechtsvorschriften, die das Unterlassen einer gemeinschaftsrechtlich gebotenen Umweltprüfung für unbeachtlich erklären, entgegensteht, braucht nicht

---

30 Vgl. zur strikten Anwendung der Eingriffsregelung ausschließlich bei Vorliegen der gesetzlichen Voraussetzungen BVerwG, Beschl. v. 4.10.2006 – 4 BN 26.06 –.

geklärt zu werden. Denn den Gesetzgebungsmaterialien und den Planerhaltungsvorschriften im Übrigen lässt sich nicht entnehmen, dass der Gesetzgeber auch das Fehlen eines gemeinschaftsrechtlich gebotenen Umweltberichts abweichend von § 214 Abs. 1 Satz 1 Nr. 3 BauGB generell für unbeachtlich erklärt hätte. Er hat den in der PlanUP-Richtlinie enthaltenen Verfahrensanforderungen einen hohen Stellenwert beigemessen und war der Auffassung, dass eine Verletzung dieser Verfahrensanforderungen nicht sanktionslos bleiben dürfe (BTDrucks 15/2250 S. 63). Auch bei Bebauungsplänen, die im beschleunigten Verfahren beschlossen worden sind, ist das Fehlen des Umweltberichts nicht generell unbeachtlich, wenn die Gemeinde die Voraussetzungen für die Durchführung des beschleunigten Verfahrens verkannt hat; das Gesetz trifft vielmehr für die einzelnen Voraussetzungen des § 13a Abs. 1 BauGB eine differenzierte Regelung (§ 214 Abs. 2a Nr. 1, 3 und 4 BauGB).

b) Europarecht

VGH Mannheim, Beschl. v. 27.07.2011 – 8 S 1712/09 –
Vorabentscheidungsersuchen an den Gerichtshof der Europäischen Union zur Klärung der Frage, ob der den Mitgliedstaaten nach Artikel 3 Abs. 4 und 5 der Richtlinie 2001/42/EG eröffnete Wertungsspielraum überschritten wird, wenn der nationale Gesetzgeber für das beschleunigte Verfahren zur Aufstellung eines Bebauungsplans der Innenentwicklung im Sinne des § 13a Abs. 1 Satz 2 Nr. 1 BauGB bestimmt, dass von den Verfahrensvorschriften über die Umweltprüfung (§ 2 Abs. 4 BauGB) abgesehen wird, wenn kein Ausschlussgrund nach § 13a Abs. 1 Satz 4 oder 5 BauGB vorliegt, andererseits jedoch § 214 Abs. 2 Nr. 1 BauGB anordnet, dass eine Verletzung dieser Verfahrensvorschriften, die darauf beruht, dass die Gemeinde die Voraussetzung für das beschleunigte Verfahren nach § 13a Abs. 1 Satz 1 BauGB unzutreffend beurteilt hat, für die Rechtswirksamkeit dieses Bebauungsplans der Innenentwicklung unbeachtlich ist.

EuGH (4. Kammer), Urteil v. 18.04.2013 – C-463/11 –
Art. 3 Abs. 5 der Richtlinie 2001/42/EG des Europäischen Parlaments und des Rates vom 27. Juni 2001 über die Prüfung der Umweltauswirkungen bestimmter Pläne und Programme ist in Verbindung mit ihrem Art. 3 Abs. 4 dahin auszulegen, dass er einer nationalen Regelung wie der im

Ausgangsverfahren in Rede stehenden entgegensteht, nach der ein Verstoß gegen eine durch die Rechtsnorm zur Umsetzung der Richtlinie aufgestellte qualitative Voraussetzung, wonach es bei der Aufstellung einer besonderen Art von Bebauungsplan keiner Umweltprüfung im Sinne der Richtlinie bedarf, für die Rechtswirksamkeit dieses Plans unbeachtlich ist.

Aus dem Urteil

> [37] *Hierzu ist festzustellen, dass eine Bestimmung wie § 214 Abs. 2a Nr. 1 BauGB zur Folge hat, dass Bebauungspläne, bei deren Aufstellung nach der nationalen Regelung zur Umsetzung von Art. 3 Abs. 5 der Richtlinie eine Umweltprüfung hätte durchgeführt werden müssen, auch dann rechtwirksam bleiben, wenn sie ohne die in der Richtlinie vorgesehene Umweltprüfung aufgestellt worden sind.*
> [38] *Ein solches System läuft darauf hinaus, dass Art. 3 Abs. 1 der Richtlinie, der für Pläne im Sinne von Art. 3 Abs. 3 und 4, die voraussichtlich erhebliche Umwelt-auswirkungen haben, eine Umweltprüfung vorschreibt, jede praktische Wirksamkeit genommen wird.*
> [39] *Es ist zwar denkbar, dass eine besondere Art von Plan, die die qualitative Voraussetzung des § 13a Abs. 1 BauGB erfüllt, a priori voraussichtlich keine erheblichen Umweltauswirkungen hat, da diese Voraussetzung zu gewährleisten vermag, dass ein solcher Plan den einschlägigen Kriterien des Anhangs II der Richtlinie, auf die in ihrem Art. 3 Abs. 5 Satz 2 verwiesen wird, entspricht; einer solchen Voraussetzung wird jedoch die praktische Wirksamkeit genommen, wenn sie mit einer Vorschrift wie § 214 Abs. 2a Nr. 1 BauGB kombiniert wird.*
> [40] *Die genannte Vorschrift des BauGB läuft nämlich dadurch, dass Bebauungspläne erhalten bleiben, die im Sinne der Richtlinie, so wie sie in nationales Recht um-gesetzt worden ist, voraussichtlich erhebliche Umwelt-auswirkungen haben, letztlich darauf hinaus, dass es den Gemeinden ermöglicht wird, derartige Pläne ohne Vornahme einer Umweltprüfung aufzustellen, sofern die Pläne die in § 13a Abs. 1 Satz 2 BauGB festgelegte quantitative Voraussetzung erfüllen und ihnen keiner der in § 13a Abs. 1 Sätze 4 und 5 BauGB genannten Ausschlussgründe entgegensteht.*
> [41] *Unter diesen Bedingungen ist nicht rechtlich hinreichend gewährleistet, dass sich die Gemeinde in jedem Fall an die einschlägigen Kriterien des Anhangs II der Richtlinie hält; ihre Einhaltung wollte der nationale Gesetzgeber aber sicherstellen, wie die Aufnahme des Begriffs der Innenentwicklung in die Regelung zeigt, mit der von dem ihm in Art. 3 Abs. 5 der Richtlinie eingeräumten Wertungsspielraum Gebrauch gemacht werden sollte.*

Wilhelm Söfker

Ist die Darstellung zentraler Versorgungsbereiche im Flächennutzungsplan sinnvoll?

Abstract

Mit der Innenentwicklungsnovelle 2013 wurde in § 5 Abs. 2 Nr. 2d BauGB die Möglichkeit eingeführt im Flächennutzungsplan zentrale Versorgungsbereiche darzustellen. Dem Leitbild der Innenentwicklung folgend werden damit zentrale Versorgungsbereiche als wichtige Elemente der Stadtentwicklung gestärkt.

Due to the inner-city development amendment of the Federal Building Code, the opportunity to represent central supply areas was introduced in Par. 5 (2) No. 2d of the Federal Building Code in 2013. Following the principle of inner-city development, central supply areas, are strengthened as important elements of urban development.

1. Die neue Rechtsgrundlage für die Darstellung zentraler Versorgungsbereiche im Flächennutzungsplan

Mit dem „Gesetz zur Stärkung der Innenentwicklung in den Städten und Gemeinden und weiteren Fortentwicklung des Städtebaurechts"[1] ist in § 5 Abs. 2 Nr. 2 BauGB der Buchstabe d angeführt worden.[2] Danach kann im Flächennutzungsplan die „Ausstattung des Gemeindegebiets mit zentralen Versorgungsbereichen" dargestellt werden. Buchstabe d ergänzt die in § 5 Abs. 2 Nr. 2 BauGB enthaltenen Rechtsgrundlagen für die Darstellung der Ausstattung des Gemeindegebiets mit bestimmten Anlagen und Einrichtungen der Infrastruktur.

Diese, die Ausstattung des Gemeindegebiets aufgreifende Gesetzgebung zur Flächennutzungsplanung hat ihren Ursprung in dem BBauG – Änderungsgesetz von 1976, das mit der Einführung von

---
1 Gesetz vom 20. Juni 2013, BGBl. I S. 1548.
2 Diese Regelung ist am 20.09.2013 in Kraft getreten (Art. 3 Abs. 1 des Gesetzes).

Darstellungsmöglichkeiten über die Ausstattung des Gemeindegebiets mit Anlagen und Einrichtungen öffentlicher der Infrastruktur (heute § 5 Abs. 2 Nr. 2 Nr. 1 BauGB) über die an sich dem Flächennutzungsplan obliegende Darstellung von Flächen für bestimmte Nutzungen hinaus gegangen ist. Wesentlicher Grund hierfür war die Einbeziehung städtebaulicher Entwicklungsaufgaben in die Flächennutzungsplanung.[3] Daran angeknüpft hat auch die durch das BauGB – Änderungsgesetz 2011 erfolgte Ergänzung des § 5 Abs. 2 Nr. 2 um die Buchstaben b und c, die die Ausstattung des Gemeindegebiets mit erneuerbaren Energien und der Kraft-Wärme-Kopplung zum Gegenstand haben.

Die Fassung des § 5 Abs. 2 Nr. 2 BauGB lautet nunmehr:

(2) Im Flächennutzungsplan können insbesondere dargestellt werden
[...]
2. die Ausstattung des Gemeindegebiets
a) mit Anlagen und Einrichtungen zur Versorgung mit Gütern und Dienstleistungen des öffentlichen und privaten Bereichs, insbesondere mit der Allgemeinheit dienenden baulichen Anlagen und Einrichtungen des Gemeinbedarfs, wie Schulen und Kirchen sowie mit sonstigen kirchlichen, sozialen, gesundheitlichen und kulturellen Zwecken dienenden Gebäuden und Einrichtungen, sowie mit Flächen für Sport- und Spielanlagen,
b) mit Anlagen, Einrichtungen und sonstigen Maßnahmen, die dem Klimawandel entgegenwirken, insbesondere zur dezentralen und zentralen Erzeugung, Verteilung, Nutzung oder Speicherung von Strom, Wärme oder Kälte aus erneuerbaren Energien oder Kraft-Wärme-Kopplung,
c) mit Anlagen, Einrichtungen und sonstigen Maßnahmen, die der Anpassung an den Klimawandel dienen,
d) mit zentralen Versorgungsbereichen;

Diese Ergänzung geht zurück auf den Regierungsentwurf (BT-Drs. 17/11468). In der Begründung des Regierungsentwurfs ist auf die Bedeutung zentraler Versorgungsbereiche für die städtebauliche Entwicklung hingewiesen worden: Zentrale Versorgungsbereiche seien ein Schlüsselbegriff der geordneten städtebaulichen Entwicklung. Die Erhaltung und Entwicklung zentraler Versorgungsbereiche in den Städten und Gemeinden habe hohe Bedeutung für die Stärkung der Innenentwicklung und Urbanität der Städte sowie besonders auch für die Sicherstellung einer wohnortnahen

---

[3] Vgl. zur Enstehungsgeschichte Söfker, in: Ernst/Zinkahn/Bielenberg/Krautzberger, BauGB Kommentar, § 5 Rn. 2, 26 ff.

Versorgung. Mit der Darstellung zentraler Versorgungsbereiche im Flächennutzungsplan solle erreicht werden, dass Gemeinden ihren informellen Einzelhandelskonzepten ein stärkeres rechtliches Gewicht geben und dabei zugleich die Koordinierungs- und Steuerungsfunktion des Flächennutzungsplans nutzen können. Die Darstellung erfasse auch die noch zu entwickelnden Zentren.

Die neue Regelung hat allgemeine Zustimmung gefunden und wurde im Gesetzgebungsverfahren nicht geändert.

Die Regelung reiht sich ein in die Gesetzgebung der letzten Jahre, mit der der Erhalt und die Entwicklung zentraler Versorgungsbereiche aufgegriffen wurde: Durch das BauGB-Änderungsgesetz 2004 („EAG Bau 2004"[4]) und das Gesetz über die Erleichterung von Planungsvorhaben für die Innenentwicklung der Städte (BauGB 2007[5]) sind jeweils zwei Ergänzungen vorgenommen worden. In 2004 wurden die Auswirkungen der Bauleitplanung benachbarter Gemeinden auf zentrale Versorgungsbereiche ausdrücklich als Gegenstand der gemeindenachbarlichen Abstimmung geregelt (Anfügung des Satzes 2 in § 2 Abs. 2 BauGB), und zum Schutz zentraler Versorgungsbereiche in den nicht beplanten Innenbereichen wurde § 34 BauGB um Absatz 3 ergänzt. In 2007 wurde der Planungsbelang der Erhaltung und Entwicklung zentraler Versorgungsbereiche in § 1 Abs. 6 Nr. 4 BauGB aufgenommen und zur Erhaltung und zur Entwicklung zentraler Versorgungsbereiche in den sonst nicht beplanten Innenbereichen wurde eine vereinfachte Bebauungsplanung in § 9 Abs. 2a BauGB eingeführt. Die damit verfolgten gesetzgeberischen Anliegen hat inzwischen die Rechtsprechung des BVerwG bestätigt.[6]

Um die Frage des Referats „Ist die Darstellung zentraler Versorgungsbereiche im Flächennutzungsplan sinnvoll?" beantworten zu können, bedarf es zunächst der Darlegung der Voraussetzungen und Rechtsfolgen der Darstellung zentraler Versorgungsbereiche im Flächennutzungsplan

---

4 Gesetz vom 24.06.2004, BGBl. I S. 1359.
5 Gesetz vom 21.12.2006, BGBl. I S. 3316.
6 Vgl. BVerwG, Urt. v. 11.10.2007 – 4 C 7.07 – BVerwGE 129, 307 = NVwZ 2008, 308; BVerwG, Urt. v. 17.12.2009 – 4 C 1.08 – BVerwGE 136, 18 = NVwZ 2010, 587; BVerwG, Beschl. v. 30.05.2013 – 4 B 3.13 – ZfBR 2013, 572; BVerwG, Beschl. v. 15.05.2013 – 4 BN 1.17 – ZfBR 2013, 573.

(unten 2.). Im Anschluss daran kann eine Einschätzung über die praktische Bedeutung solcher Darstellung gegeben werden (unten 3.)

2. Voraussetzungen und Rechtsfolgen der Darstellung zentraler Versorgungsbereiche im Flächennutzungsplan

2.1 Inhalt der Darstellungen

Gegenstand der Darstellungen nach § 5 Abs. 2 Nr. 2d BauGB sind zentrale Versorgungsbereiche. Mit diesem Begriff knüpft die Vorschrift an die gleichlautenden Begriffe in den erwähnten anderen Regelungen des BauGB und an den schon seit 1977 in § 11 Abs. 3 Satz 2 BauNVO verwendeten Begriff an. Insofern kann darauf Bezug genommen werden. Danach – so das BVerwG – sind zentrale Versorgungsbereiche „räumlich abgrenzbare Bereiche einer Gemeinde, denen auf Grund vorhandener Einzelhandelsnutzungen – häufig ergänzt durch diverse Dienstleistungen und gastronomische Angebote – eine Versorgungsfunktion über den unmittelbaren Nahbereich hinaus zukommt"[7]. Auf die so verstandenen zentralen Versorgungsbereiche können sich die Darstellungen im Sinne des § 5 Abs. 2 Nr. 2d BauGB beziehen.

Die Darstellungen können daher auch differenzieren zwischen den verschiedenen Stufen der zentralen Versorgungsbereiche, nämlich nach Innenstadtzentren vor allem in Städten mit größerem Einzugsbereich, Nebenzentren in Stadtteilen sowie Grund- und Nahversorgungszentren in Stadt- und Ortsteilen und nichtstädtischen Gemeinden.[8] Dies ist vor allem bedeutsam für die Erfassung der Grund- und Nahversorgungszentren, denen für die verbrauchernahe Versorgung und die städtebauliche Entwicklung insgesamt eine besondere Bedeutung im Rahmen der Stadtentwicklung zukommt.

Die Darstellungen nach § 5 Abs. 2 Nr. 2d BauGB können sich auf bestehende und/ oder zu entwickelnde zentrale Versorgungsbereiche beziehen. Dies entspricht der Aufgabe des Flächennutzungsplans im Sinne des § 5 Abs. 1 Satz 1 BauGB (Darstellung der beabsichtigten städtebaulichen

---

7   BVerwG, Urt. v. 11.10.2007 – 4 C 7.07 – a. a. O. (Fn. 6), seitdem ständige Rechtsprechung.
8   BVerwG, Urt. v. 11.10.2007 – 4 C 7.07 – a. a. O. (Fn. 6).

Entwicklung), ebenso dem Planungsgrundsatz des § 1 Abs. 6 Nr. 4 BauGB für die Bauleitplanung. Die Darstellung im Flächennutzungsplan kann daher auch auf solche Standorte bezogen werden, an denen noch keine zentralen Versorgungsbereiche existieren. Dies hat vor allem für Grund- und Nahversorgungszentren an solchen Standorten Bedeutung, bei denen nur wenige Einzelhandelsbetriebe vorhanden sind, die also weiterentwickelt werden müssen, um die Funktion eines Grund- und Nahversorgungszentrums zu erhalten. Dies hat namentlich Bedeutung für die auf die Innenentwicklung ausgerichteten Stadtentwicklung (s. dazu die neue ergänzende Regelung in § 1 Abs. 5 Satz 3 BauGB), die die Nachverdichtung und die Wiedernutzbarmachung brach gefallener Flächen umfasst, bei der es darauf ankommt, die Versorgung der Bevölkerung in den Stadtteilen und Quartieren in zentralen Versorgungsbereiche sicherzustellen. Die Darstellung von zentralen Versorgungsbereichen im Flächennutzungsplan ist daher nicht wie in Fällen des § 34 Abs. 3 BauGB daran gebunden, dass solche Versorgungsbereiche schon existieren, weil § 34 BauGB auf die tatsächlichen, vorhandenen Verhältnisse abstellendes Zulässigkeitsrecht regelt.

Als Besonderheit des § 5 Abs. 2 Nr. 2 BauGB ist auch hier zu beachten, dass die Darstellung die Ausstattung des Gemeindegebiets mit zentralen Versorgungsbereichen zum Inhalt hat und nicht die Darstellung von Flächen für solche Versorgungsbereiche. Daher kommt eine die Darstellung von Flächen für bauliche und andere Nutzungen <u>überlagernde Darstellung</u> in Betracht, zweckmäßigerweise durch eine Symboldarstellung. Die PlanzV enthält hierfür keine Planzeichen; die Gemeinde kann daher eigene vorsehen (vgl. § 2 Abs. 2 PlanzV). Als zentrale Versorgungsbereiche werden notwendigerweise auch seine Grenzen dargestellt, innerhalb derer zentrale Versorgungsbereiche vorgesehen sind.

Die Darstellung von Flächen für zentrale Versorgungsbereiche ist nicht möglich, ebenso nicht die Festsetzung von zentralen Versorgungsbereichen in Bebauungsplänen. Hier kommt zum Tragen, dass nach dem BVerwG[9] Darstellungen von Flächen, die nicht Gegenstand einer zulässigen Festsetzung in Bebauungsplänen sein können, im Flächennutzungsplan grundsätzlich nicht möglich sind. Denn in Bebauungsplänen können zentrale

---

9 BVerwG, Urt. v. 18.08.2005 – 4 C 132.04 – BVerwGE 124, 132 = NVwZ 2006, 87 = ZfBR 2006, 44.

Versorgungsbereiche als solche nicht festgesetzt werden. Zur bauplanungsrechtlichen Absicherung kommen stattdessen in Betracht die Festsetzung von Mischgebieten, Kerngebieten, Sondergebieten für den Einzelhandel, ggf. auch allgemeine Wohngebiete und besondere Wohngebiete mit mehrgeschossigen Wohngebäuden in Innenstadtlagen.

2.2 Städtebauliche Gründe

Die <u>städtebaulichen Gründe und Rechtfertigung</u> der Darstellung von zentralen Versorgungsbereichen im Flächennutzungsplan ergibt sich aus den damit verfolgten städtebaulichen Zielen und Gründen nach den allgemeinen Planungsgrundsätzen der §§ 1 und 1a BauGB, unterstützt durch den speziellen Planungsgrundsatz des § 1 Abs. 6 Nr. 4 BauGB (Erhaltung und Entwicklung zentraler Versorgungsbereiche). Die Darstellungen können auch der Umsetzung von städtebaulichen Einzelhandelskonzepten im Sinne des § 1 Abs. 6 Nr. 11 BauGB dienen, die Angaben zu den vorhandenen und zu entwickelnden zentralen Versorgungsbereichen des Gemeindegebiets enthalten. Solche Konzepte können, weil sie regelmäßig Aussagen zu den hier bedeutsamen Gesamtzusammenhängen enthalten, die Darstellungen im Flächennutzungsplan wesentlich unterstützen. Sie sind aber nicht zwingend (rechtliche) Voraussetzung für die Darstellung. Mit Rücksicht auf die Aufgabenstellung des Flächennutzungsplans (§ 5 Abs. 1 Satz 1 BauGB) kann davon ausgegangen werden, dass bei den Darstellungen von zentralen Versorgungsbereichen in einer größeren Gemeinde (Stadt) ein diesbezügliches Gesamtkonzept, das in der Begründung des Flächennutzungsplans zum Ausdruck kommt, zu Grunde zu legen ist. Insofern wirkt ein Einzelhandelskonzept mindestens sehr unterstützend. Infolgedessen erfolgt die Darstellung auch für sämtliche in Betracht kommenden zentralen Versorgungsbereiche der Gemeinde/ Stadt. Rechtlich nicht von vornherein ausgeschlossen ist die Darstellung von zentralen Versorgungsbereichen nur für einen Teil einer etwas größeren Gemeinde/ Stadt. In solchen (Ausnahme-)Fällen wird sich die räumliche Begrenzung regelmäßig aus der Begründung des Flächen- nutzungsplans ergeben müssen (Darlegung der Gründe für eine solche Differenzierung).

Da die Darstellung zentraler Versorgungsbereiche als überlagernde Darstellung in Betracht kommt (s. oben), darf <u>kein Widerspruch zu den Darstellungen des Flächennutzungsplans</u> bestehen, die die gleichen Flächen betreffen. Regelmäßig wird auch zu verlangen sein, dass aus den im Flächennutzungsplan dargestellten Flächen, auf die sich die Darstellungen im Sinne des § 5 Abs. 2 Nr. 2d BauGB beziehen, Bebauungspläne entwickelt werden können, mit denen die in zentralen Versorgungsbereichen vorzusehenden Nutzungen (bauliche und sonstige Anlagen) ihre planungsrechtliche Grundlage und Absicherung enthalten können. Spezifische und insoweit auch konkrete Nutzungen vorsehende Darstellungen bedarf es allerdings nicht. Denn dies ist regelmäßig (erst) Aufgabe der Bebauungsplanung und kann daher jener Planungsebene überlassen bleiben. Es reicht daher regelmäßig aus, wenn für die Standorte, für die die Ausstattung des Gemeindegebiets mit zentralen Versorgungsbereichen vorgesehen ist, Darstellungen über Bauflächen enthalten sind, aus denen Bebauungspläne entwickelt werden können, nach deren Festsetzungen die den zentralen Versorgungsbereichen dienenden baulichen und sonstigen Anlagen planungsrechtlich zulässig und abgesichert sind. Im Allgemeinen entsprechen dieser Anforderung Darstellungen von gewerblichen, gemischten und ggf. auch von Wohnbauflächen sowie Sonderbauflächen.

Anders ist dies, wenn die Darstellungen andere Nutzungen vorsehen, aus denen entsprechende Bebauungspläne nicht entwickelt werden können, wie z. B. die Darstellung von Flächen für andere Nutzungen (etwa für Verkehr, für Versorgungsanlagen) oder von Flächen, für die keine bauliche Nutzung vorgesehen ist (etwa Grünflächen, Flächen für die Landwirtschaft). Auch dürften von den Darstellungen ausgenommene Flächen im Sinne des § 5 Abs. 1 Satz 2 BauGB nicht ausreichen. Aus alledem folgt die Notwendigkeit einer inhaltlichen Abstimmung der für die zentralen Versorgungsbereiche vorgesehenen Standorte mit den Darstellungen über Flächen für die bauliche und sonstige Nutzung. Ggf. kann die vorgesehene Darstellung eines zentralen Versorgungsbereichs die Änderung der Darstellungen des Flächennutzungsplans erforderlich machen.

2.3 Die Rechtsfolgen der Darstellung von zentralen Versorgungsbereichen

Die Rechtsfolgen der Darstellung von zentralen Versorgungsbereichen ergeben sich aus den (allgemeinen) Rechtwirkungen der Darstellungen des Flächennutzungsplans, mit Besonderheiten.

a) Im Vordergrund steht die Bindung des Bebauungsplans an die Darstellungen im Flächennutzungsplan im Sinne des Entwicklungsgebots (§ 8 Abs. 2 Satz 1 BauGB). Zu berücksichtigen ist, dass nach § 5 Abs. 2 Nr. 2d BauGB nicht Flächen, sondern die Ausstattung des Gemeindegebiets dargestellt wird, weiter, dass die darauf abgestimmten Darstellungen des Flächennutzungsplans von Flächen für bestimmte Nutzungen für das Entwickeln des Bebauungsplans aus dem Flächennut- zungsplan maßgeblich sind. Aus der Kumulation dieser Darstellungen ist regelmäßig zu folgern, dass in diesen Fällen Bebauungspläne dem Entwicklungsgebot entsprechen, wenn seine Festsetzungen aus den Darstellungen der im Flächennutzungsplan dargestellten Bauflächen entwickelt werden und die Festsetzungen der planungsrechtlichen Absicherung der zentralen Versorgungsbereichen dienen.[10] Auch wenn das Entwicklungsgebot im Rahmen der Konkretisierung auf der Bebauungsplanebene bestimmte Abweichungen zulässt, kann angenommen werden, dass der Bebauungsplan daran gebunden ist, in dem dargestellten zentralen Versorgungsbereich solche Festsetzungen zu treffen, die der planungsrechtlichen Absicherung der in den zentralen Versorgungsbereichen mindestens allgemein vorgesehenen Nutzungen dienen.

Weiter darf der Bebauungsplan nicht solche Festsetzungen treffen, die der Verwirklichung der in die zentralen Versorgungsbereichen gehörenden baulichen Nutzungen widersprechen oder sonst entgegengerichtet sind. Die Möglichkeit der Abweichung von den dargestellten zentralen Versorgungsbereichen wie etwa nach Abwägungsgrundsätzen von einem Einzelhandelskonzept im Sinne des § 1 Abs. 6 Nr. 11 BauGB[11] besteht nicht. Ein Verstoß gegen das Entwicklungsgebot kann schon dadurch entstehen, das für die betreffende Fläche der Bebauungsplan nicht nur im unwesentlichen Umfang Festsetzungen trifft, die nach § 30 BauGB zur Folge hätten, dass die für einen zentralen Versorgungsbereich vorzusehenden Nutzungen nicht bauplanungsrechtlich zulässig sind.

b) Es kann weiter angenommen werden, dass es unzulässig ist, wenn außerhalb der dargestellten zentralen Versorgungsbereiche die

---

10 Zu den Einzelheiten der Anforderungen des Entwicklungsgebots s. Runkel, in: Ernst/ Zinkahn/Bielenberg/Krautzberger, BauGB Kommentar, § 8 Rn. 10m. Hinweise/ Nachweise zur Rechtsprechung.
11 S. dazu zuletzt BVerwG, Urt. v. 27.03.2013 – 4 C 13.11 – ZfBR 2013, 673.

planungsrechtlichen Grundlage für Einzelhandelsbetriebe geschaffen werden, die den mit der Darstellung der zentralen Versorgungsbereiche verfolgten Zielen entgegengerichtet sind, indem etwa an anderen Standorten die planungsrechtlichen Voraussetzungen für Einzelhandelsbetriebe mit wesentlichem Umfang vorgesehen werden. Diese Rechtswirkung ergibt sich allgemein aus dem Verständnis der Aufgabe der Flächennutzungsplanung als vorbereitender Bauleitplan (§ 1 Abs. 2 BauGB), der die Grundzüge der städtebaulichen Entwicklung im Gemeindegebiet darzustellen hat (§ 5 Abs. 1 Satz 1 BauGB), und dem darauf bezogenen Verständnis des Entwicklungsgebots des § 8 Abs. 2 Satz 1 BauGB. Insofern ergeben sich regelmäßig auch aus der Begründung des Flächennutzungsplans die für die nähere Beurteilung dieser Rechtswirkung maßgeblichen Zusammenhänge. Namentlich kann daraus entnommen werden, dass den Darstellungen des Flächennutzungsplans über zentrale Versorgungsbereiche solche Bebauungspläne widersprechen würden, mit denen die planungsrechtlichen Voraussetzungen für Einzelhandelsbetriebe vor allem in Art von Einkaufszentren und in Sondergebieten für den Einzelhandel an Standorten geschaffen werden, die nicht als zentrale Versorgungsbereiche dargestellt sind. Auf nachteilige Auswirkungen einer nach solchen Bebauungsplanungen entstehenden Ansiedlung von Einzelhandelsbetrieben außerhalb von zentralen Versorgungsbereichen kommt es in diesem Fall nicht an. Eine solche Bebauungsplanung, die in der dargelegten Weise mit den dargestellten zentralen Versorgungsbereichen nicht vereinbar ist oder ihnen sonst widerspricht, würde daher eine Änderung oder Ergänzung des Flächennutzungsplans voraussetzen, etwa durch zusätzliche Darstellung eines zentralen Versorgungsbereichs. Dabei wären in der Begründung die städtebaulichen Gründe und ihre Bedeutung für die ursprünglichen Darstellungen auszuführen.

c) Zum Weiteren können die dargestellten zentralen Versorgungsbereiche auch Bedeutung haben für <u>Maßnahmen des besonderen Städtebaurechts</u>, also für städtebauliche Sanierungs- und Entwicklungsmaßnahmen, Stadtumbaumaßnahmen, Maßnahmen der sozialen Stadt und private Initiativen (§§ 136 ff., 165 ff., 171a ff., 171e und 171f BauGB). Dies gilt insbesondere, wenn im Rahmen dieser Maßnahmen Bebauungspläne aufgestellt werden. Diese sind in der dargestellten Weise (s. oben a und b) an die Darstellungen von zentralen Versorgungsbereichen im

Flächennutzungsplan gebunden. Unabhängig davon können im Hinblick auf die Vermeidung widersprüchlichen Vorgehens Fragen aufgeworfen werden, wenn diese Maßnahmen des besonderen Städtebaurechts den Darstellungen des Flächennutzungsplans über zentrale Versorgungsbereiche widersprechen.

d) Die Darstellungen haben im Anwendungsbereich der §§ 30 und 34 BauGB grundsätzlich keine unmittelbare rechtliche Bedeutung. Ebenso wie im allgemeinen die Darstellungen des Flächennutzungsplans die Festsetzungen des Bebauungsplans und die eines vorhabenbezogenen Bebauungsplans und damit deren Bedeutung für die Zulässigkeit von Vorhaben im Sinne des § 30 BauGB sowie das Zulässigkeitsrecht des § 34 BauGB (insbesondere Einfügen in die Eigenart der näheren Umgebung) nicht modifizieren können[12], gilt dies auch für die Darstellungen von zentralen Versorgungsbereichen nach § 5 Abs. 2 Nr. 2d BauGB. Die Darstellungen des Flächennutzungsplans werden bodenrechtlich erst verbindlich, wenn sie durch Aufstellung, Änderung oder Ergänzung von Bebauungsplänen umgesetzt worden sind. Darüber entscheidet die Gemeinde grundsätzlich eigenverantwortlich (§ 2 Abs. 1 Satz 1 BauGB). Davon ist auch in dem hier interessierenden Zusammenhang auszugehen.[13]

Dies gilt insbesondere für § 34 Abs. 3 BauGB. Den Darstellungen kann ggf., ohne dass dies allerdings zulässigkeitsrechtlich verbindlich wäre, in der einen oder anderen Hinsicht der Hinweis auf tatsächliche Verhältnisse entnommen werden, die für die Beurteilung nach § 34 Abs. 3 BauGB von Bedeutung sind. Dies gilt gleichermaßen für die Frage, ob ein zentraler Versorgungsbereich vorhanden ist, wie für die Frage nach den Grenzen eines zentralen Versorgungsbereichs. Für den Anwendungsbereich des § 34 Abs. 3 BauGB folgt dies daraus, dass für die Zulässigkeit von Vorhaben nach dieser Vorschrift die tatsächlichen Verhältnisse maßgeblich sind, und weiter daraus, dass der Flächennutzungsplan als vorbereitender

---

12 Vgl. Verfasser in Ernst/Zinkahn/Bielenberg/Krautzberger, BauGB Kommentar, § 30 Rn. 26, § 34 Rn. 73.
13 Ob und inwieweit aus Gründen von Zielen der Raumordnung Pflichten zur Aufnahme von zentralen Versorgungsbereichen in Flächennutzungsplänen begründet sein oder werden können, bedarf einer gesonderten Untersuchung.

Bauleitplan keine Rechtsvorschrift ist und entsprechend seiner Aufgabe (vgl. § 5 Abs. 1 Satz 1 BauGB) auch die beabsichtigte städtebauliche Entwicklung darstellt. Darstellungen nach § 5 Abs. 2 Nr. 2d BauGB können daher über die vorhandenen Verhältnisse hinaus auch erst noch zu entwickelnde zentrale Versorgungsbereiche und deren Größe zum Gegenstand haben. Ebenso sind die Darstellungen nicht an den Umfang und an die räumlichen Grenzen eines schon vorhandenen zentralen Versorgungsbereichs gebunden; sie können auch davon abweichend den Umfang und die Grenzen nach den in Betracht kommenden städtebaulichen Verhältnissen und Gesichtspunkten bestimmen.

Die vorgenannten Ausführungen gelten grundsätzlich auch im Hinblick auf die Zulässigkeit von Vorhaben in Gebieten mit Bebauungsplänen nach § 30 BauGB. Allerdings sind Besonderheiten zu berücksichtigen, die sich aus § 11 Abs. 3 BauNVO ergeben. Nach dieser Vorschrift sind großflächige Einzelhandelsbetriebe nur in Kerngebieten und speziell hierfür ausgewiesenen Sondergebieten und nicht in den übrigen, im Bebauungsplan festgesetzten Baugebieten zulässig, wenn sie sich auf die städtebauliche Entwicklung auswirken können (§ 11 Abs. 3 Satz 1 Nr. 2 Bau- NVO). Zu diesen Auswirkungen gehören auch solche „auf die Entwicklung zentraler Versorgungsbereiche" (§ 11 Abs. 3 Satz 2 BauNVO). Insofern kann in Betracht kommen, dass auch Auswirkungen auf die im Flächennutzungsplan dargestellten zentralen Versorgungsbereiche von Bedeutung sind.

e) Den im Flächennutzungsplan dargestellten zentralen Versorgungsbereichen kann im Rahmen der gemeindenachbarlichen Abstimmung (§ 2 Abs. 2 Satz 2 BauGB) Bedeutung zukommen. Denn die Gemeinden können sich gegenüber den Bauleitplanungen von Nachbargemeinden auf ihre zentralen Versorgungsbereiche berufen (§ 2 Abs. 2 Satz 2 BauGB). Ebenso wie im Allgemeinen auch hat ein zumindest deutlicheres Gewicht, wenn die Gemeinde sich dabei auf ihre Bauleitplanung berufen kann, dem hier interessierenden Fall ihr Flächennutzungsplan mit Darstellungen über zentrale Versorgungsbereiche.[14] Dies hat besonders Bedeutung, wenn die Darstellung noch zu entwickelnde zentrale Versorgungsbereiche zum Gegenstand haben.

---

14 Vgl. Verfasser in: Ernst/Zinkahn/Bielenberg/Krautzberger, BauGB Kommentar, § 2 Rn. 100, 133 m. w. N. zur Rechtsprechung.

f) Durch das Gesetz zur **Stärkung der Innenentwicklung in den Städten und Gemeinden und weiterer Fortentwicklung des Städtebaurechts, der BauGB – Novelle 2013**[15] sind die Möglichkeiten zur Ausübung des Vorkaufsrechts zu Gunsten Dritter in § 27a BauGB wesentlich ausgeweitet worden. Sie sind nicht mehr auf bestimmte Zwecke des Wohnungsbaus und der Erschließung beschränkt. Die Ausübung des Vorkaufsrecht zu Gunsten Dritter kann dazu beitragen, dass die „Dritten" die für die städtebauliche Entwicklung notwendigen Vorhaben verwirklichen. Dies kann in entsprechenden Fällen auch für die im Flächennutzungsplan dargestellten zentralen Versorgungsbereiche von Bedeutung sein. Diese Darstellungen können ggf. die Voraussetzung des Satzungsvorkaufsrechts stützen, nämlich das Vorliegen von „Gebieten, in denen sie (die Gemeinde) städtebauliche Maßnahmen in Betracht zieht" (§ 25 Abs. 1 Satz 1 Nr. 2 BauGB).

3. Folgerungen für die Praxis

Die Inhalte der Darstellungen von zentralen Versorgungsbereichen im Flächennutzungsplan, die sie stützenden städtebaulichen Gründe und die Rechtswirkungen, wie unter 2. dargelegt, entsprechen ihrer Bedeutung für die städtebauliche Entwicklung. Sie berücksichtigen, dass die Erhaltung und Entwicklung zentraler Versorgungsbereiche eine nicht nur kurzfristige, sondern eher mittel- und langfristige städtebauliche Aufgabe ist. Dem entspricht ihre planungsrechtliche Absicherung im Flächennutzungsplan und dessen Aufgabe (§ 5 Abs. 1 BauGB).

Dies zeigt auch ein Vergleich mit der rechtlichen Bedeutung städtebaulicher Einzelhandelskonzepte als ein bei der Bauleitplanung, der Abwägung unterliegender Belang im Sinne des § 1 Abs. 6 Nr. 11 BauGB. Hinzu kommt, dass die Möglichkeiten zum Abweichen von solchen Konzepten weitgehender ist[16], als die Bindungen von Darstellungen im Flächennutzungsplan. Die Darstellungen im Flächennutzungsplan haben auch weitergehende Rechtswirkungen in anderen städtebaurechtlichen Beziehungen als städtebauliche Einzelhandelskonzepte. Solche Darstellungen eröffnen

---

15 Gesetz vom 11.06.2013, BGBl. I S. 1548.
16 Vgl. zuletzt BVerwG, Urt. v. 27.03.2013 – 4 C 13.11 – a. a. O. (Fn. 11).

daher weitergehende Möglichkeiten zur Sicherung einer auf die Erhaltung und Entwicklung zentraler Versorgungsbereiche ausgerichteten Stadtentwicklung.

Diese Gründe sprechen für die Aufnahme von Darstellungen von zentralen Versorgungsbereichen in Flächennutzungsplänen, ggf. auch zusätzlich zu schon vorhandenen städtebaulichen Einzelhandelskonzepten.

Michael Isselmann

Was macht die Planungspraxis: Zentrale Versorgungsbereiche auch im Flächennutzungsplan der Stadt Bonn?

Abstract

Einen Blick in die Planungspraxis wirft der Bericht von Michael Isselmann, der als Leiter des Stadtplanungsamtes Bonn die Bedeutung der Darstellung zentraler Versorgungsbereiche im Flächennutzungsplan der Bundesstadt Bonn erläutert.

Michael Isselmann, head of the planning office in Bonn, offers a look into planning practice and explains the importance to represent central supply areas in the preparatory land-use plan of the Federal City of Bonn.

I. Ausgangssituation

Der heute gültige Flächennutzungsplan (FNP) geht zurück auf das Jahr 1975. Bei einer Gesamtfläche des Stadtgebiets Bonns von etwa 141 km^2 entfallen ca. 43 % auf die Siedlungsfläche (61,0 km^2) und ca. 57 % auf Freiflächen (80,0 km^2). Waldflächen mit rund 41,6 km^2 stellen den größten Anteil der Freiflächen, es folgen landwirtschaftliche Flächen mit 16,5 km^2, Grünflächen mit 16,3 km^2 und Wasserflächen mit 5,5 km^2. Bei den Siedlungsflächen machen die Wohnbauflächen mit ca. 37,1 km^2 den größten Anteil aus, es folgen gemischte Bauflächen mit 5,7 km^2, Sonderbauflächen und gewerbliche Bauflächen mit jeweils 5,2 km^2 und sonstige Siedlungsflächen mit ca. 8,4 km^2.

Seit 1975 wurden insgesamt 193 Verfahren zur Änderung des Flächennutzungsplanes durchgeführt. 137 davon sind wirksam geworden (davon zwei als Anpassung), 46 wurden letztlich nicht weiterverfolgt; 10 Änderungen befinden sich derzeit noch im Verfahren.

Es ist zurzeit nicht beabsichtigt den FNP neu aufzustellen. Der gültige Flächennutzungsplan der Stadt Bonn entfaltet nach wie vor seine steuernde Wirkung. Dies zeigt sich nicht zuletzt darin, dass der ursprünglich unter der Prämisse des Ausbaus Bonns zur leistungsfähigen Bundeshauptstadt aufgestellte Flächennutzungsplan die Flexibilität besaß – und bis heute besitzt –, den 1991 eingeleiteten Strukturwandel Bonns und der Region (raum-)planerisch zu lenken. Anstelle einer Neuaufstellung finden vielmehr einerseits kleinräumige Änderungen und andererseits strukturelle Fortschreibungen statt.

II. Stadtplanung und Einzelhandelsentwicklung

Kaum ein Themenfeld der räumlichen Planung hat in der jüngeren Vergangenheit eine solche Dynamik entfaltet, wie die Diskussion um die Frage der Steuerung von Einzelhandelsansiedlungen.

Die Verwaltung der Bundesstadt Bonn – und ebenso die anderer Städte – wird derzeit verstärkt mit Anfragen von Investoren hinsichtlich der Ansiedlung von Einzelhandelsbetrieben konfrontiert. Dahinter stehen Expansionswünsche aufgrund des herrschenden Wettbewerbs- und Flächendrucks im Einzelhandel. Auch die hohe Kaufkraft am Standort Bonn verstärkt das Interesse des Einzelhandels in Bonn vertreten zu sein.

Die Stadt Bonn hat auf diese Thematik frühzeitig reagiert; das ursprüngliche Einzelhandels- und Zentrenkonzept von Bonn wurde 1977 erarbeitet und zählt damit zu den ersten dieser Art, die in Deutschland entwickelt wurden. 1999 wurde das Konzept fortgeschrieben und als „räumlich funktionales Zentrenkonzept im Sinne einer nachhaltigen Siedlungspolitik" erneut beschlossen.

III. Regionales Einzelhandels- und Zentrenkonzept „Bonn/ Rhein-Sieg/Ahrweiler"

Gleichzeitig wurde die Verwaltung 1999 beauftragt, ein „regionales Zentrenkonzept" zu erarbeiten; dieses wurde im Jahr 2003 fertig gestellt, in der Sitzung des Rates der Stadt Bonn am 13.11.2003 beschlossen und dient als Grundlage der interkommunalen Abstimmung bei Ansiedlungsinteressen von Einzelhandelsvorhaben.

Positive Erfahrungen in anderen Themenfeldern motivierten die Akteure in der Region Bonn/Rhein-Sieg/Ahrweiler dazu, ihre 1991 begonnene Zusammenarbeit auf ein neues und nach eigener Einschätzung sehr konfliktträchtiges Themenfeld auszudehnen. Im Gegensatz zu anderen Regionen gab hier (zunächst) kein kontrovers beurteiltes Großprojekt

(z. B. FOC) den Anstoß, sondern vielmehr einzelne, in der Summe negativ kumulierende Ansiedlungsentscheidungen. Hierzu zählte auch die Einschätzung, dass die Ansiedlung von Einzelhandelszentren „auf der grünen Wiese" Kaufkraft außerhalb der historisch gewachsenen Stadt- und Ortskerne bänden und somit langfristig zu deren Verödung beitragen könnten; die Auswirkungen überschreiten dabei oftmals die Stadt- und Gemeindegrenzen. Zum Erhalt lebendiger, funktionsfähiger Ortszentren bedarf es daher der Betrachtung größerer räumlicher Zusammenhänge bei der Ansiedlung von großflächigen Einzelhandelsbetrieben.

Erste Sondierungsgespräche über die Erarbeitung eines Einzelhandels- und Zentrenkonzeptes als Baustein für eine nachhaltige Entwicklung der Region fanden im Herbst 1998 statt. Während des nächsten Jahres wurden als Basis für die Ausschreibung eines Gutachtens erste Vorstellungen für das weitere Vorgehen, mögliche Ziele und Leitfragen entwickelt. Im März 2000 empfahl ein Facharbeitskreis der regionalen Lenkungsgruppe, den Auftrag an ein Team von drei Gutachtern zu vergeben.

Vor diesem Hintergrund wurde in den Jahren 2001 und 2002 seitens des „Regionalen Arbeitskreises Entwicklung, Planung und Verkehr – :rak" das Einzelhandels- und Zentrenkonzept der Region Bonn/Rhein-Sieg/Ahrweiler als Baustein einer nachhaltigen Regionalentwicklung erarbeitet.

Die Bestandsaufnahme der Einzelhandelssituation ergab, dass die Region derzeit noch eine günstige Versorgungsinfrastruktur besitzt. In ländlich geprägten Gebieten beginnen diese Strukturen bereits zu bröckeln, die Grundversorgung mit Gütern des täglichen Bedarfs ist hier schon heute nicht mehr gesichert. Angesichts des steigenden Konkurrenzdruckes im Einzelhandel und des sich wandelnden Verbraucherverhaltens ist eine solche Entwicklung auch für die übrige Region nicht auszuschließen.

Um dieser Entwicklung entgegenzuwirken, sollten laut Empfehlung des regionalen Einzelhandels- und Zentrenkonzepts Ansiedlungen großflächiger Einzelhandelsbetriebe mit gemeinde-übergreifender Wirkung hinsichtlich ihrer Auswirkungen auf die Ortskerne untersucht und Standort, Größe und Sortiment zwischen den betroffenen Gemeinden abgestimmt werden. Die Umsetzung dieser Empfehlung erfolgt nunmehr auf Basis einer Vereinbarung, welche zwischen den Städten und Gemeinden des :rak geschlossen wurde. (siehe Abb. 1) Diese legt – über die gesetzlichen Vorgaben hinaus – die Handlungsweise bei Ansiedlungsbegehren großflächiger

Einzelhandelsbetriebe fest. Ziel des Verfahrens ist die Konsensfindung zwischen allen von dem projektierten Einzelhandelsbetrieb betroffenen Kommunen. Die kommunale Planungs- und Entscheidungshoheit wird durch die Vereinbarung nicht berührt. (siehe auch Exkurs: Die fünf rheinischen Regeln der Regionalentwicklung)

Das Konzept fußt auf einer Situations- und Risikoanalyse, die den Grundstock für ein regionales Informationssystem (Datenbank) und eine Gemeindetypisierung bildet. Darauf aufbauend sollten Szenarien und Handlungsempfehlungen für einzelne Gemeindetypen sowie die Region insgesamt entwickelt werden. Die Tätigkeit der Gutachter, die zugleich als Moderatoren wirkten, begleitete ein projektbezogener Arbeitskreis, in dem außer den Kommunen, Kreisen, der Bezirksregierung Köln, auch Kammern und Verbände der Wirtschaft sowie große Einzelhandelsunternehmen, die Landesregierung und Forschungsinstitute (BBR, ILS) als wissenschaftliche Beobachter vertreten waren. Das Kooperationsprojekt zeichnete sich insgesamt durch einen stark prozess- und dialogorientierten Ansatz aus.

Abb. 1: Vereinbarung über die Vorgehensweise zur regionalen Abstimmung bei der Ansiedlung von Einzelhandelsvorhaben.

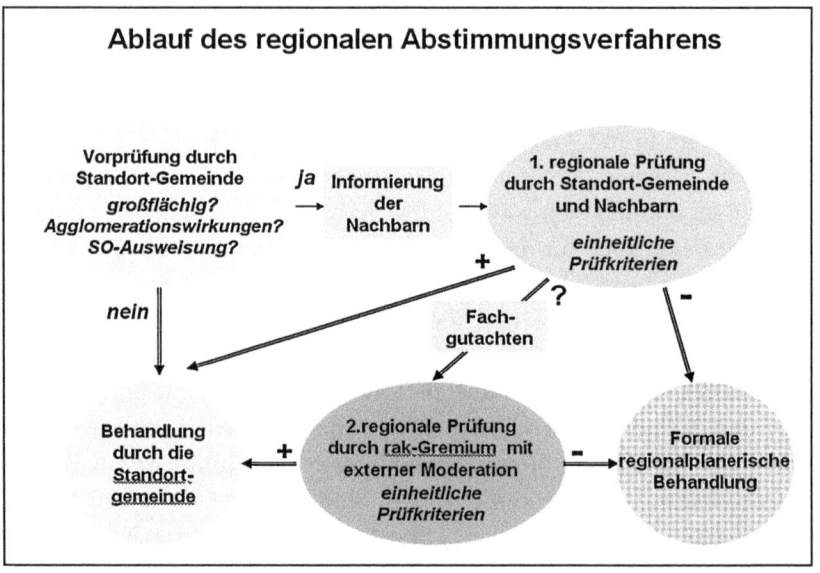

Die Akteure diskutieren Vorschläge für eine nachhaltige Regionalentwicklung nicht nur aus der Einzelhandelsperspektive, sondern unter Berücksichtigung weiterer zentrenbildender Funktionen (z. B. Kultur und Freizeit). Das Themenfeld steckten sie ganz bewusst weit ab, um einerseits neuen Trends der Projektplanung Rechnung zu tragen (z. B. Kombination von Einzelhandels- mit Freizeitangeboten) und andererseits auch kleinere ländliche Gemeinden, die keine Versorgungsschwerpunkte darstellen, als Kooperationspartner zu gewinnen.

IV. Einzelhandels- und Zentrenkonzept der Stadt Bonn

Obschon die Überarbeitung des Zentrenkonzepts der Stadt Bonn gerade erst sechs Jahre zurücklag, bedurfte es aus Sicht der Stadt 2006 wegen der aktuellen Entwicklungen im Einzelhandel (Stichwort: Konzentration/Verdrängungswettbewerb/ „Discounterisierung") sowie aufgrund von Erfordernissen der neuen Gesetzeslage und Rechtsprechung (standortspezifische Sortimentslisten, Umgang mit Einzelhandel in Gewerbegebieten) gleichwohl einer weiteren Anpassung.

Durch die Fortschreibung des Zentrenkonzepts sollte nunmehr eine gesamtstädtische, verbindliche Entscheidungsgrundlage für Ansiedlungsvorhaben geschaffen werden, die sowohl Investoren als auch den ortsansässigen Einzelhändlern eine verlässliche Perspektive und Planungssicherheit bietet. Die Verwaltung sollte in die Lage versetzt werden, neben der (rechtssicheren) Abwehr nicht konformer Ansiedlungsvorhaben gleichzeitig eine aktive Standort- und Flächenpolitik zu betreiben. Im Rahmen der Fortschreibung des Zentrenkonzepts wurden daher sowohl alte Standorte für Nahversorgung und für großflächigen Einzelhandel auf Erweiterungsbedarf und Verbesserungsmöglichkeiten überprüft, als auch neue mögliche (unschädliche) Standorte gefunden.

Abb. 2: Verfahrensvorschlag zur Fortschreibung des Einzelhandels- und Zentrenkonzepts der Bundesstadt Bonn.

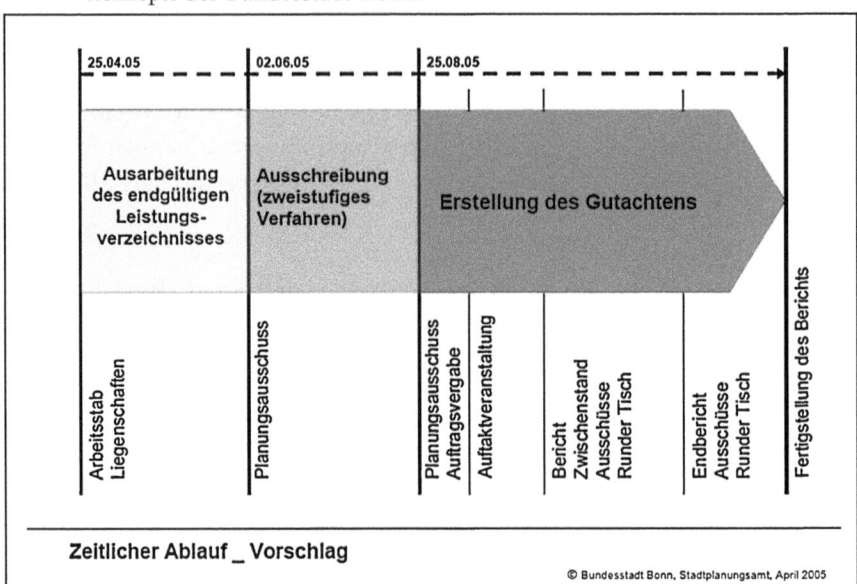

Hierbei galt und gilt es zu vermeiden, dass sich die Entwicklungen im Einzelhandel negativ auf zentrale Nahversorgungsbereiche auswirken. Die Stadt Bonn mit ihren gewachsenen Stadt-, Stadtbezirks- und Ortsteilzentren ist daran interessiert, diese Struktur zu erhalten und zu stärken. Im Vordergrund muss dabei die Sicherung der wohnungsnahen Versorgung der Bevölkerung und damit der Qualität des Wohnumfelds stehen; zu berücksichtigen sind auch die bereits bestehenden Handelsstrukturen in den Zentren. Zugleich ist auch die Wirkung bereits im unmittelbaren Umland errichteter Handelsflächen auf das Stadtgebiet darzustellen und die (Rück-)Wirkung auf Standorte innerhalb des Stadtgebiets zu untersuchen.

V. Vorbereitung und Durchführung der Erarbeitung des Einzelhandels- und Zentrenkonzepts in Bonn

Das anstehende Gutachten sollte die Datengrundlage des bestehenden Einzelhandels- und Zentrenkonzepts aktualisieren und die Konzeption an die veränderte Gesetzes- und Ausgangslage anpassen. Ziel war es, rechtlich sichere Beurteilungsgrundlagen und -strategien zum Umgang mit Ansiedlungsvorhaben (weiter) zu entwickeln.

Die Ausschreibung zur Auftragsvergabe (siehe Abb. 2) definierte die Aufgaben des Gutachtens in drei Bereichen:

- Struktur- und Bedarfsanalyse: Aktualisierung der Datenlage, Definition von Bereichen der Nahversorgung und unterversorgter Bereiche bzw. Bereichen für großflächige Einzelhandelseinrichtungen, mit entsprechenden Folgerungen und Handlungsempfehlungen.
- Rechtliche Beurteilung: Definition von Änderungserfordernissen des bestehenden Konzeptes aufgrund der veränderten aktuellen Rechtsprechung, Baurechtsanalyse Bonn, Strategien zur optimierten planungs- und baurechtlichen Steuerung (bereichsspezifische Sortimentsliste, Vorgehen im 34er-Gebiet, Empfehlungen zum Umgang mit nicht konzepttreuen Ansiedlungsvorhaben).
- Umsetzungsstrategien: Auswahl und Einbeziehung von Akteuren (siehe Abb. 3), Definition von Projektzielen, Arbeitsschritten, Entwicklung eines Konzeptes zur Anwendung im Arbeitsalltag

Abb. 3: Differenzierte Einbindung unterschiedlicher Akteure und Akteursgruppen in den Prozess der Konzepterarbeitung.

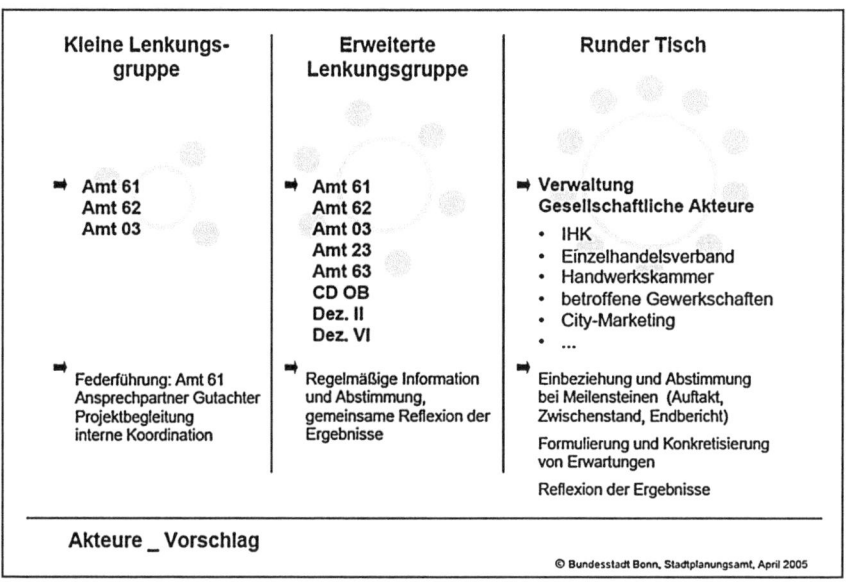

Im Rahmen eines zweistufigen Verfahrens (siehe Abb. 4) wurden geeignete Gutachterbüros aufgefordert, auf der Basis einer von der Verwaltung erarbeiteten Leistungsbeschreibung (einschließlich eines angemessenen Zeitrahmens für die Fertigstellung des Gutachtens) in der ersten Stufe eine eigene Konzeptvorstellung mit einer ersten groben Honorarschätzung vorzulegen. Auf der Grundlage der Angebote wurden diejenigen Gutachter ausgeschieden, die nicht den Anforderungen der Aufgabenstellung entsprechen.

Abb. 4: Zweistufiges Ausschreibungsverfahren zur Qualifizierung der Aufgabenbeschreibung.

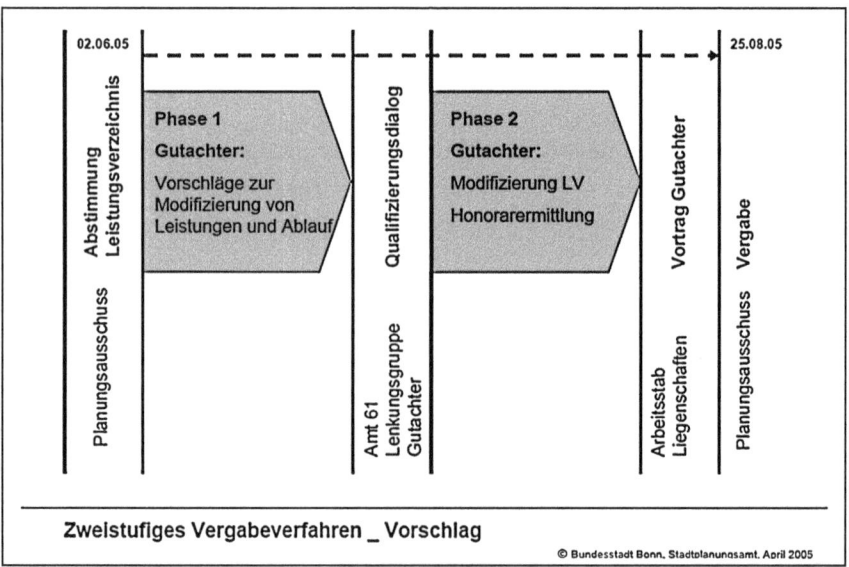

Alle weiteren Gutachterbüros sind in der nächsten Stufe zu einem persönlichen Erörterungsgespräch eingeladen worden, um offene Fragen zu klären und damit ermittelt werden konnte, ob der Gutachter für die Aufgabe geeignet scheint. Die gewonnenen Erkenntnisse flossen in ein endgültiges Leistungsverzeichnis ein, zu dem die verbliebenen Büros ein endgültiges Angebot abgaben. 2008 wurde durch Beschluss des Rates die Arbeit im Rahmen der „3. Auflage" des Bonner Einzelhandels- und Zentrenkonzepts abgeschlossen.

VI. Organisation der Fortschreibung des Einzelhandels- und Zentrenkonzepts in Bonn und der Region

Sowohl auf kommunaler (Bonner) wie auf regionaler (:rak) Ebene wurden zwischenzeitlich weitere Fortschreibungen betrieben. In beiden Fällen wurden die (positiven) Erfahrungen einer Strategie des „prozesshaften Dialogs" fortentwickelt.

Der Leitgedanke des Ende 2002 vorgelegten „Regionalen Einzelhandels- und Zentrenkonzepts (:rezk)" war, dass sich die Einzelhandelsentwicklung einer Region und deren Kommunen sowohl im Hinblick auf die Zentren, als auch mit Blick auf die Gesamtstruktur günstiger gestalten, wenn dem lokalen Handeln eine regional abgestimmte Verfahrensweise zugrunde liegt. Das daraufhin vereinbarte und praktizierte regionale Abstimmungsverfahren für Entwicklungen im Bereich des Einzelhandels hat dazu beitragen, möglicherweise zentrenschädigende Einzelhandelsvorhaben frühzeitig zu identifizieren und regionalverträglich zu gestalten. Änderungen der rechtlichen Rahmenbedingungen und der landesplanerischen Zielvorgaben in Nordrhein-Westfalen und Rheinland-Pfalz für die Steuerung des Einzelhandels führten zu der Fragestellung, inwieweit eine Anpassung des 2002 fertig gestellten „Einzelhandels- und Zentrenkonzepts für die Region Bonn/Rhein-Sieg/Ahrweiler" erforderlich ist. Im Rahmen eines Workshops wurde sich des Themas angenommen und als weiteres Vorgehen vereinbart, kein neues Konzept zu erarbeiten, sondern unter Berücksichtigung der geänderten Rahmenbedingungen das :rezk fortzuschreiben. Hierzu diskutierten und verabschiedeten Vertreter/-innen der :rak-Gebietskörperschaften, Verbände, Kammern sowie Landesplanungs- und Genehmigungsbehörden in drei Werkstätten die Entwicklung von Standards/ Kriterien für

Exkurs: Die fünf rheinischen Regeln der Regionalentwicklung

Die regionale Abstimmung ist heute ein unverzichtbares Element der kommunalen Entwicklung.

Kommunikative Planungsformen dürfen nicht den experimentellen Einzelfall darstellen, sondern müssen im Sinne verstetigter Prozesse Handlungsprinzip sein.

Im Lauf der Zusammenarbeit in der Region „Bonn/Rhein-Sieg/Ahrweiler" haben sich fünf Prinzipien für die freiwillige Kooperation herausgebildet:

- <u>Lösbare Aufgaben angehen.</u> Hiermit ist die Strategie der „präventiven Konfliktscheu" umrissen. Die Region packt zunächst solche Themen an, die bei ihrer Lösung Erfolg versprechen. Themen mit höherem Konfliktpotenzial werden Schritt für Schritt aufgegriffen, wenn Kooperationserfahrung, Vertrauen und Offenheit gewachsen sind.
- <u>Zuschnitt der Probleme flexibel gestalten.</u> Projekte werden dann durchgeführt, wenn sich eine ausreichende Zahl von Kommunen beteiligt. Es kommt durchaus vor, dass einzelne Kommunen sich aufgrund anderer Prioritätensetzung zu bestimmten Fragen nicht aktiv engagieren. Dies führt nicht zum Ausschluss der Kommunen oder zum Stopp des Projekts. Der Informationsfluss bleibt erhalten.
- <u>Konflikte produktiv bewältigen.</u> Die Beteiligten werden ermutigt, ihre Interessen möglichst klar zu benennen. Konflikte müssen sein und manchmal auf dem Weg klassischer Planverfahren, ggf. auch im gerichtlichen Streitverfahren ausgefochten werden.
- <u>Externe Moderation für komplexe Problemstellungen einsetzen.</u> Unterstützung lohnt sich. Bei der Bearbeitung konfliktträchtiger Themen hilft sie, Basis für Vertrauen zu legen, zielorientiert zu arbeiten und präzise Ergebnisse für eine rasche Umsetzung zu erreichen.
- <u>Konzertierte Eigenständigkeit wahren.</u> Die Kommunen stellen Planungshoheit und Entscheidungsfreiheit nicht zur Disposition. Sie entscheiden sich in ausgewählten Feldern dafür, sich regionaler Rationalität als eigenständige Kommune anzuschließen.

- Mindeststandards für die Festlegung von zentralen Versorgungsbereichen unter Beachtung der bereits mit dem Regionalen Einzelhandels- und Zentrenkonzept erfolgten Einteilung der Kommunen nach dem Grad der Einzelhandelsversorgung, d. h. aufgezeigt werden sollen die Wege zur Festlegung dieser Versorgungsbereiche, damit verbunden eine einheitliche Definition der Begrifflichkeiten.
- Mindeststandards für die Festlegung von Sortimentslisten, auch hier sollen die Wege zur Festlegung aufgezeigt werden.
- Kriterienkatalog für die Beurteilung von schädlichen Auswirkungen, die ebenso in ggf. erforderlichen Gutachten Beachtung finden sollten. Um diesen Kriterienkatalog zu erarbeiten, sollten vorliegende regionale Beispielstreitfälle herangezogen, kategorisiert und in Mindeststandards/-inhalten für die Erstellung von Gutachten überführt werden.

Die daraufhin erarbeitete Fortschreibung enthält Änderungen, Ergänzungen und Klarstellungen der bisher gültigen :rezk-Vereinbarung auf Grundlage der aktuellen gesetzlichen Rahmenbedingungen und Vorgaben. Als Leitfaden soll sie verlässliche Standards für Ablauf und Inhalt künftiger regionaler Abstimmungsverfahren bieten und die Transparenz des Verfahrens sicherstellen. Im Sinne der freiwilligen regionalen Kooperation entsteht für die Kommunen durch die Fortschreibung der Vereinbarung keine rechtliche Verpflichtung, d. h., die kommunale Planungshoheit bleibt nach wie vor unberührt. Gleichwohl erfolgt eine „moralische Selbstbindung" der Kommunen zur Einhaltung und Anwendung der hier vereinbarten Regularien.[1]

Auch bei der Weiterentwicklung des kommunalen Konzepts wurde auf bewährte Arbeitsstrukturen zurückgegriffen. Erfahrungen anderer Städte, aber auch aus Bonn zeigten, dass die Umsetzung der Ziele und Grundsätze mit den zur Verfügung stehenden Instrumenten eine kontinuierliche Herausforderung im Sinne einer konsequenten Anwendung des Konzeptes darstellt. Andererseits werden im Laufe der Zeit Anpassungen an veränderte tatsächliche und/ oder rechtliche Rahmenbedingen notwendig

---

1 Vgl. Stadtplanungsamt Bonn, Fortschreibung des Einzelhandels- und Zentrenkonzept der Stadt Bonn, im Internet unter: http://region-bonn.de, Zugriff am 23.10.2013.

werden, die zielgenau nur bei regelmäßiger Beobachtung und Diskussion vorgenommen werden können.

Aus diesem Grund wurde der bereits vorhandene Arbeitskreis, der die Erarbeitung des Bonner Einzelhandels- und Zentrenkonzepts begleitet hatte, um weitere Fachleute sowie die planungs- und wirtschaftspolitischen Sprecher der Fraktionen als „Konsultationskreis" erweitert und dauerhaft eingerichtet. Aufgabe des Konsultationskreises ist die regelmäßige (in ca. halbjährlichem Turnus sowie bei angemeldetem Bedarf) Bilanzierung der definierten Zielsetzungen und der tatsächlichen Entwicklungen. Dieses kontinuierliche „Monitoring" dient dann als Grundlage für notwendige Anpassungen des Konzeptes im Rahmen von Fortschreibungen, die für die nachhaltige Ziel- und Passgenauigkeit des städtischen Handelns notwendig werden können.

VII. Erfahrungen anderer Gebietskörperschaften

Fast jede bundesdeutsche (Groß-)Stadt verfügt heute über eine Einzelhandelskonzeption, die der hier beschriebenen vergleichbar ist, in ihrer konkreten Ausprägung aber durchaus differieren. Freiwillige regionale Abstimmungsprozesse sind hingegen weniger häufig anzutreffen und ebenfalls unterschiedlich ausgeprägt.

Vor diesem Hintergrund ist auch die Reflektion der aktuellen BauGB-Novelle 2013 in Bezug auf die Neuregelung im § 5 nicht einheitlich. Die Bandbreite der Rückmeldungen einer (nicht repräsentativen) Umfrage bundesdeutscher Großstädte verdeutlicht dies. Von Interesse war, ob die Kommunen die Gesetzesänderung zum Anlass nehmen, eine entsprechende Aussage in den Flächennutzungsplan aufzunehmen, dies in Zukunft beabsichtigen oder solche Darstellungen sich bereits in ihren vorbereitenden Bauleitplänen finden.

So gibt es eine Reihe von Städten, die bereits in der Vergangenheit die Zielsetzungen ihrer Einzelhandelskonzepte in die Flächennutzungspläne integriert haben. Andere Städte nutzen den Impuls, um entsprechende Änderungsverfahren einzuleiten bzw. diese Thematik in laufende Neuaufstellungsverfahren einzubeziehen. Aber auch die bewusste Entscheidung, von der Möglichkeit keinen Gebrauch zu machen, findet sich. Erwähnt werden soll aber auch, dass „Sonderlösungen", anders ausgedrückt Mischformen überlegt werden, in der Form, zentrale Versorgungsbereiche im FNP durch Symbole zu kennzeichnen, die detaillierte Beschreibung aber dem Fachkonzept zu überlassen.

Es bleibt abzuwarten, welche Erfahrungen sich in ein oder zwei Jahren einstellen werden.

VIII. Resümee

Was bleibt festzuhalten? Die Entwicklung von (Einzelhandels- und Zentren-) Konzepten ist nicht neu, aber aktuell und nach wie vor unverzichtbar. Stärker als in der Vergangenheit rückt allerdings der Erarbeitungsprozess, ja selbst die Formulierung der Aufgabenstellung und darüber hinaus die kontinuierliche Begleitung der Entwicklung in den Blickpunkt. Die gemeinsame Definition einer einvernehmlichen Ausgangsbasis und die stetige Reflektion der Veränderung von Rahmenbedingungen und Zielvorstellungen sollen dazu beitragen, Konflikte zu minimieren.

Bei der Sicherstellung der Einzelhandels(nah-)versorgung ist es unerlässlich, im Sinne einer Positivstrategie Steuerung zu betreiben. Neben der Formulierung geeigneter und der jeweiligen Gemeinde entsprechender räumlich-funktionaler Strukturen ist ein Zentrengefüge zu definieren, zu differenzieren und räumlich klar abzugrenzen. Einzelhandelsdichte, städtebauliche Situation, kulturelle, öffentliche und Dienstleistungseinrichtungen, Erreichbarkeit und Passantenfrequenz charakterisieren Haupt-, Neben- und Ergänzungslagen. Zur Sicherung vorhandener, zur Stärkung gefährdeter und zur (Wieder-)Belebung unversorgter Bereiche sind geeignete branchenbezogene Handelsstrukturen zu entwerfen, gegebenenfalls Flächen zu aktivieren, die verkehrliche Erreichbarkeit sicherzustellen und wenn nötig die Situation des öffentlichen Raumes zu verbessern.

Gleichfalls unverzichtbar sind gegenseitige Information und Abstimmung von Einzelhandels- und öffentlichen Akteuren. Beratungen im Vorfeld von Standort- und Investitionsentscheidungen beschleunigen letztlich Planungs- und Genehmigungsverfahren. Innerstädtische Kooperationen sind ebenso erforderlich, wie interkommunale Abstimmungen und der Dialog mit den Bürgern. Die Instrumentarien hierfür sind gegeben, der „Werkzeugkasten" ist wohl gefüllt, um auch zukünftig ein attraktives Angebot und eine ausgewogene Versorgungsstruktur bereitzustellen.

Olaf Reidt

Die Festsetzung bedingter und befristeter Baurechte gemäß § 9 Abs. 2 BauGB

Abstract

Der Beitrag beleuchtet die Möglichkeiten der Festsetzung bedingter und befristeter Baurechte gemäß § 9 Abs. 2 BauGB in der verbindlichen Bauleitplanung sowie die aktuelle Rechtsprechung der Verwaltungsgerichte hierzu.

The report presents possibilities of designation conditional and temporary building law, according to Par. 9 (2) of the Federal Building Code in land-use planning and concerning this matter recent case-law of Administrative Courts.

I. Einschlägige Rechtsvorschriften

1. Das Baugesetzbuch enthält für den Bebauungsplan explizite Regelungen zu den Festsetzungsmöglichkeiten von bedingten und befristeten Baurechten in § 9 Abs. 2 und in § 12 Abs. 3a BauGB:

§ 9 Abs. 2 BauGB

> (2) Im Bebauungsplan kann in besonderen Fällen festgesetzt werden, dass bestimmte der in **ihm festgesetzten baulichen und sonstigen Nutzungen und Anlagen nur**
> 1. für einen bestimmten Zeitraum zulässig oder
> 2. bis zum Eintritt bestimmter Umstände zulässig oder unzulässig
>
> sind. Die Folgenutzung soll festgesetzt werden.

§ 12 Abs. 3a BauGB

> (3a) Wird in einem vorhabenbezogenen Bebauungsplan für den Bereich des Vorhaben- und Erschließungsplans durch Festsetzung eines Baugebiets auf Grund der Baunutzungsverordnung oder auf sonstige Weise eine bauliche oder sonstige Nutzung allgemein

festgesetzt, ist unter entsprechender Anwendung des § 9 Abs. 2 festzusetzen, dass im Rahmen der festgesetzten Nutzungen nur solche Vorhaben zulässig sind, zu deren Durchführung sich der Vorhabenträger im Durchführungsvertrag verpflichtet. Änderungen des Durchführungsvertrags oder der Abschluss eines neuen Durchführungsvertrags sind zulässig.

2. Die Vorschriften zum Flächennutzungsplan (§§ 5–7 BauGB) enthalten hierzu keine ausdrücklichen Regelungen. Da § 5 BauGB im Unterschied zu § 9 BauGB keinen abschließenden Darstellungskatalog enthält, sind gleichwohl auch im Flächennutzungsplan grundsätzlich mit Bedingungen oder Befristungen verknüpfte Darstellungen möglich. Dies gilt insbesondere dann, wenn die entsprechenden Darstellungen Bebauungsplanfestsetzungen insbesondere nach § 9 Abs. 2 BauGB vorbereiten sollen. Erforderlich ist es dabei jedoch, dass derartige Darstellungen, sofern sie der Umsetzung im Rahmen der verbindlichen Bauleitplanung bedürfen, tatsächlich auch geeignet sind, daraus auch entsprechende, insbesondere also zulässige, Bebauungsplanfestsetzungen zu entwickeln (vgl. § 8 Abs. 2 Satz 1 BauGB). Anders kann dies dann sein, wenn es nicht zwingend einer Umsetzung von Flächennutzungsplandarstellungen mittels der verbindlichen Bauleitplanung bedarf, um den kommunalen Zielen an die angestrebte städtebauliche Entwicklung und Ordnung Rechnung zu tragen. Zu denken ist dabei etwa an Darstellungen i. S. v. § 35 Abs. 3 BauGB im Hinblick auf ein Repowering bei Windkraftanlagen.

3. Auch das Raumordnungsgesetz (ROG) enthält keine besonderen Vorschriften für bedingte oder befristete Regelungen in Raumordnungsplänen. Da auch das ROG im Unterschied zu § 9 BauGB keinen abschließenden Katalog an zulässigen Zielen oder Grundsätzen der Raumordnung enthält, sind auch hier Bedingungen oder Befristungen grundsätzlich möglich. Zu denken ist daher etwa an eine zeitlich gestaffelte Nutzung im Hinblick auf den Abbau von Bodenschätzen und eine Folgenutzung als Freiraum oder eine nachfolgende (weitere) Konzentrationszonenplanung z. B. für die Windenergie.

II. Aktuelle Rechtsprechung

BVerwG, B. v. 8.12.2010 – 4 BN 24/10, BauR 2011, 803

> § 9 Abs. 2 BauGB eröffnet **keine selbständigen inhaltlichen Festsetzungsmöglichkeiten**, sondern modifiziert Festsetzungen nach Abs. 1 dieser Vorschrift, auf den sich **§ 9 Abs. 2 BauGB als Folgeregelung** bezieht und dessen Anwendbarkeit diese Vorschrift voraussetzt.
>
> Die Möglichkeit, Festsetzungen nach § 9 Abs. 1 BauGB zu befristen oder an eine Bedingung zu knüpfen, führt nicht zu einer unerwünschten Feinsteuerung, sondern ermöglicht es vielmehr, dem gesetzgeberischen Anliegen nach Begrenzung des Regelungsinhalts von Festlegungs- und Einbeziehungssatzungen und darüber hinaus auch den Anforderungen der städtebaulichen Erforderlichkeit und des Grundsatzes der Verhältnismäßigkeit Rechnung zu tragen.

VGH Kassel, U. v. 22.4.2010 – 4 C 306/09.N, BauR 2010, 1531 (Maininsel)

> Die Festsetzungen nach § 9 Abs. 2 Satz 1 BauGB bedürfen in besonderem Maße der Rechtfertigung durch städtebauliche Gründe; sie sind nur „in besonderen Fällen" zulässig. Ein städtebauliches Bedürfnis nach einer zeitlichen Staffelung von Nutzungen besteht dort, wo eine bestimmte Nutzung zunächst verwirklicht sein muss, bevor weitere Nutzungen folgen können, um z. B. die von der Bauleitplanung zu lösenden Konflikte des Immissionsschutzes sachgerecht zu lösen. Dies ist nach der hier vorliegenden Planungskonzeption der Fall, da die Errichtung von schutzbedürftigen Wohnnutzungen erst zulässig sein soll, wenn eine abschirmende Bebauung den erforderlichen Schallschutz bietet. Es ist aber **zweifelhaft, ob der Fortbestand der abschirmenden Bebauung hinreichend gesichert ist.** (…) Es kommt zwar somit in Betracht, dass diese den Bestand der abschirmenden Bebauung durch die Übernahme einer Bauerhaltungspflicht bzw. – im Falle der Zerstörung der Gebäude durch Brand oder andere Ereignisse – einer Wiederherstellungspflicht in Form einer **Baulast** § 75 HBO sichert. Demgegenüber dürfte eine Sicherung der Wiederbebauung durch die Bestellung von **Grunddienstbarkeiten** ausscheiden, (…) Fraglich ist aber bereits, ob eine so weit reichende Verpflichtung wie die Verpflichtung zur Bauerhaltung und gegebenenfalls Wiederherstellung eines zerstörten Gebäudes Inhalt einer Baulasterklärung sein kann. Unabhängig hiervon wäre auch im Falle der rechtlichen Zulässigkeit entsprechender Baulasten oder privat-rechtlicher Verpflichtungen der Bestand der Gebäude nicht effektiv gesichert. Im Falle des Abrisses eines Gebäudes oder Zerstörung durch Brand bestünde zwar eine Pflicht zur Wiedererrichtung. Die Wiedererrichtung ist aber dann, wenn die Grundstückseigentümer finanziell **nicht leistungsfähig** oder **bauunwillig** sind, nicht sichergestellt.

VGH Kassel, U. v. 29.3.2012 – 4 C 694/10.N, NuR 2012, 644

> Zwar bedarf eine Festsetzung nach § 9 Abs. 2 Satz 1 BauGB **in besonderem Maße der Rechtfertigung** durch städtebauliche Gründe. Ein städtebauliches Bedürfnis

nach einer zeitlichen Staffelung von baulichen Anlagen besteht jedoch dort, wo eine bestimmte Anlage zunächst verwirklicht sein muss, bevor weitere Anlagen folgen können, um z. B. die von der Bauleitplanung zu lösenden Konflikte des Immissionsschutzes sachgerecht zu lösen.

OVG Münster, U. v. 24.4.2013 – 7 D 24/12.NE, BauR 2013, 1073 (zwar nicht zu § 9 Abs. 2 BauGB ergangen, inhaltlich aber an die vorstehende Rechtsprechung anschließend)

Der Plangeber darf im Falle einer Angebotsplanung die Bestimmung von Lärmpegelbereichen zum passiven Lärmschutz regelmäßig nicht von einem – zum Zeitpunkt der Planung existierenden – Gebäudebestand abhängig machen.

OVG Münster, U. v. 13.9.2012 – 2 D 38/11, juris, Rn. 98 ff.

Ein „besonderer Fall" im Sinne von § 9 Abs. 2 Satz 1 Nr. 2 BauGB meint eine **außergewöhnliche städtebauliche Situation.** Die Entscheidung, ob eine solche Situation vorliegt, ist in engem Zusammenhang mit der Frage nach der Erforderlichkeit der bedingten Festsetzungen für die städtebauliche Entwicklung und Ordnung nach § 1 Abs. 3 Satz 1 BauGB zu treffen. Die Besonderheit des jeweiligen Falls muss städtebaulicher Art sein, d. h. einen Grund in einem **spezifischen Erfordernis der städtebaulichen Ordnung und Entwicklung** gemäß § 1 Abs. 3 Satz 1 BauGB haben, so dass die jeweilige Aufgabe der planerischen Ordnung der Bodennutzung besser mit einer Bedingung zu lösen ist als mit einer Festsetzung ohne solche Einschränkung. Gemessen an diesen Maßstäben ist das Vorliegen eines „besonderen Falls" – einer außergewöhnlichen städtebaulichen Situation – bereits deshalb fraglich, weil die Antragsgegnerin mit der Bedingung, der untrennbar mit ihr zusammenhängenden Unterscheidung der Teilgebiete GE und GE1 in einem ersten Bauabschnitt und dem städtebaulichen Vertrag mit der Firma L1.vom 8./10. Dezember 2010 konzeptionell eine bestimmte vorzeitige Nutzung von Teilen des Plangebiets durch einen bestimmten privaten Unternehmer – eben die Firma L1. – ermöglichen will. Grund für die Bedingung und den vorläufigen Nutzungsteilausschluss im GE ist damit nicht ein spezifisches (öffentliches) Erfordernis der städtebaulichen Ordnung und Entwicklung, sondern der private Ansiedlungswunsch der Firma L1.

OVG Münster, U. v. 6.10.2011 – 2 D 132/09, juris, Ls. 18

An einer positiven Planungskonzeption kann es auch dann fehlen, wenn dem Plan, der das Instrument des § 9 Abs. 2 Satz 1 Nr. 2 BauGB verwendet, eine **Verwirklichungsperspektive** fehlt, weil mit dem Bedingungseintritt absehbar nicht zu rechnen ist.

OVG Münster, U. v. 21.7.2011 – 2 D 59/09, BauR 2011, 1943

Die Anwendung des § 9 Abs. 2 Satz 1 Nr. 2 BauGB unterliegt **spezifischen Bestimmtheitsanforderungen**, weil der Zeitpunkt oder die Umstände, bei deren

Eintritt eine Nutzung einzustellen ist beziehungsweise erst zulässig werden soll, unter Umständen schwer zu bestimmen sein können. Das Bestimmtheitsgebot erfordert von der Gemeinde daher ein **hohes Maß genauer Präzisierung** der planerischen Festsetzung nach § 9 Abs. 2 Satz 1 Nr. 2 BauGB.

Der Gesetzgeber hatte bei der aufschiebenden Bedingung im Sinne von § 9 Abs. 2 Satz 1 Nr. 2 BauGB Konstellationen im Blick, in denen eine bestimmte Nutzung – etwa aus Gründen des Lärmschutzes und damit auch des planerischen Rücksichtnahmegebots – zunächst verwirklicht werden muss, bevor weitere Nutzungen folgen können. (…) Um eine vergleichbare Konstellation geht es vorliegend nicht. Eine Änderung des Geltungsbereichs der Hafenverordnung führt zwar zu einer Änderung der allgemeinen rechtlichen Rahmenbedingungen; sie hat jedoch keinen unmittelbaren Einfluss auf die Nutzungsstruktur bzw. auf die (baurechtliche) Zulässigkeit von Nutzungen in dem betroffenen Bereich. Aufgrund des fehlenden **bodenrechtlichen Bezugs** der Hafenverordnung kann sich aus deren Regelungen auch kein „besonderer Fall" im Sinne von § 9 Abs. 2 Satz 1 BauGB ergeben.

Die Festsetzung eines aufschiebend bedingten Baurechts (§ 9 Abs. 2 Satz 1 Nr. 2 BauGB) ist in aller Regel dann unwirksam, wenn die Bedingung dergestalt mit einer Befristung kombiniert wird, dass die Bedingung nur bis zu einem bestimmten Zeitpunkt eintreten kann, ohne dass gleichzeitig eine Folgenutzung für den Fall des nicht fristgerechten Bedingungseintritts festgesetzt wird.

OVG Magdeburg, U. v. 17.2.2011 – 2 K 102/09, BauR 2011, 1618

Auch und gerade bei der Festsetzung von Nutzungen, deren Zulässigkeit von Bedingungen abhängig ist, ist das verfassungsrechtliche **Bestimmtheitsgebot** (Art. 20 Abs. 3 GG) zu beachten.

III. Baurecht auf Zeit

1. Grundsätzlich gelten bauliche und sonstige Nutzungsmöglichkeiten von Grundstücken betreffende Regelungen unbefristet und unbedingt. Dies ist Folge des Umstandes, dass es hierbei in der Regel um Rechtsnormen (insbesondere Bebauungspläne als Satzungen, § 10 Abs. 1 BauGB) oder um Rechtsnormen angenäherte Rechtsfiguren geht (insbesondere Flächennutzungspläne), die als solche unbefristet gelten. Dies unterscheidet sie etwa von Genehmigungsentscheidungen einschließlich fachplanungsrechtlicher Planfeststellungen, die in der Regel nur zeitlich befristet gelten (vgl. § 75 Abs. 4 VwVfG). Auch die Planersatzregelungen in § 34 und § 35 BauGB gelten unbefristet. Es bedarf daher ggf. eines besonderen diesbezüglichen Aufhebungsaktes.

Auch bei Festsetzungen gemäß § 9 Abs. 2 BauGB gilt der Bebauungsplan als solcher nicht zeitlich befristet oder hängt hinsichtlich seiner Wirksamkeit von dem Eintritt bestimmter Bedingungen ab. Lediglich die konkret festgesetzten baulichen und sonstigen Nutzungen und Anlagen sind nur für einen bestimmten Zeitraum zulässig oder bis zum Eintritt bestimmter Umstände zulässig oder unzulässig. Daher ist der für derartige Regelungen teilweise Verwendung findende Begriff „Baurecht auf Zeit" zumindest ungenau, zumal er den Fall, dass eine Nutzung bis zum Eintritt bestimmter Umstände unzulässig ist und daher erst mit deren Eintritt (unbefristet) zulässig wird, gar nicht erfasst.

2. Vor Inkrafttreten des EAGBau 2004 war die Festsetzung von bedingungs- oder befristungsabhängigen Baurechten in Bebauungsplänen unzulässig. Mit der Einführung der Neuregelung verfolgte der Gesetzgeber mehrere Regelungsziele. So soll in Fällen, in denen von vornherein eine zeitliche Befristung der planerisch relevanten Zwischennutzung feststeht (z. B. bei befristeten Sport- oder Sonderveranstaltungen), zur Abwendung nachteiliger städtebaulicher Entwicklungen sogleich eine Folgenutzung festsetzen zu können. Wichtig ist dabei für die Rechtfertigung und auch die Notwendigkeit einer derartigen Festsetzung ihre städtebauliche Relevanz. Eine Zwischennutzung muss von ihrer Größe, ihrem Umfang und ihrer Zeitdauer her so gewichtig sein, dass sie eine gesonderte Festsetzung rechtfertigt. Diese Voraussetzung ist bei kleineren und/ oder nur kurzzeitig auftretenden Nutzungen selbst dann, wenn sie wiederholt stattfinden, nicht erfüllt (z. B. für den Weihnachtsbaumverkauf auf einem im Bebauungsplan festgesetzten Parkplatz oder vergleichbare kurzzeitige Nutzungen ohne besonderes städtebauliches Gewicht).

Zudem wird die Festsetzung von Maßnahmen ermöglicht, die für die Verwirklichung einer weiteren baulichen oder sonstigen Nutzung erforderlich sind (z. B. lärmschützende Riegelbebauung vor Errichtung einer schutzbedürftigen Wohnnutzung).

Im Weiteren sollen auch Ereignisse festgesetzt werden können, die zur Zulässigkeit oder Unzulässigkeit einer bestimmten Nutzung führen können (z. B. die Freistellung von Eisenbahnflächen gemäß § 23 AEG oder die Aufgabe einer vorhandenen störenden Nutzung).

3. Für die planende Gemeinde bietet das Instrumentarium des „Baurechts auf Zeit" die Möglichkeit, zeitlich gestaffelte Nutzungen deutlich schneller zu ermöglichen. Zudem muss die Gemeinde nur einmal ein Bebauungsplanverfahren durchführen. Für Investoren besteht frühzeitig ein höheres Maß an Planungssicherheit.

Allerdings darf nicht verkannt werden, dass sich bei der Regelung von bedingten oder befristeten Baurechten die Komplexität der Planung deutlich erhöhen kann. Dies gilt nicht nur für die planerische Abwägung (§ 1 Abs. 7 BauGB), sondern auch im Hinblick auf die Entwicklung eines Bebauungsplans aus dem Flächennutzungsplan (§ 8 Abs. 2 Satz 1 BauGB) sowie die hinreichende Beachtung von Zielen der Raumordnung (§ 1 Abs. 4 BauGB).

IV. Mögliche Regelungsinhalte

Festsetzungen nach § 9 Abs. 2 BauGB können nicht nur für bauliche, sondern auch für sonstige Nutzungen getroffen werden. Befristet werden kann jedoch stets nur das sich aus einzelnen Festsetzungen ergebende Nutzungsrecht, nicht hingegen der Bebauungsplan als solcher. Die Möglichkeiten der Befristung und Bedingung erstrecken sich grundsätzlich auf den gesamten Festsetzungskatalog gemäß § 9 Abs. 1 BauGB. Selbständige Festsetzungsmöglichkeiten bietet § 9 Abs. 2 BauGB hingegen nicht. Die Gemeinde wird also bei der Aufstellung eines Bebauungsplans durch § 9 Abs. 2 BauGB nicht in die Lage versetzt, neue Festsetzungsinhalte zu erfinden. Es können vielmehr nur die ohnehin möglichen Festsetzungsinhalte dahingehend modifiziert werden, dass die sich aus den Festsetzungen ergebenden Nutzungsmöglichkeiten von Bedingungen abhängig gemacht oder unter eine Befristung gesetzt werden.

Zu den Anwendungsbeispielen der Festsetzung bedingter bzw. befristeter Nutzungsrechte gehören dabei insbesondere auf Bebauungsplanebene etwa einmalige Großveranstaltungen (z. B. Bundesgartenschauen), die private Folgenutzung ehemaliger Bahnbetriebsanlagen und Militärflugplätze sowie die Nutzbarmachung von verlärmten Gebieten zu Wohnzwecken durch die Errichtung abschirmender Gebäuderiegel. Bedingte oder befristete Darstellungen in Flächennutzungsplänen oder Raumordnungsplänen sind etwa im Zusammenhang mit der Darstellung von Konzentrationszonen (z. B. für die Windenergie oder den Abbau von Bodenschätzen) in Betracht zu ziehen.

V. Rechtliche Anforderungen

Die zu bedingten oder befristeten Baurechten gemäß § 9 Abs. 2 BauGB vorliegende Rechtsprechung ist in der Tendenz eher restriktiv und bislang vor allem auch uneinheitlich.

1. Allgemein verlangt wird grundsätzlich das Vorliegen einer außergewöhnlichen städtebaulichen Situation. Der Grund für die Bedingung bzw. Befristung muss in einem spezifischen öffentlichen Erfordernis der städtebaulichen Ordnung und Entwicklung liegen. Die Interessen Privater, die nur unter bestimmten Bedingungen zu Investitionen bereit sind, können über § 9 Abs. 2 BauGB daher nur eingeschränkt bedient werden. In städtebaulichen Standardsituationen fehlt es i. d. R. an der Zulässigkeitsvoraussetzung des besonderen Falles.
2. An die hinreichende Bestimmtheit bzw. Bestimmbarkeit im Zusammenhang mit bedingten Festsetzungen gemäß § 9 Abs. 2 BauGB werden hohe Anforderungen gestellt. Bei Flächennutzungsplänen und Raumordnungsplänen sind diese Anforderungen zwar graduell schwächer, jedoch muss auch hier bei hinreichend klar erkennbar sein, welche konkreten Anforderungen für nachgelagerte Planungsstufen und konkrete Nutzung bestehen sollen.

§ 9 Abs. 2 BauGB spricht zwar ausdrücklich von einem bestimmten Zeitraum und bestimmten Umständen, jedoch ist davon auszugehen, dass die hinreichende Bestimmbarkeit genügt (z. B. die Umschreibung eines näher konkretisierten Umstandes für die Fertigstellung eines Gebäudes, das aus Gründen des Schallschutzes zunächst errichtet werden muss, bevor eine dahinter liegende Wohnbebauung realisiert werden darf). Möglich ist die Verknüpfung dabei sowohl mit rechtlichen (z. B. die Feststellung der eisenbahnrechtlichen Freistellung gemäß § 23 Abs. 1 AEG), als auch mit tatsächlichen Umständen (Errichtung eines Gebäuderiegels; Ende der Bundesgartenschau).

Der Bedingungseintritt ist durch die Gemeinde nicht notwendig zu publizieren, wenn dieser auch so allgemein erkennbar ist. Allerdings muss bereits bei der Planaufstellung der Eintritt insbesondere einer aufschiebenden Bedingung hinreichend sicher absehbar sein. Dies gilt vor allem dann, wenn die Bedingung die von ihr abhängige Nutzung nicht nur in untergeordneter Weise betrifft, sondern in zentralen Punkten (z. B. die Notwendigkeit einer eisenbahnrechtlichen Freistellung der wesentlichen Teile einer überbaubaren Grundstücksfläche und nicht etwa nur eines Randbereiches, der die bauliche Nutzung auf der sonstigen Fläche nicht in Frage stellt). Ist in einem solchen Fall der Bedingungseintritt nicht hinreichend sicher absehbar, fehlt es der Planung an der erforderlichen Rechtfertigung i. S. v. § 1 Abs. 3 Satz 1 BauGB.

3. Teilweise werden übertriebene Anforderungen an die Sicherung des Bestandes einer einmal eingetretenen Bedingung gestellt. So forderte etwa der VGH Kassel in Bezug auf eine neu zu errichtende Riegelbebauung, deren Fertigstellung erst die lärmschutzrechtlichen Voraussetzungen für die „abgeriegelte" Wohnbebauung schafft, dass der Fortbestand der abschirmenden Riegelbebauung hinreichend gesichert sein müsse. Nicht ausreichend sei es, wenn für die neu zu errichtende Riegelbebauung Baulasten über diesbezügliche Bauerhaltungs- und Wiederherstellungspflichten übernommen werden, weil im Falle des Abrisses oder der Zerstörung des Gebäuderiegels eine effektive Sicherheit nur gegeben sei, wenn die Grundstückseigentümer finanziell leistungsfähig und bauwillig sind (VGH Kassel, U. v. 22.4.2010 – 4 C 306/09.N, BauR 2010, 1531). Diese Rechtsprechung ist bereits vor dem Hintergrund, dass für Lärm- oder Verkehrsprognosen in der Regel nur der Ansatz eines Prognosehorizonts von 10 bis 20 Jahren geboten ist, nur schwer nachvollziehbar. Planungsentscheidungen ist stets ein Prognoseelement immanent. Dass ein neuerrichteter Gebäuderiegel in den ersten 20 Jahren nach seiner Errichtung z.B. durch einen Brand zerstört wird, ist ein krasser Ausnahmefall, der es in der Regel nicht rechtfertigt, besondere Sicherungen in Form von Bauerhaltungs- und Wiederherstellungspflichten mittels Baulasten oder gar Bürgschaften o. ä. zu fordern.

4. Gemäß § 9 Abs. 2 Satz 2 BauGB soll die Folgenutzung festgesetzt werden. Bereits systematisch bezieht sich dies allein auf die Fälle, in denen eine Nutzung nur für einen bestimmten Zeitraum oder bis zum Eintritt bestimmter Umstände zulässig ist. Der Fall, dass eine Nutzung bis zum Eintritt bestimmter Umstände unzulässig ist, wird von vornherein nicht umfasst. Der Charakter als Soll-Regelung macht deutlich, dass die Folgenutzung in der Regel festgesetzt werden muss und nur in Ausnahmefällen davon abgesehen werden darf. Ein solche Ausnahmefall

liegt dann vor, wenn auch ohne die Festsetzung der Folgenutzung eine geordnete städtebauliche Entwicklung gewährleistet bleibt, in der Regel also deshalb, weil über § 34 oder § 35 BauGB eine ausreichende städtebauliche Steuerung gewährleistet ist. Mit dieser Frage hat sich die Gemeinde bei der Aufstellung eines Bebauungsplans mit Festsetzungen nach § 9 Abs. 2 BauGB auseinanderzusetzen. Für die Flächennutzungs- und Raumordnungsplanung gelten insofern im Grundsatz vergleichbare, in der Regel jedoch deutlich abgeschwächte Anforderungen.

VI. Vorhabenbezogener Bebauungsplan

§ 12 Abs. 3a BauGB wurde mit der BauGB-Novelle 2007 eingeführt. Er enthält eine Sonderregelung für Vorhaben- und Erschließungspläne. Grundsätzlich ist es nicht zulässig, im Geltungsbereich von Vorhaben- und Erschließungsplänen bauliche und sonstige Nutzungen allgemein festzusetzen. Dies ist nach § 12 Abs. 3a Satz 1 BauGB jedoch gestattet, wenn sich der Vorhabenträger im Durchführungsvertrag zu einem bestimmten Vorhaben verpflichtet. Zulässig ist dann (allein) das Vorhaben, das Gegenstand des Durchführungsvertrages ist. Die Regelung in Satz 2 ermöglicht zugleich die nachträgliche Änderung sowie eine Neufassung des Durchführungsvertrages. Da diese jedoch ohne ein neues Bauleitplanverfahren und ohne erneute Abwägung i. S. v. § 1 Abs. 7 BauGB erfolgt, hat bereits auf der Ebene des Bebauungsplan selbst eine planerische Abwägung stattzufinden, die unabhängig von der vertraglichen Begrenzung sämtliche nach dem Plan zulässigen Nutzungen einschließt. Es gilt insofern also nicht anderes als bei einer derartigen Festsetzung in einem konventionellen Bebauungsplan.

VII. Baugenehmigungsrechtliche Umsetzung

Die genehmigungsrechtliche Umsetzung von bedingten oder befristeten Baurechten richtet sich ganz allgemein nach den baugenehmigungsrechtlichen Bestimmungen der maßgeblichen Landesbauordnung einschließlich des Verwaltungsverfahrensgesetzes. § 36 Abs. 1 VwVfG (der Länder) ermöglicht es, einem Verwaltungsakt, also insbesondere auch einer Baugenehmigung, Nebenbestimmungen beizufügen, wenn dies zur Sicherstellung der Rechtmäßigkeit des Verwaltungsaktes erforderlich ist. Lässt ein Bebauungsplan, ein Flächennutzungsplan oder auch ein Raumordnungsplan ein Vorhaben nur für einen bestimmten Zeitraum oder nur bis zum Eintritt eines bestimmten Umstandes zu, kann dies daher im Rahmen einer Verwaltungsentscheidung so auch festgesetzt werden. Darin kommt letztlich die dem materiellen Recht dienende Funktion des Verfahrensrechts zum Ausdruck. Handelt es sich um ein nicht genehmigungsbedürftiges Vorhaben, entfällt mit dem Zeitablauf oder mit Eintritt des festgelegten bestimmten oder jedenfalls bestimmbaren Umstandes die materielle Realität des Vorhabens, sodass ggf. dessen Beseitigung angeordnet werden kann.

Helmut Petz

Die Entscheidung des BVerwG zur Seveso-II-Richtlinie und ihre Folgen für Genehmigungs- und Planungsverfahren

Abstract

Die Entscheidung des BVerwG zur Seveso-II-Richtlinie und ihre Folgen für Genehmigungs- und Planungsverfahren werden in diesem Beitrag behandelt.

The decision of the Federal Administration Court (BVerwG) concerning the Seveso-II-Directive and the effects on Planning and permission under building law is shown in this contribution.

Rechtsgrundlagen

a) Unionsrecht: Seveso-II-RL

- Anlass: Schwere Unfälle in Bhopal und Mexiko City.
- Zweck, Art. 1 Seveso-II-RL:
  – Verhütung schwerer Unfälle.
  – Begrenzung der Unfallfolgen.
- Anwendungsbereich, Art. 2 Seveso-II-RL:
  – Betriebe, in denen bestimmte gefährliche Stoffe in bestimmten Mengen vorhanden sind.
- Regelungsinhalt: insbesondere
  – Betreiberpflichten, Art. 5 Seveso-II-RL.
  – Abstandserfordernis, Art. 12 Abs. 1 Seveso-II-RL.

„Die Mitgliedstaaten sorgen dafür, dass in ihrer Politik der Flächenausweisung oder Flächennutzung […] sowie den Verfahren für die Durchführung dieser Politiken langfristig dem Erfordernis Rechnung getragen wird, dass zwischen (Störfallbetrieben) einerseits und […] öffentlich genutzten Gebäuden und Gebieten […] andererseits ein angemessener Abstand gewahrt bleibt."

b) Umsetzung in nationales Recht

- Betreiberpflichten – 12. BImSchV (StörfallV):
  – technisches Sicherheitsrecht; Konkretisierung der Betreiberpflichten des BImSchG und des ArbStättR.
- Abstandserfordernis – Trennungsgrundsatz, § 50 BImSchG:
  – Begrenzung der Auswirkungen von Störfällen durch räumliche Trennung konfligierender Nutzungen.
  – Nur „raumbedeutsame Planungen und Maßnahmen".
  – Nur Abwägungsentscheidungen (insb. Bauleitplanung; Vorhabenzulassung nur, wenn Planfeststellung).
  – Keine speziellen gesetzgeberischen Aktivitäten zur Umsetzung des Abstandserfordernisses im Baurecht.

Zulassung schutzbedürftiger Vorhaben neben Störfallbetrieben im Innenbereich

Beispiel: Gartencenter neben Störfallbetrieb (BVerwG, Urt. v. 20.12.2012 – 4 C 11.11 – BVerwGE 145, 290–305).

a) Zulässigkeit nach nationalem Recht:

- **Einfügensgebot**, § 34 Abs. 1 oder 2 BauGB.
  – Allgemeine Zulässigkeit, § 8 Abs. 2 Nr. 1 BauNVO.
  – Rücksichtnahmegebot, § 15 Abs. 1 Satz 2 BauNVO („angemessener Abstand", Vorbelastung).
- **Gesunde Wohn- und Arbeitsverhältnisse**, § 34 Abs. 1 Satz 2 BauGB.
- **Trennungsgrundsatz**, § 50 BImSchG.

Genehmigungsanspruch

b) Vereinbarkeit mit Seveso-II-RL?

Vorabentscheidungsersuchen BVerwG:

- **Vorlagefrage 1**
  Ist das Abstandserfordernis nach Art. 12 Abs. 1 der Seveso-II-RL auch auf Vorhabenzulassung nach § 34 BauGB anwendbar?

- **Vorlagefrage 2**
  Falls auch auf § 34 BauGB anwendbar: Zwingt Art. 12 Abs. 1 der Seveso-II-RL zur Versagung der Genehmigung, wenn ein angemessener Abstand unterschritten wird (Verschlechterungsverbot)?

- **Vorlagefrage 3**
  Falls kein Verschlechterungsverbot:Ist ein zwingender Genehmigungsanspruch nach § 34 BauGB bei Vorbelastung mit Seveso-II-RL vereinbar?

Vorabentscheidung des EuGH
(1) Art. 12 Abs. 1 der Seveso-II-RL ist dahin auszulegen, dass die Pflicht der Mitgliedstaaten, dafür zu sorgen, dass zwischen den unter diese Richtlinie fallenden Betrieben einerseits und öffentlich genutzten Gebäuden andererseits ein angemessener Abstand gewahrt bleibt, auch von einer Behörde wie der für die Erteilung von Baugenehmigungen zuständigen Stadt Darmstadt zu beachten ist, und zwar auch dann, wenn sie in Ausübung dieser Zuständigkeit eine gebundene Entscheidung zu erlassen hat.
(2) Die in Art. 12 Abs. 1 der Seveso-II-RL vorgesehene Verpflichtung, langfristig dem Erfordernis Rechnung zu tragen, dass zwischen den unter diese Richtlinie fallenden Betrieben einerseits und öffentlich genutzten Gebäuden andererseits ein angemessener Abstand gewahrt bleibt, schreibt den zuständigen nationalen Behörden nicht vor, unter Umständen wie denen des Ausgangsverfahrens die Ansiedlung eines öffentlich genutzten Gebäudes zu verbieten.
(3) Dieser Verpflichtung stehen nationale Rechtsvorschriften entgegen, nach denen eine Genehmigung für die Ansiedlung eines solchen Gebäudes zwingend zu erteilen ist, ohne dass die Risiken der Ansiedlung innerhalb der genannten Abstandsgrenzen im Stadium der Planung oder der individuellen Entscheidung gebührend gewürdigt worden wären.

BVerwG
Der Begriff des „angemessenen" Abstands im Sinne des Art. 12 Abs. 1 der Seveso-II-RL ist ein zwar unbestimmter, aber anhand störfallspezifischer Faktoren ein technisch-fachlich bestimmbarer Rechtsbegriff.

Die behördliche Festlegung des angemessenen Abstands unterliegt der vollen gerichtlichen Überprüfung; ein Beurteilungs- oder Ermessensspielraum kommt der Genehmigungsbehörde insoweit nicht zu.

Ist der angemessene Abstand schon bisher nicht eingehalten, greift der Wertungsspielraum, den der EuGH den Genehmigungsbehörden im Rahmen des Art. 12 Abs. 1 der Seveso-II-RL zuerkannt hat. Die Richtlinie gestattet es, den angemessenen Abstand zu unterschreiten, wenn im Einzelfall hinreichend gewichtige nicht störfallspezifische Belange – insbesondere solche sozialer, ökologischer und wirtschaftlicher Art („sozioökonomische Faktoren") – für die Zulassung des Vorhabens streiten. Unionsrechtlich gefordert, aber auch ausreichend ist insoweit eine „nachvollziehende" Abwägung; sie ist eine sachgeleitete Wertung und unterliegt ebenfalls der vollen gerichtlichen Kontrolle.

Das in § 34 Abs. 1 BauGB enthaltene Rücksichtnahmegebot bietet für die nachvollziehende Abwägung eine geeignete Anknüpfung. Bei richtlinienkonformer Handhabung ist das Kriterium der Vorbelastung im Störfallrecht unbrauchbar.

Eine Vorhabenzulassung auf der Grundlage des § 34 Abs. 1 BauGB ist abzulehnen, wenn die zu berücksichtigenden nicht störfallspezifischen Faktoren den Rahmen der im Rücksichtnahmegebot abgebildeten gegenseitigen Interessenbeziehung überschreiten und das Vorhaben deshalb einen Koordinierungsbedarf auslöst, der nur im Wege einer förmlichen Planung bewältigt werden kann.

Anforderungen Genehmigungsverfahren

- Ermittlung des angemessenen Abstands (Gefahrenzone)
- Falls sich Vorhaben innerhalb der Gefahrenzone befinden: Ermittlung, welche nicht-störfallspezifischen Faktoren dem Abstandserfordernis gegenüberstehen
- Vergewisserung, dass das Entscheidungsprogramm des § 34 BauGB nicht überfordert (kein „Planungserfordernis")
- Entscheidung, ob Unterschreitung des angemessenen Abstands ausnahmsweise vertretbar ist

Vorhaben im Planbereich

Ein Vorhaben ist zulässig, wenn es den Festsetzungen des B-Plans nicht widerspricht, § 30 Abs. 1 BauGB:

- wenn Konfliktbewältigung bereits auf der Planungsebene:
  - festsetzungskonforme Vorhaben regelmäßig zulässig
  - ausnahmsweise rücksichtslos, wenn ungelöste Konflikte aufgrund der konkreten Lage oder Ausstattung des Störfallbetriebes (§ 15 Abs. 1 BauNVO)
- wenn planerische Konfliktbewältigung fehlt (z. B. bei Altplänen oder wegen fehlender Detailkenntnisse über Störfallbetrieb):
  - Konfliktbewältigung über Pflicht zur (gegenseitigen) Rücksichtnahme; ggf. auch (Um-)Planungsbedürfnis

Vorhaben im Außenbereich

Ein Vorhaben ist zulässig, wenn öffentliche Belange (§ 35 Abs. 3 BauGB) – bei privilegierten Vorhaben – nicht entgegenstehen oder – bei nicht privilegierten Vorhaben – nicht beeinträchtigt werden (§ 35 Abs. 1 und 2 BauGB):

- Wenn angemessene Abstände eingehalten: Störfallschutz steht als öffentlicher Belang nicht entgegen.
- Wenn angemessene Abstände nicht eingehalten: Pflicht zur gegenseitigen Rücksichtnahme; ggf. auch Unterschreitung der angemessene Abstände, weil Wohnnutzung im Außenbereich nicht in gleicher Weise schutzwürdig.

Zulassung von Störfallbetrieben

Störfallbetrieb im Innenbereich

Problem der Vorbelastung stellt sich regelmäßig nicht; Vorhaben sind bei Unterschreiten der „angemessenen Abstände" bereits nach nationalem Recht rücksichtslos und unzulässig.

Störfallbetrieb im Planbereich

- Wenn Konfliktbewältigung bereits auf der Planungsebene: wie Vorhabenzulassung neben Störfallbetrieb.

- Wenn nicht: Störfallbetrieb in der Regel raumbedeutsam und damit planungsbedürftig.

Störfallbetrieb im Außenbereich
In der Regel raumbedeutsam und damit planungsbedürftig.

Stefan Lütkes

Was bringt die neue Kompensationsverordnung?

Abstract

Abschließend wird die geplante Bundes-Kompensationsverordnung betrachtet, die den Vollzug der Eingriffsregelung effektiver gestalten soll.

Finally the draft of the Federal Compensation Decree, which is intended to enforce the implementation of the rules of intervention under conservation law, is presented.

Anlass und Regelungsziele

- Verordnungsermächtigung zugunsten des BMU in § 15 Abs. 7 BNatSchG seit 1.03.2010.
- Anlass: Herausforderungen der Energiewende insbesondere durch den Ausbau der Erneuerbaren Energien und der Leitungsnetze.
- Vollzug der Eingriffsregelung soll effektiver werden:
- Bundesweit standardisierte und damit transparentere und beschleunigte Verfahren.
  – Qualitativ bessere Kompensation.
  – Verringerung der Flächeninanspruchnahme.

Bisheriges Verfahren

- September 2012: Referentenentwurf.
- Erste Ressortabstimmung.
- November/ Dezember 2012: Länder- und Verbändebeteiligung.
- Abschließende Ressortabstimmung.
- 24.04.2013: Kabinettbeschluss und Zuleitung an den Bundesrat.
- 5.07.2013: Absetzung von der Tagesordnung des Bundesrates.

Anwendungsbereich

- Nähere Regelungen zur Kompensation von Eingriffen i. S. des § 14 Abs. 1 BNatSchG, insbesondere:

- zu Inhalt, Art und Umfang von Ausgleichs- und Ersatzmaßnahmen.
- die Höhe der Ersatzzahlung und das Verfahren zu ihrer Erhebung.
• Geltung auch im Bereich der AWZ und des Festlandsockels; nicht aber für Offshorewindkraft in der AWZ bis zum 1.01.2017.

Anwendungsbereich der BKompV

- Kompensations-VO gilt für den Außenbereich nach § 35 BauGB sowie für B-Pläne, die eine Planfeststellung ersetzen.
- BKompV findet demnach keine Anwendung auf Vorhaben:
  – in Gebieten mit B-Plänen nach § 30 BauGB.
  – während der Planaufstellung nach § 33 BauGB.
  – im Innenbereich nach § 34 BauGB.

Allgemeine Anforderungen

- Berücksichtigung der Ziele des Naturschutzes und der Landschaftspflege (§ 1 BNatSchG) und der Inhalte der Landschaftsplanung (§ 9 Abs. 2 BNatSchG).
- Verringerung der Flächeninanspruchnahme insbesondere durch:
  – Vermeidung
  – multifunktionale Maßnahmen
  – Rückgriff auf: Maßnahmen auf Flächen der öffentlichen Hand, bevorratete Kompensationsmaßnahmen, festgelegte Entwicklungs- und Wiederherstellungsmaßnahmen, Entsiegelungs- und Wieder- vernetzungsmaßnahmen, Bewirtschaftungs- und Pflegemaßnahmen.

Zustands- und Beeinträchtigungsbewertung

- Grundbewertung des Schutzguts Biotope.
- Zusatzbewertung weiterer Schutzgüter nur dann, wenn nach fachlicher Einschätzung auf Grund überschlägiger Prüfung folgende Beeinträchtigungen zu erwarten sind:
  – bei den Schutzgütern Tiere, Pflanzen, Boden, Wasser, Klima oder Luft eine erhebliche Beeinträchtigung besonderer Schwere.

Was bringt die neue Kompensationsverordnung? 233

– beim Schutzgut Landschaftsbild mindestens eine erhebliche Beeinträchtigung.
- Bedeutung von Biotopen: Biotopwert nach Anlage 2.
- Bedeutung weiterer Schutzgüter: Rahmen nach Anlage 1.
- Bewertungsmatrix:

Abbildung 1: Bewertungsmatrix.

Bedeutung der Funktionen des jeweiligen Schutzgutes	Stärke, Dauer und Reichweite der vorhabenbezogenen Wirkungen		
	I Gering	II mittel	III hoch
1 sehr gering	–	–	–
2 gering	–	–	eB
3 mittel	–	eB	eB
4 hoch	eB	eB	eBS
5 sehr hoch	eB	eBS	eBS
6 hervorragend	eBS	eBS	eBS

Quelle: Eigene Darstellung

Biotopwertbezogene Kompensation

- Bestimmung des biotopwertbezogenen Kompensationsbedarfs:
  – Bewertung der mindestens erheblich beeinträchtigten Biotope anhand der Biotoptypenliste.
  – Bei Flächeninanspruchnahme: Differenzmethode.
  – Feststellung der Beeinträchtigungsintensität, Feststellung der voraussichtlich beeinträchtigten Fläche.
  – Betroffene Biotope [Biotopwert x Intensität x Fläche].
- Ausgleich oder Ersatz durch Aufwertung des Naturhaushaltes

oder des Landschaftsbildes im betroffenen Naturraum und innerhalb einer angemessenen Frist in gleicher Höhe.

Wertstufen Biotope § 4 Abs. 2 BKompV
Die Bedeutung des nach Absatz 1 erfassten und bewerteten Zustands jedes Biotops ist anschließend anhand der folgenden Wertstufen zu bewerten:

- 1. sehr gering: Biotopwerte 0 bis 4,
- 2. gering: Biotopwerte 5 bis 9,
- 3. mittel: Biotopwerte 10 bis 15,
- 4. hoch: Biotopwerte 16 bis 18,
- 5. sehr hoch: Biotopwerte 19 bis 21,
- 6. hervorragend: Biotopwerte 22 bis 24.
- Forderung des Bundesrates: einheitliche Bewertung in vier Schritten.

Funktionsspezifische Kompensation
- Bestimmung des funktionsspezifischen Kompensationsbedarfs:
- – Verbal-argumentativ
  – Konkretisierung der funktionalen, räumlichen und zeitlichen Anforderungen in Anlage 5.
- Ausnahmen:
  – Im Einzelfall naturschutzfachlich sinnvollere Aufwertung auf der Grundlage eines Konzepts.
  – Entstehung oder Entwicklung höherwertiger Biotope infolge des Eingriffs.
  – Entsprechende Maßnahmen nach dem sonstigen Fachrecht für die Schutzgüter Boden, Wasser, Luft und Klima.

Berücksichtigung agrarstruktureller Belange
- Konkretisierung der Begriffe:
  – agrarstrukturelle Belange.
  – für die landwirtschaftliche Nutzung besonders geeignete Böden.

- Konkretisierung der Anforderungen (Anlage 6) an:
  - Bewirtschaftungs- und Pflegemaßnahmen.
  - Maßnahmen zur Entsiegelung.
  - Maßnahmen zur Wiedervernetzung von Lebensräumen.

Unterhaltung und rechtliche Sicherung

- Unterhaltung umfasst die zur Entwicklung und Erhaltung erforderliche Pflege.
- Art und Weise der rechtlichen Sicherung nach pflichtgemäßem Ermessen.
  - Keine dingliche Sicherung bei Grundstücken der öffentlichen Hand.
  - I. d. R. keine dingliche Sicherung bei Grundstücken des Vorhabenträgers.
- Möglichkeit der Übertragung auf eine zuverlässige Einrichtung mit befreiender Wirkung aufgrund behördlicher Entscheidung.

Voraussetzungen der Ersatzzahlung

- Anforderungen an den Ausgleich und den Ersatz sind aus tatsächlichen oder rechtlichen Gründen nicht erfüllbar.
- Regelvermutung, dass Beeinträchtigungen des Landschaftsbildes, die von Mast- oder Turmbauten verursacht werden, die höher als 20 Meter sind, nicht ausgleichbar oder ersetzbar sind.

Höhe der Ersatzzahlung

- Grundsätzlich: durchschnittliche Kosten der nicht durchführbaren Ausgleichs- und Ersatzmaßnahmen.
- wenn diese nicht feststellbar sind:
  - bei Mast- und Turmbauten 100 – 800 € / m
  - bei Gebäuden 0,01 – 0,08 € / m^3
  - bei Abgrabungen 0,10 – 0,80 € / m^2
  - bei Aufschüttungen 0,30 – 2,40 € / 100 m^3
  - bei mehreren Mast- oder Turmbauten Abschlag von 7%
  - bei Überspannung mit Leitungen Aufschlag von 10%

Übergangsregelungen, Inkrafttreten

- Im Zeitraum von sechs Monaten nach Inkrafttreten keine Anwendung auf Vorhaben:
  - Die bereits beantragt, angezeigt oder durchgeführt werden oder
  - bei denen das Screening oder Scoping bereits erfolgt ist.
- Abweichende Option für Vorhabenträger:
  - Umfassender Bestandsschutz für bevorratete Kompensationsmaßnahmen bis 2019.
  - Inkrafttreten 12 Monate nach Verkündung.

Ausschussempfehlungen Bundesrat

- Beschränkung des Anwendungsbereichs.
- Biotoptypenliste und -bewertung nach Landesrecht.
- Änderungen bei der Eingriffsbewertung:
  - vier- statt sechsstufige Skala.
  - gleichmäßige Zuordnung der Wertstufen bei Biotopen.
- Änderungen bei den Kompensationsanforderungen:
  - Wegfall der Kategorie der besonderen Schwere.
  - Schutzgut- und funktionsübergreifende Ersatzmaßnahmen.
  - Bestimmung des Naturraums nach Landesrecht.
- Ersatzgeldbemessung nach Landesrecht.

Berliner Schriften zur Stadt- und Regionalplanung

Herausgegeben von Prof. Dr. Stephan Mitschang

Band 1 Stephan Mitschang (Hrsg.): Umweltprüfverfahren in der Stadt- und Regionalplanung. 2006.

Band 2 Stephan Mitschang (Hrsg.): Stadt- und Regionalplanung vor neuen Herausforderungen. 2007.

Band 3 Stephan Mitschang (Hrsg.): Flächennutzungsplanung – Aufgabenwandel und Perspektiven. 2007.

Band 4 Stephan Mitschang (Hrsg.): BauGB-Novelle 2007. Neue Anforderungen an städtebauliche Planungen und die Zulassung von Vorhaben. 2008.

Band 5 Stephan Mitschang (ed./Hrsg.): Soil Protection Law in the EU. Bodenschutzrecht in der EU. 2008.

Band 6 Stephan Mitschang (Hrsg.): Innenentwicklung – Fach- und Rechtsfragen. 2008.

Band 7 Stephan Mitschang (Hrsg.): Klimaschutz und Energieeinsparung in der Stadt- und Regionalplanung. 2009.

Band 8 Stephan Mitschang (Hrsg.): Fach- und Rechtsprobleme der Baunutzungsverordnung. 2009.

Band 9 Stephan Mitschang (Hrsg.): Aktuelle Fach- und Rechtsfragen des Lärmschutzes. Bauleitplanung, Fachplanung und Zulassung von Bauvorhaben. 2010.

Band 10 Stephan Mitschang/Gerd Schmidt-Eichstaedt (Hrsg.): Die Umweltprüfung in der Regionalplanung. 2010.

Band 11 Ulrich Battis/Jens Kersten/Stephan Mitschang: Rechtsfragen der ökologischen Stadterneuerung. 2010.

Band 12 Stephan Mitschang (ed./Hrsg): Energy Efficiency and Renewable Energies in Town Planning Law. Energieeffizienz und Erneuerbare Energien im Städtebaurecht. 2010.

Band 13 Stephan Mitschang (Hrsg.): Planen und Bauen im Außenbereich. 2010.

Band 14 Stephan Mitschang (Hrsg.): Aktuelle Fragestellungen des Städtebau- und Umweltrechts – Ansatzpunkte für eine BauGB- und BauNVO-Novelle. 2011.

Band 15 Tim Schwarz: Die Umweltprüfung in gestuften Planungsverfahren. Möglichkeiten und Grenzen der Koordination und Abschichtung im Rahmen der Umweltprüfung in der Raumordnung und der Bauleitplanung. 2011.

Band 16 Stephan Mitschang (ed./Hrsg.): Urban Planning Law under EU-Influence. Städtebaurecht unter EU-Einfluss. 2011.

Band 17 Stephan Mitschang (Hrsg.): Bauen und Naturschutz. Aktuelle Fach- und Rechtsfragen nach dem Inkrafttreten des BNatSchG 2010. 2011.

Band 18 Stephan Mitschang (Hrsg.): Gerüche, Feinstaub und Gefahrstoffe in der Bauleitplanung und bei der Zulassung von Bauvorhaben. 2011.

Band 19 Stephan Mitschang (Hrsg.): Klimagerechte Stadtentwicklung – Die neuen Regelungen der BauGB-Novelle 2011. 2012.

Band 20 Stephan Mitschang (Hrsg.): Stärkung der Innenentwicklung – BauGB-Novelle 2012/13. 2013.

Band 21 Stephan Mitschang (Hrsg.): Windenergie – Ausbau und Repowering in der Stadt- und Regionalplanung. 2013.

Band 22 Stephan Mitschang (Hrsg.): Innenentwicklung – Fach- und Rechtsfragen der Umsetzung. 2014.

Band 23 Benjamin Heyn: Lärmschutz und Innenentwicklung. Ist der Lärmschutz notwendiges Korrektiv oder störendes Hemmnis für die Innenentwicklung? 2014.

Band 24 Stephan Mitschang (Hrsg.): Konfliktfelder und aktuelle Entwicklungen bei städtebaulichen Planungen. 2014.

www.peterlang.com

www.ingramcontent.com/pod-product-compliance
Ingram Content Group UK Ltd.
Pitfield, Milton Keynes, MK11 3LW, UK
UKHW021836210426
5322IPUK00021B/311